全国高职高专机电类专业规划教材

数字电子技术

主　编　崔维群
副主编　李先洲　王雅芳　申加亮
主　审　钱　锋

黄河水利出版社
·郑州·

内 容 提 要

本书是全国高职高专机电类专业规划教材，是根据教育部对高职高专教育的教学基本要求及全国水利水电高职教研会制定的数字电子技术课程标准编写完成的。全书共包括8个项目：数字电路及数字逻辑基础、表决器的设计与制作、加法器的设计与制作、抢答器的设计与制作、数字电子钟的设计与制作、双音门铃的设计与制作、锯齿波信号发生器的设计与制作、数字电压表的设计与制作。除项目1外，每个项目均从企业生产实践中选题，都体现了从任务提出到任务分析再到任务实现的完整工作过程，将相应的理论知识和技能实训融入到项目完成过程中，融"教、学、练、做"于一体，充分体现了高职教育课程改革的最新理念。为了巩固读者对学习内容的掌握，每个项目后附有相关的思考与练习题。另外，本书有电子课件、习题答案等配套辅助教学资料。

本书可作为高职高专电子信息工程技术、应用电子技术、电气自动化技术、生产过程自动化技术、机电一体化技术、通信技术等专业的教材，也可供从事相关工作的工程技术人员参考。

图书在版编目(CIP)数据

数字电子技术/崔维群主编. —郑州：黄河水利出版社，2013.1

全国高职高专机电类专业规划教材

ISBN 978-7-5509-0376-0

Ⅰ.①数… Ⅱ.①崔… Ⅲ.①数字电路-电子技术-高等职业教育-教材 Ⅳ.①TN79

中国版本图书馆CIP数据核字(2012)第269467号

组稿编辑：王路平　电话：0371-66022212　E-mail：hhslwlp@163.com
　　　　　简　群　　　　　66026749　　　　w_jq001@163.com

出 版 社：黄河水利出版社
　地址：河南省郑州市顺河路黄委会综合楼14层　邮政编码：450003
发行单位：黄河水利出版社
　发行部电话：0371-66026940、66020550、66028024、66022620(传真)
　E-mail：hhslcbs@126.com
承印单位：黄河水利委员会印刷厂
开本：787 mm×1 092 mm　1/16
印张：13
字数：300千字　　印数：1—4 100
版次：2013年1月第1版　　印次：2013年1月第1次印刷

定价：27.00元

前 言

本书是根据《教育部关于全面提高高等职业教育教学质量的若干意见》(教高[2006]16号)、《教育部关于推进高等职业教育改革创新引领职业教育科学发展的若干意见》(教职成[2011]12号)等文件精神,由全国水利水电高职教研会拟定的教材编写规划,在中国水利教育协会指导下,由全国水利水电高职教研会组织编写的机电类专业规划教材。该套规划教材是在近年来我国高职高专院校专业建设和课程建设不断深化改革和探索的基础上组织编写的,内容上力求体现高职教育理念,注重对学生应用能力和实践能力的培养;形式上力求做到基于工作任务和工作过程编写,便于"教、学、练、做"一体化。该套规划教材是一套理论联系实际、教学面向生产的高职高专教育精品规划教材。

本书根据高职教育"以行动为导向"、"教学过程与工作过程紧密对接"的特点,以培养"高素质、技能型"人才为目标,是在深入开展以"项目导向,任务驱动,融教、学、练、做于一体"的专业课程教学改革基础上编写而成的,同时本书也是校企合作共同进行课程和教材建设的结晶。在本书编写前和编写过程中,编者到企业生产一线进行了广泛的调研,在对专业所涵盖岗位群的工作任务和职业能力进行综合分析的基础上,充分听取行业企业专家及生产一线技术人员的意见和建议,结合职业资格证书对电子技能的要求确定课程内容和项目模块,每个项目需要完成的任务都来源于企业生产实际或实用电子产品,与电子产品的设计、生产、调试、维修等工作过程相一致。通过本课程的学习和训练,可以使学生具备常见数字电子产品的设计和装配调试技能,为后续的学习和工作打下良好的基础。

本书主要特点如下:

(1)按照"项目导向,任务驱动"方式组织全书内容,注重强调职业技能的训练以及应用能力和创新思维能力的培养。书中每个项目按照"任务提出与分析—相关知识—任务实现"的顺序编排,以培养学生分析问题、解决问题的能力。每个项目都指出了要制作什么产品,达到什么功能,并提供了产品参考电路图,但是并不限制读者的思维,读者可以根据产品功能要求自行设计,充分发挥自身的主动性,调动课程学习的积极性和兴趣。

(2)重新整合内容,注重能力培养。将传统数字电子技术的教学内容重新进行了整合,以学会中大规模集成电路的功能和使用方法为主要目的,注重对学生实践能力、应用能力和自我学习能力的培养。

(3)便于充分运用"教、学、练、做"一体化的教学模式和"项目导向,任务驱动"等教学方法,将相应的理论知识和技能实训融入到项目完成过程中,充分体现高职教育课程和教学改革的最新理念。

(4)项目实用性和可操作性强。本书项目全部来源于企业生产实际或实用电子产品,不仅实用性强,而且难度适中,具有很强的可操作性,便于进行项目教学。

本书参考学时如下：

项目	教学内容	学时	项目	教学内容	学时
1	数字电路及数字逻辑基础	14	5	数字电子钟的设计与制作	16
2	表决器的设计与制作	12	6	双音门铃的设计与制作	14
3	加法器的设计与制作	14	7	锯齿波信号发生器的设计与制作	6
4	抢答器的设计与制作	12	8	数字电压表的设计与制作	8
合计			96 学时		

本书编写人员及编写分工如下：安徽水利水电职业技术学院武丽编写项目1，三峡电力职业学院李先洲编写项目2、3，福建水利电力职业技术学院王雅芳编写项目4，山东水利职业学院申加亮编写项目5，山东水利职业学院崔维群编写项目6，黑龙江农垦科技职业学院刘晓峰编写项目7，山东水利职业学院孙玉亮编写项目8，日照农业学校孙启法编写附录。本书由崔维群担任主编并负责全书统稿，由李先洲、王雅芳、申加亮担任副主编，由安徽水利水电职业技术学院钱锋担任主审。

在本书编写过程中得到了日照江诺电子软件有限公司的朱忠科、日照威德电子科技有限公司的王友明、潍坊歌尔电子有限公司的穆德宝、潍坊五洲浩特电气有限公司的范成军等工程师的大力支持和协助，他们对本书的编写提纲、项目选题、编写内容、编写形式等提出了很多宝贵的意见和建议，提供了许多企业案例供参考，并参与了本书部分内容的编写和资料整理工作，在此一并表示感谢。

由于编者水平有限，书中难免有疏漏和错误之处，恳请广大师生和读者批评指正。

编 者

2012 年 7 月

目 录

项目1　数字电路及数字逻辑基础

知识目标

掌握常用数制间的转换方法、逻辑代数的基本逻辑运算、逻辑函数的表示方法及相互转换、逻辑代数的基本定理及常用公式。理解复合逻辑函数的概念、逻辑函数的标准形式及逻辑函数的化简方法。熟悉数字信号、数字电路的概念及特点。了解逻辑代数的基本概念、数字电路与模拟电路的主要区别。

能力目标

能分析数字电路的特点,能理解数字电路与模拟电路的区别,能进行常用数制之间的转换,能掌握逻辑函数的描述方法及逻辑代数的基本定理和常用公式,能正确使用代数化简法和卡诺图化简法对逻辑函数进行化简。

引　言

在数字电路中,需要处理的是各种数字信号,数字信号通常都是用数码形式给出的。不同的数码不仅可以用来表示数量的大小,而且可以用来表示不同的事物或事物的不同状态。事物往往存在两种对立的状态,在逻辑代数中可以抽象地表示为0和1。逻辑代数用来描述客观事物间的逻辑关系,逻辑函数表达式中逻辑变量的取值和逻辑函数值都只有两个值,即0和1。这两个值不具有数量大小的意义,仅表示事物的两种相反状态。

本项目以逻辑代数的基本公式、常用公式和重要定理为基础,主要讨论了逻辑函数的标准形式及逻辑函数的化简方法。

学习链接

【1】http://www.cndzz.com/
【2】http://www.21ic.com/
【3】http://www.chinadz.com/
【4】http://www.etuni.com/
【5】http://www.56dz.com/
【6】http://www.ednchina.com/
【7】http://www.doc88.com/

1.1　任务提出与分析

1.1.1　任务提出

逻辑函数式是把数字电路输入、输出的内在关系写成与、或、非的组合式。同一个逻辑函数可以写成不同的逻辑函数式，逻辑函数式越简单，它所表示的逻辑关系越明显，同时也越有利于用最少的电子器件实现这个逻辑函数。要求如下：

(1)逻辑函数可以用不同的表示方法表示，并能相互转换。

(2)对逻辑函数进行化简，找出逻辑函数的最简形式。

1.1.2 任务分析

任何一种具体的因果关系都可以用一个逻辑函数来表示，重点在于同一个逻辑函数可以用不同的方法描述，并且几种方法之间可以相互转换。通过化简可以找出逻辑函数的最简形式，逻辑函数的常用化简方法有两种，一种是代数化简法，另一种是卡诺图化简法。代数化简法可化简任意形式的逻辑函数，能否合理地对逻辑函数进行化简，取决于化简者的经验、技巧以及对公式掌握与运用的熟练程度；卡诺图化简法简单直观，但是对于多变量逻辑函数的化简有些复杂。如果将代数化简法与卡诺图化简法有机结合起来，就能迅速有效地找出逻辑函数的最简形式。下面重点就与本任务相关的知识进行讲解。

1.2 相关知识1——数字信号与数字电路

1.2.1 概述

在自然界中，所有物理量性质不同，变化规律各异，且特点不尽相同，但总体上可以划分为以下两类：

一类是连续变化的物理量，如温度、时间和模拟电子线路中信号强弱的变化等。这类物理量可以用连续的时间函数表示，其特点是取值既有整数又有小数，称其为模拟量。模拟电子技术研究的对象就是这类物理量，模拟电子线路在这类物理量的作用下工作。

另一类是离散变化的物理量，如工厂出厂的产品数量、事情的正确与错误、事物的有与无、电路的通与断等。这类物理量只能用离散的时间函数表示，其特点是取值只有整数而没有小数，称其为数字量。表示数字量的信号称为数字信号。数字信号的表示方式可以采用二值数字0、1来表示，0为逻辑0，1为逻辑1。还可以采用逻辑电平H(高电平)和L(低电平)来表示，也可以采用数字波形来表示。在电子技术中，研究数字信号的技术称为数字电子技术，工作在数字信号作用下的电子线路称为数字电子线路。数字电路是处理数字信号并能完成数字运算的电路，在电子计算机、电机、通信、自动控制、雷达、家用电器、日常电子小产品、汽车电子等越来越多的领域中得到了广泛的应用。

1.2.2 数字电路的特点及分类

1.2.2.1 数字电路的特点

数字电路的特点主要有以下几个方面：

(1)电路结构简单，容易制造，便于集成和系列化生产，成本低廉，使用方便。

(2)由数字电路组成的数字系统，工作准确可靠，精度高，抗干扰能力强。

(3)工作信号是离散的，因此电路中晶体管多数工作在开关状态。

(4)研究对象是输入和输出的逻辑关系,因此主要的分析工具是逻辑代数,表达电路功能的主要是真值表、逻辑表达式、逻辑图及卡诺图等。

(5)不仅能完成数值运算,还可以进行逻辑运算与判断,因此又把它称做"数字逻辑电路"。数字电路在控制系统中是不可缺少的。

1.2.2.2 数字电路的分类

数字电路通常有以下三种分类方法。

1. 按电路组成结构分类

数字电路按电路的组成结构分类,可分为分立元件和集成电路两类。其中,集成电路按集成度(一块硅片上包含的逻辑门电路或组件的数量)分为小规模(SSI)集成电路、中规模(MSI)集成电路、大规模(LSI)集成电路和超大规模(VLSI)集成电路。

2. 按电路所用器件分类

数字电路按电路所用器件分类,可分为双极型电路(如 DTL、TTL、ECL、IIL、HTL)和单极型电路(如 NMOS、PMOS、COMS)。

3. 按逻辑功能分类

数字电路按逻辑功能分类,可分为组合逻辑电路和时序逻辑电路。

1.3 相关知识 2——数制与编码的基础知识

1.3.1 数制

数字信号通常都是以数码的形式给出的。不同的数码可以表示数量的大小。表示数量大小时,仅用一位数码往往不够,必须用进位计数的方法组成多位数码。多位数码每一位的构成以及从低位到高位的进位规则称为进位计数制,简称数制。

基数:进位制的基数,就是在该进位制中可能用到的数码个数。

位权(位的权数):在某一进位制的数中,每一位的大小都对应着该位上的数码乘上一个固定的数,这个固定的数就是这一位的权数。权数是一个幂。

1.3.1.1 十进制

十进制数采用 0、1、2、3、4、5、6、7、8、9 十个数码表示,基数为 10。十进制数用在数据的右下角标注 10 或在数据后面加字母 D 表示。十进制数中任一位可能出现的最大数码是 9,低位和相邻高位之间的关系是"逢十进一"或"借一当十"。任何一个十进制数 N 可展开表示为

$$
\begin{aligned}
(N)_{10} &= a_{n-1}\times 10^{n-1} + a_{n-2}\times 10^{n-2} + a_{n-3}\times 10^{n-3} + \cdots + a_0\times 10^0 + \\
&\quad a_{-1}\times 10^{-1} + \cdots + a_{-m}\times 10^{-m} \\
&= \sum_{i=-m}^{n-1} a_i 10^i \qquad (1\text{-}1)
\end{aligned}
$$

式中,a_i 为第 i 位的系数;10 为计数基数;10^i 为第 i 位的"权"。

1.3.1.2 二进制

二进制数采用 0、1 两个数码表示,基数为 2,二进制数通常用在数据的右下角标注 2

或在数据后面加 B 来表示。二进制数中任一位可能出现的最大数码是 1,低位和相邻高位之间的关系是"逢二进一"或"借一当二"。二进制数 10110011 可以写成$(10110011)_2$或写成 10110011B。

所以,对于任意一个二进制数 N,均可表示为

$$(N)_2 = \sum_{i=-\infty}^{\infty} a_i 2^i \tag{1-2}$$

式中,i 为 $-\infty$ 到 $+\infty$ 之间的任意整数;a_i 为第 i 位的系数,可以是 0 或 1;2^i 为第 i 位的"权"。例如,一个带小数的二进制数 101.101 可按式(1-2)展开表示为

$$(101.101)_2 = 1 \times 2^2 + 0 \times 2^1 + 1 \times 2^0 + 1 \times 2^{-1} + 0 \times 2^{-2} + 1 \times 2^{-3} = (5.625)_{10}$$

此表达式也称为按权展开式。

1.3.1.3 八进制

八进制数有 0~7 八个数码,基数为 8。八进制数通常用在数据的右下角标注 8 或在数据后面加 O 来表示,计数规律是"逢八进一",其表达式为

$$(N)_8 = \sum_{i=-\infty}^{\infty} a_i 8^i \tag{1-3}$$

式中,a_i 可以是 0~7 八个数码之一;8^i 为第 i 位的"权"。例如,一个八进制数 132.4 可按式(1-3)展开表示为

$$(132.4)_8 = 1 \times 8^2 + 3 \times 8^1 + 2 \times 8^0 + 4 \times 8^{-1} = (90.5)_{10}$$

1.3.1.4 十六进制

十六进制数采用 0~9、A、B、C、D、E、F 等十六个数码表示。其中,A 代表 10,B 代表 11,C 代表 12,D 代表 13,E 代表 14,F 代表 15,基数为 16。十六进制数通常用在数据的右下角标注 16 或在数据后面加 H 来表示。运算规律:逢十六进一,即 F+1=10H。其表达式为

$$(N)_{16} = \sum_{i=-\infty}^{\infty} a_i 16^i \tag{1-4}$$

式中,a_i 可以是 0~9、A~F 这 16 个数码中的任意一个数码;16^i 则为第 i 位的"权"。例如,一个十六进制数 A3F.C 可按式(1-4)展开表示为

$$\begin{aligned}(A3F.C)_{16} &= A \times 16^2 + 3 \times 16^1 + F \times 16^0 + C \times 16^{-1} \\ &= 2560 + 48 + 15 + 0.75 = (2623.75)_{10}\end{aligned}$$

二进制数、八进制数、十进制数及十六进制数是现代数字系统中常用的四种数制,这几种不同进制之间的对应关系如表 1-1 所示。

表 1-1 不同进制之间的对应关系

十进制	二进制	八进制	十六进制
0	0	0	0
1	1	1	1
2	10	2	2
3	11	3	3

续表 1-1

十进制	二进制	八进制	十六进制
4	100	4	4
5	101	5	5
6	110	6	6
7	111	7	7
8	1000	10	8
9	1001	11	9
10	1010	12	A
11	1011	13	B
12	1100	14	C
13	1101	15	D
14	1110	16	E
15	1111	17	F

1.3.2 不同数制之间的转换

十进制是我们日常生活中惯用的计数体制,二进制是数字电路中使用的计数体制,而八进制和十六进制则是在数字电路中辅助二进制计数所用的计数体制。在今后的应用中,需要经常将各种不同的进制进行转换。

1.3.2.1 二进制—十进制转换

方法:将二进制数按权展开再相加,即可以转换为十进制数。例如:

$$(1011.01)_2 = 1\times 2^3 + 0\times 2^2 + 1\times 2^1 + 1\times 2^0 + 0\times 2^{-1} + 1\times 2^{-2} = (11.25)_{10}$$

1.3.2.2 十进制—二进制转换

方法:基数连除、连乘法。将整数部分和小数部分分别进行转换。

整数部分——基数连除取余。整数部分可用“除 2 取余”法转换成相应的二进制数,即将这个十进制数连续除以 2,直至商为 0,每次除以 2 所得余数的组合便是所求的二进制数。注意,最先得出的余数对应二进制整数的最低位。

小数部分——基数连乘取整。小数部分可用“乘 2 取整”法转换成相应的二进制数,即将这个十进制数小数部分连续乘 2,直至为 0 或满足所要求的误差。每次乘 2 所得整数的组合便是所求的二进制数。注意,最先得出的整数对应二进制小数的最高位。

【例 1-1】 将十进制数$(59)_{10}$转换成二进制数。

解 用“除 2 取余”法进行转换的过程如下:

除数	被除数/商		余数	
2	59			
2	29	……	1	低位
2	14	……	1	
2	7	……	0	
2	3	……	1	
2	1	……	1	
	0	……	1	高位

（余数自下而上读取：高位 → 低位）

所以，$(59)_{10}=(111011)_2$。

【例 1-2】 将十进制数 $(0.84375)_{10}$ 转换成二进制数。

解 用“乘 2 取整”法进行转换的过程如下：

运算		取整	
$0.84375\times2=1.6875$	……	1	高位
$0.6875\times2=1.375$	……	1	
$0.375\times2=0.75$	……	0	
$0.75\times2=1.5$	……	1	
$0.5\times2=1.0$	……	1	低位

所以，$(0.84375)_{10}=(0.11011)_2$。

对于同时具有整数和小数部分的数，可将其分解为整数部分和小数部分，再分别转换。

1.3.2.3 二进制与八进制、十六进制的转换

由于八进制的基数为 8，而 $8=2^3$，因此 1 位八进制数刚好转换成 3 位二进制数。同样，十六进制的基数为 16，而 $16=2^4$，因此 1 位十六进制数刚好转换成 4 位二进制数。

二进制转换成八进制，可将二进制数以小数点为基点，分别向左和向右每 3 位为一组，不够则添 0，直接将二进制转换成八进制。

二进制转换成十六进制，可将二进制数以小数点为基点，分别向左和向右每 4 位为一组，不够则添 0，直接将二进制转换成十六进制。

【例 1-3】 将二进制数 $(11101.01)_2$ 转换成八进制数。

解

```
011  101  .  010
 ↓    ↓        ↓
 3    5   .    2
```

所以，$(11101.01)_2=(35.2)_8$。

【例 1-4】 将 $(1011010101.01)_2$ 转换成十六进制数。

解

0010	1101	0101	.	0100
↓	↓	↓		↓
2	D	5	.	4

所以，$(1011010101.01)_2=(2D5.4)_{16}$。

【例 1-5】 将十六进制数 $(7A3F.2C)_{16}$ 转换成二进制数。

解

7	A	3	F	.	2	C
↓	↓	↓	↓		↓	↓
111	1010	0011	1111	.	0010	1100

所以，$(7A3F.2C)_{16}=(111101000111111.001011)_2$。

由以上讨论可看出，二进制数位数较多时不便于书写和记忆，如果采用八进制、十六进制，则位数要少得多，如 32 位二进制数只需 8 位十六进制数即可表示。

1.3.3 编码

在数字系统中，用预先规定的方法将文字、数字或其他对象编成二进制的数码，这种给信息分配的二进制代码称为对信息的编码。

1.3.3.1 二－十进制编码

在数字系统中，各种数据要转换为二进制代码才能进行处理，而人们习惯于使用十进制数，所以在数字系统的输入、输出中仍采用十进制数，这样就产生了用 4 位二进制数表示 1 位十进制数的方法。这种用于表示十进制数的二进制代码称为二－十进制代码（Binary Coded Decimal），简称 BCD 码。BCD 码分有权码和无权码，有权码是指二进制数码的每一位都有固定的权值，所代表的十进制数为每位二进制数加权之和，而无权码无需加权。无论是有权码还是无权码，4 位二进制数码共有 16 种组合，而十进制数码仅有 0～9这 10 个数，因此有 6 种组合是多余的。以下列举了目前常用的几种编码。

1. 8421 码

8421 码是使用最多的有权 BCD 码，因为它的 4 位二进制数对应的权为 8、4、2、1，所以称为 8421BCD 码。它是取了 4 位二进制数的前 10 个数码来对应十进制的 0～9，即 0000～1001。必须指出，在 8421 码中不允许出现 1010～1111 这几个代码，因为在十进制中没有数码同它们对应。表 1-2 列出了十进制数与 8421BCD 码的关系。

2. 余 3 码

余 3 码是一种无权码，它是由 8421 码加 0011 得来的。例如，十进制数 4 在 8421BCD 码中是 0100，在余 3 码中就成为 0111。它比对应的 8421 码都多 3，所以称为余 3 码。

1.3.3.2 可靠性编码

代码在数字系统或者计算机中形成及传送时都可能发生错误，为使代码不易出错，或者出错时容易发现，甚至能查出错误的位置，应采用可靠性编码。目前，常用的可靠性编码有格雷码和奇偶校验码。下面分别介绍这两种代码的组成及特点。

表 1-2　十进制数与 8421BCD 码关系

十进制数	8421BCD 码	十进制数	8421BCD 码
0	0000	5	0101
1	0001	6	0110
2	0010	7	0111
3	0011	8	1000
4	0100	9	1001

1. 格雷码

格雷码又叫循环码。从表 1-3 的 4 位格雷码编码表中可以看出格雷码的构成方法，就是每一位的状态变化都按一定的顺序循环。如果从 0000 开始，最右边一位的状态按 0110 顺序循环变化，右边第二位的状态按 00111100 顺序循环变化，右边第三位的状态按 0000111111110000 顺序循环变化。可见，自右向左，每一位状态循环中连续的 0、1 数目增加一倍。由于 4 位格雷码只有 16 个，所以最左边一位的状态只有半个循环，即 0000000011111111。按照上面的原则，我们很容易得到更多位数的格雷码。

表 1-3　4 位格雷码与二进制代码的比较

编码顺序	二进制代码	格雷码
0	0000	0000
1	0001	0001
2	0010	0011
3	0011	0010
4	0100	0110
5	0101	0111
6	0110	0101
7	0111	0100
8	1000	1100
9	1001	1101
10	1010	1111
11	1011	1110
12	1100	1010
13	1101	1011
14	1110	1001
15	1111	1000

格雷码最大的特点就是，任意两个相邻的代码之间仅有一位不同，其余各位均相同。

2. 奇偶校验码

奇偶校验码是一种能检验出二进制信息在传送过程中出现错误的代码。这种代码由两部分组成:一部分是信息位,就是需要传送的信息本身;另一部分是奇偶校验位,它使整个代码中1的个数按预先的规定成为奇数或偶数。当信息位和校验位中1的总个数为奇数时,称为奇校验,而1的总个数为偶数时,称为偶校验。表1-4所示为由4位信息位及1位奇偶校验位构成的5位奇偶校验码。

表1-4 十进制数码的奇偶校验码

十进制数码	带奇校验的8421码		带偶校验的8421码	
	信息位	校验位	信息位	校验位
0	0000	1	0000	0
1	0001	0	0001	1
2	0010	0	0010	1
3	0011	1	0011	0
4	0100	0	0100	1
5	0101	1	0101	0
6	0110	1	0110	0
7	0111	0	0111	1
8	1000	0	1000	1
9	1001	1	1001	0

这种编码的特点是:每一个代码中含有1的个数总是奇(偶)数个。这样,一旦某代码在传送过程中出现1的个数不是奇(偶)数,就会被发现。

1.4 相关知识3——逻辑代数的基本知识

1.4.1 逻辑变量和逻辑函数

19世纪英国数学家乔治·布尔首先提出了用代数的方法来研究、证明和推理逻辑问题,从而产生了逻辑代数。逻辑代数中用字母表示变量,这种变量称为逻辑变量。如果以逻辑变量作为输入,以运算结果作为输出,则当输入变量的取值确定后,输出变量的取值便随之而定。因此,输出与输入之间是一种函数关系,这种函数称为逻辑函数。在逻辑代数中,每一个输入变量只有0、1两种取值,因而逻辑函数输出变量也只能有0和1两种取值。

1.4.2 逻辑运算

1.4.2.1 基本逻辑运算

逻辑代数中,基本逻辑关系有三种:逻辑与、逻辑或、逻辑非。与之相对应,基本逻辑运算也有三种:与运算、或运算、非运算。为了便于理解,我们用开关 A、B 来说明这三种运算,以开关闭合作为条件(即状态真),以灯亮作为结果。如图 1-1 所示为基本逻辑运算关系电路示意图。

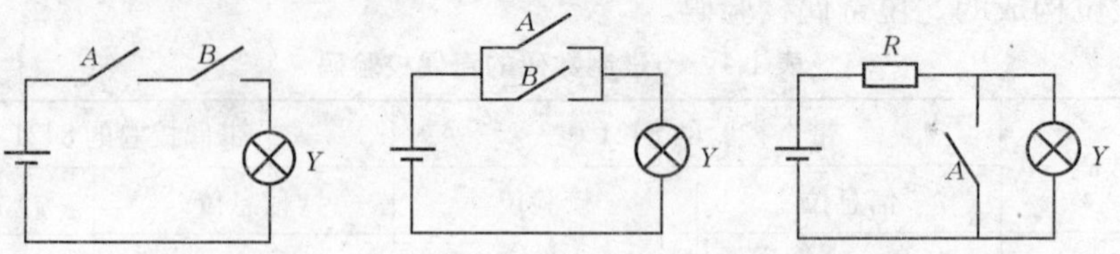

(a)与运算的电路图　　(b)或运算的电路图　　(c)非运算的电路图

图 1-1　基本逻辑运算关系电路示意图

在图 1-1(a)中,当两个开关同时闭合时,指示灯才会亮,即决定事物结果的条件全具备时,结果才发生。这种因果关系称为逻辑与,用符号“·”表示与运算(“·”可省略),其逻辑关系式为

$$Y = A \cdot B \tag{1-5}$$

在图 1-1(b)中,只要任意一个开关闭合,指示灯就亮,即决定事物结果的条件中有一个具备,结果就发生。这种因果关系称为逻辑或,用符号“+”表示或运算,其逻辑关系式为

$$Y = A + B \tag{1-6}$$

在图 1-1(c)中,开关断开时灯亮,开关闭合时灯灭,即条件具备时,结果不发生;条件不具备时,结果发生。这种因果关系称为逻辑非,用符号“¯”表示非运算,其逻辑关系式为

$$Y = \overline{A} \tag{1-7}$$

以 A、B 表示开关的状态,1 表示开关闭合,0 表示开关断开;以 Y 表示灯的状态,1 表示灯亮,0 表示灯灭,列出图 1-1 中各电路的逻辑关系表。表 1-5 为与电路的逻辑关系表,表 1-6 为或电路的逻辑关系表,表 1-7 为非电路的逻辑关系表。这种表也称为真值表。

表 1-5　与逻辑运算真值表

A	B	Y
0	0	0
0	1	0
1	0	0
1	1	1

表 1-6　或逻辑运算真值表

A	B	Y
0	0	0
0	1	1
1	0	1
1	1	1

表 1-7　非逻辑运算真值表

A	Y
0	1
1	0

我们把实现逻辑运算的单元电路称为门电路。其中,实现逻辑与运算的电路称为与门电路,简称与门;实现逻辑或运算的电路称为或门电路,简称或门;实现逻辑非运算的电路称为非门电路(也称反相器),简称非门。与、或、非逻辑运算的图形符号分别如图 1-2(a)、(b)、(c)所示,这些符号同时也表示相应的逻辑门电路。

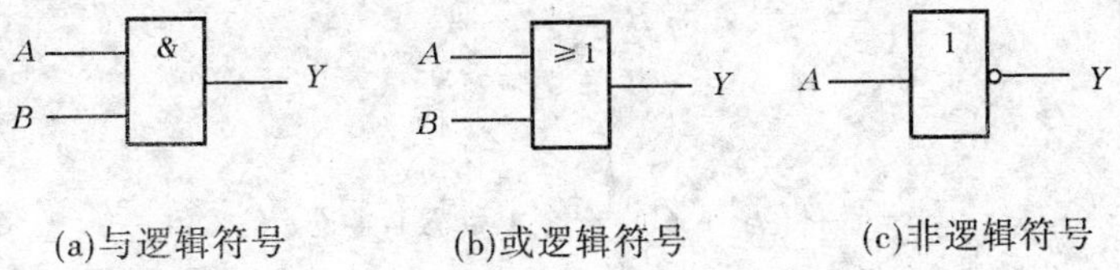

图 1-2 逻辑运算图形符号

1.4.2.2 复合逻辑运算

实际的逻辑运算往往是复合逻辑运算,它比与、或、非复杂得多,但都可以用与、或、非的组合来实现。常见的复合逻辑运算有与非、或非、与或非、异或、同或等,其逻辑关系分别如下所示:

与非 $$Y = \overline{A \cdot B}$$

或非 $$Y = \overline{A + B}$$

与或非 $$Y = \overline{A \cdot B + C \cdot D}$$

异或 $$Y = A \oplus B = \overline{A} \cdot B + A \cdot \overline{B}$$

同或 $$Y = A \odot B = \overline{A \oplus B} = A \cdot B + \overline{A} \cdot \overline{B}$$

图 1-3 给出了五种复合逻辑运算的运算符号(门电路)。

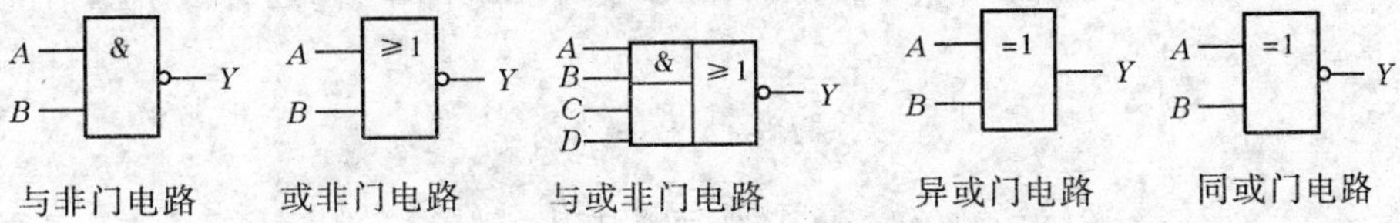

图 1-3 五种复合逻辑运算的运算符号(门电路)

1.4.3 逻辑代数的基本公式、定律和常用规则

1.4.3.1 基本公式和定律

1. 0—1 律

$$A + 0 = A \quad (1\text{-}8)$$

$$A \cdot 0 = 0 \quad (1\text{-}9)$$

$$A + 1 = 1 \quad (1\text{-}10)$$

$$A \cdot 1 = A \quad (1\text{-}11)$$

2. 重叠律

$$A + A = A \quad (1\text{-}12)$$

$$A \cdot A = A \quad (1\text{-}13)$$

3. 互补律

$$A + \overline{A} = 1 \quad (1\text{-}14)$$

$$A \cdot \overline{A} = 0 \quad (1\text{-}15)$$

4. 交换律

$$A + B = B + A \tag{1-16}$$

$$A \cdot B = B \cdot A \tag{1-17}$$

5. 结合律

$$A + (B + C) = (A + B) + C \tag{1-18}$$

$$A \cdot (B \cdot C) = (A \cdot B) \cdot C \tag{1-19}$$

6. 分配律

$$A \cdot (B + C) = A \cdot B + A \cdot C \tag{1-20}$$

$$A + B \cdot C = (A + B) \cdot (A + C) \tag{1-21}$$

7. 否定律

$$\overline{\overline{A}} = A \tag{1-22}$$

8. 反演律(摩根定律)

$$\overline{A \cdot B} = \overline{A} + \overline{B} \tag{1-23}$$

$$\overline{A + B} = \overline{A} \cdot \overline{B} \tag{1-24}$$

9. 吸收律

$$A + A \cdot B = A \tag{1-25}$$

$$A \cdot (A + B) = A \tag{1-26}$$

吸收律是经前面基本公式推导而得的,除以上介绍的两个外,还有以下三个也是常用的吸收律基本公式:

$$AB + A\overline{B} = A \tag{1-27}$$

$$A + \overline{A}B = A + B \tag{1-28}$$

$$AB + \overline{A}C + BC = AB + \overline{A}C \tag{1-29}$$

【例1-6】 证明反演律$\overline{A + B} = \overline{A} \cdot \overline{B}$。

解 利用真值表证明,即将等式两端列出真值表,如表1-8所示。由表可知,在逻辑变量A、B所有可能的取值组合中,$\overline{A + B}$和$\overline{A} \cdot \overline{B}$的函数值均相等,所以等式成立。

表1-8 反演律真值表

A	B	$\overline{A + B}$	$\overline{A} \cdot \overline{B}$
0	0	1	1
0	1	0	0
1	0	0	0
1	1	0	0

1.4.3.2 逻辑代数的三个重要规则

1. 代入规则

任何一个含有变量A的等式,如果将所有出现A的位置(包括等式两边)都用同一个逻辑函数代替,则等式仍然成立。这个规则称为代入规则。例如:

$$A(B + C) = AB + AC$$

若用 $D+E$ 代替等式中的 C,则

$$A[B + (D + E)] = AB + A(D + E)$$

2. 反演规则

对于任何一个逻辑表达式 Y,如果将表达式中所有的“ · ”换成“ + ”,“ + ”换成“ · ”,“0”换成“1”,“1”换成“0”,原变量换成反变量,反变量换成原变量,那么所得到的表达式就是函数 Y 的反函数 $\overline{Y}$(或称补函数)。这个规则称为反演规则。例如:

$$Y = A\overline{B} + C\overline{D}E \quad \Rightarrow \quad \overline{Y} = (\overline{A} + B)(\overline{C} + D + \overline{E})$$

$$Y = A + \overline{B + \overline{C} + \overline{D + \overline{E}}} \quad \Rightarrow \quad \overline{Y} = \overline{A} \cdot \overline{\overline{B} \cdot C \cdot \overline{\overline{D} \cdot E}}$$

3. 对偶规则

对于任何一个逻辑表达式 Y,如果将表达式中的“ · ”换成“ + ”,“ + ”换成“ · ”,“0”换成“1”,“1”换成“0”,并保持原函数中的运算顺序不变,则可得到一个新的函数表达式 Y',Y'称为函数 Y 的对偶函数。这个规则称为对偶规则。例如:

$$Y = A + \overline{B + \overline{C} + \overline{D + \overline{E}}} \quad \Rightarrow \quad Y' = A \cdot \overline{B \cdot \overline{C} \cdot \overline{D \cdot \overline{E}}}$$

1.4.4 逻辑函数的表示方法及相互转换

逻辑函数是数字电路的描述工具,输入量、输出量是高、低电平,可以用二元常量(0,1)来表示,输入量和输出量之间的关系是一种逻辑上的因果关系。

1.4.4.1 逻辑函数的建立

1. 逻辑表达式

逻辑表达式是由逻辑变量和与、或、非三种基本逻辑运算符连接起来所构成的式子。在逻辑表达式中,等式右边的字母 A、B、C、D 等称为输入逻辑变量,也叫逻辑自变量;等式左边的字母 Y 称为输出逻辑变量,也叫逻辑因变量。字母上面没有非运算符的叫做原变量,有非运算符的叫做反变量。逻辑表达式描述了逻辑变量之间的逻辑关系,是实际逻辑问题的抽象表达。

2. 逻辑函数

如果对应于输入逻辑变量 A、B、C、…的每一组确定值,输出逻辑变量 Y 就有唯一确定的值,则称 Y 是 A、B、C、…的逻辑函数。

1.4.4.2 逻辑函数的表示方法

1. 真值表

真值表是由逻辑函数输入变量的所有可能取值组合及其对应的输出函数值所构成的表格。其特点是:直观地反映了变量取值组合和函数值的关系,便于把一个实际问题抽象为一个数学问题。列真值表时,一定要注意把输入变量的取值组合列全,n 个输入变量共有 2^n 个取值组合。当输出变量不止一个时,它们与输入变量之间的逻辑关系,也应在真值表中一一列出。

2. 逻辑函数式

由逻辑变量和与、或、非、异或及同或等几种运算符号连接起来所构成的式子，称为逻辑函数式。由真值表直接写出的逻辑函数式是标准的与或逻辑函数式。写出标准的与或逻辑函数式的方法是：

(1)把任意一组变量取值中的1表示原变量，0表示反变量，由此得到一组变量与组合，如A、B、C三个变量的取值为110时，则代换后得到的变量与组合为$AB\overline{C}$。

(2)把逻辑函数Y值为1所对应的各变量与组合相加，便得到了标准的与或逻辑函数式。

3. 逻辑图

只要把逻辑函数式中各逻辑运算用相应的门电路和逻辑符号代替，就可画出和逻辑函数相对应的逻辑图。例如，$L=\overline{A}\cdot\overline{B}+A\cdot B$的逻辑图如图1-4所示。

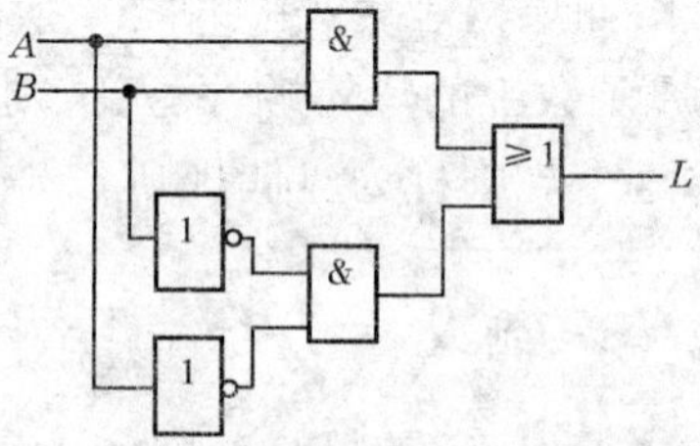

图1-4　$L=\overline{A}\cdot\overline{B}+A\cdot B$的逻辑图

4. 卡诺图

卡诺图是由美国工程师卡诺(Karnaugh)首先提出的。其表示方法是将逻辑函数输入变量取值的组合数分别绘成相应的小方格，再按照输入变量取值的相邻关系，将输出变量的取值填入相应的小格子内。具体的卡诺图特点及表示方法将在本章1.5.2中详细讲解。此处以四变量的卡诺图为例来初步认识一下，如图1-5所示。

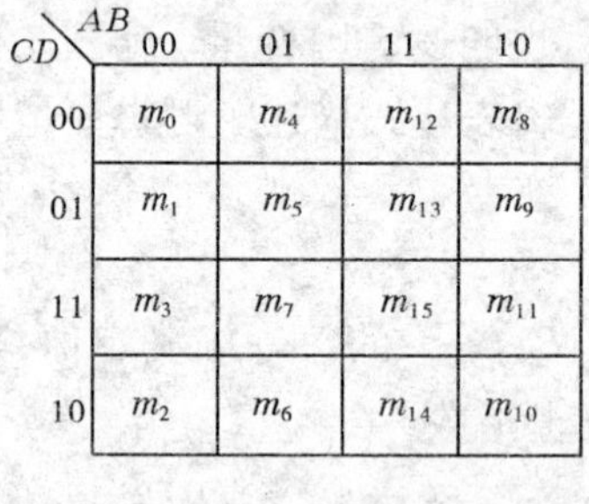

图1-5　四变量的卡诺图

1.4.4.3　逻辑函数的相互转换

同一个逻辑函数可以用不同的方法描述，而且这几种方法之间能够相互转换，经常用到的转换方式有以下几种。

1. 由真值表写出逻辑函数式

方法如下所述：

(1)找出真值表中使逻辑函数 $Y=1$ 的输入变量取值组合。

(2)每组输入变量取值对应一个乘积项,其中取值为 1 的写原变量,取值为 0 的写反变量。

(3)将这些乘积项相加即得逻辑函数 Y。

【例 1-7】 由如表 1-9 所示的三变量逻辑函数的真值表,写出其逻辑函数式。

表 1-9 三变量逻辑函数的真值表

A	B	C	F
0	0	0	0
0	0	1	0
0	1	0	0
0	1	1	0
1	0	0	0
1	0	1	1
1	1	0	1
1	1	1	1

解 查真值表中 F 值等于 1 的式子,相加,则可得逻辑函数式:

$$F = A\overline{B}C + AB\overline{C} + ABC$$

2. 由逻辑函数式写出真值表

方法:一般按二进制的顺序,输出与输入状态一一对应,列出所有可能的状态。

【例 1-8】 由 $F=A\overline{B}C+AB\overline{C}+\overline{A}BC$ 写出其真值表。

解 由式子可知函数有三个变量,按二进制顺序,列出变量可能出现的状态,由式子中出现的三种情况,标出对应的 F 值为 1。最终得到的结果如表 1-10 所示。

表 1-10 例 1-8 表达式的真值表

A	B	C	F
0	0	0	0
0	0	1	0
0	1	0	0
0	1	1	1
1	0	0	0
1	0	1	1
1	1	0	1
1	1	1	0

3. 由逻辑函数式画出逻辑图

方法:用图形符号代替逻辑函数式中的逻辑运算符。

【例 1-9】 由逻辑函数式 $Y=A\cdot(B+C)$ 画出其逻辑图。

解 将式中与、或关系用与、或图形符号代替，结果如下：

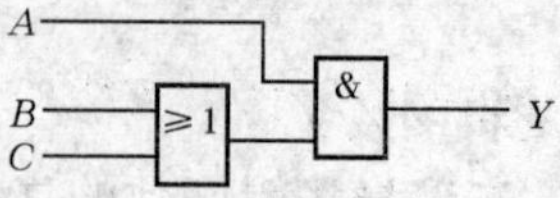

1.5 相关知识 4——逻辑函数的化简方法

由前面讨论可知，一个逻辑函数确定以后，其表示逻辑关系的真值表是唯一的。我们可以利用逻辑代数的基本定律和规则对其表达式进行变换。常见的逻辑形式有 5 种：与或表达式、或与表达式、与非与非表达式、或非或非表达式、与或非表达式。例如：

$$F = A\overline{B} + BC \qquad \text{（与或表达式）}$$

$$= \overline{\overline{A\overline{B}}\cdot\overline{BC}} \qquad \text{（与非与非表达式）}$$

$$= (A+B)(\overline{B}+C) \qquad \text{（或与表达式）}$$

$$= \overline{\overline{A+B}+\overline{\overline{B}+C}} \qquad \text{（或非或非表达式）}$$

$$= \overline{\overline{A}\,\overline{B}+B\overline{C}} \qquad \text{（与或非表达式）}$$

其中，与或表达式是逻辑函数的最基本表达形式。逻辑函数的最简与或表达式的标准有以下两点：

（1）或项最少，即表达式中“＋”号最少。

（2）每个与项中的变量数最少，即表达式中“·”号最少。

如何才能得到一个逻辑函数的最简与或表达式呢？这就需要对逻辑函数进行化简。

1.5.1 公式化简法

逻辑函数的公式化简法就是运用逻辑代数的基本公式、定理和规则来化简逻辑函数。

1.5.1.1 并项法

利用公式 $A+\overline{A}=1$，将两项合并为一项，并消去一个变量。

【例 1-10】

$$Y = \overline{A}BC + \overline{A}B\overline{C} = \overline{A}B(C+\overline{C}) = \overline{A}B$$

1.5.1.2 吸收法

（1）利用公式 $A+A\cdot B=A$，消去多余的项。

（2）利用公式 $AB+\overline{A}C+BC=AB+\overline{A}C$，消去多余的变量。

【例 1-11】

$$Y = ABC + \overline{A}D + \overline{C}D + BD$$

$$= ABC + (\overline{A}+\overline{C})D + BD$$

$$= ABC + \overline{AC}D + BD$$
$$= ABC + \overline{AC}D$$
$$= ABC + \overline{A}D + \overline{C}D$$

1.5.1.3　配项法

(1)利用公式 $A = A(B + \overline{B})$,为某一项配上其所缺的变量,以便用其他方法进行化简。

(2)利用公式 $A + A = A$,为某一项配上其所能合并的项,以便用其他方法进行化简。

【例 1-12】

$$Y = AB + \overline{A}C + BCD = AB + \overline{A}C + BCD(A + \overline{A})$$
$$= AB + \overline{A}C + ABCD + \overline{A}BCD = AB + \overline{A}C$$

1.5.1.4　消去法

运用吸收律消去多余的项。

【例 1-13】

$$Y = \overline{A} + AB + \overline{B}E = \overline{A} + B + \overline{B}E = \overline{A} + B + E$$

1.5.2　卡诺图化简法

公式化简法要求必须熟练应用基本公式和常用公式,而且有时需要有一定的经验与技巧,尤其是所得到的结果是否最简往往难以判断,这就给初学者应用公式进行化简带来一定的困难。为了解决这一问题,可采用卡诺图化简法。

1.5.2.1　逻辑函数的最小项表达式

如果一个函数的某个乘积项包含了函数的全部变量,其中每个变量都以原变量或反变量的形式出现,且仅出现一次,则这个乘积项称为该函数的一个标准积项,通常称为最小项。3 个变量 A、B、C 可组成以下 8 个最小项:

$$\overline{A}\,\overline{B}\,\overline{C}、\overline{A}\,\overline{B}C、\overline{A}B\overline{C}、\overline{A}BC、A\overline{B}\,\overline{C}、A\overline{B}C、AB\overline{C}、ABC$$

最小项通常用符号 m_i 来表示。把最小项中的原变量记为 1,反变量记为 0,当变量顺序确定后,可以按顺序排列成一个二进制数,则与这个二进制数相对应的十进制数,就是这个最小项的下标 i。表 1-11 给出三变量全部最小项的真值表。

表 1-11　三变量全部最小项的真值表

A	B	C	m_0	m_1	m_2	m_3	m_4	m_5	m_6	m_7
0	0	0	1	0	0	0	0	0	0	0
0	0	1	0	1	0	0	0	0	0	0
0	1	0	0	0	1	0	0	0	0	0
0	1	1	0	0	0	1	0	0	0	0
1	0	0	0	0	0	0	1	0	0	0
1	0	1	0	0	0	0	0	1	0	0
1	1	0	0	0	0	0	0	0	1	0
1	1	1	0	0	0	0	0	0	0	1

从最小项的定义出发,可知最小项有以下性质:

(1)任意一个最小项,只有一组变量取值使其值为1,而其余各组变量取值均使其值为0。

(2)不同的最小项,使其值为1的那组变量取值也不同。

(3)任意两个不同的最小项的乘积必为0。

(4)全部最小项的和必为1。

1.5.2.2 逻辑函数的最小项卡诺图

所谓逻辑函数的最小项卡诺图,就是将逻辑函数的所有最小项表示为小方格,而在排列时,几何位置相邻的小方格在逻辑上也应是相邻的。在卡诺图中的相邻关系除直观上的相邻外,最上边的小方格与最下边的小方格相邻,最左边的小方格与最右边的小方格相邻。图1-6(a)为二变量的最小项卡诺图,图1-6(b)为三变量的最小项卡诺图。

$A \backslash B$	0	1
0	m_0	m_1
1	m_2	m_3

(a)二变量的最小项卡诺图

$A \backslash BC$	00	01	11	10
0	m_0	m_1	m_3	m_2
1	m_4	m_5	m_7	m_6

(b)三变量的最小项卡诺图

图1-6 卡诺图

填写卡诺图的基本原则是将逻辑函数的取值填写在相应的小方格内,即在逻辑函数各最小项的位置上填1,其余位置填0。但为了简化,一般只填1,而0省略不填。

【例1-14】 用卡诺图表示逻辑函数 $F(A,B,C)=\sum m(2,3,5,7)$。

解 这是一个三变量逻辑函数,$n=3$,先画出三变量卡诺图。由于已知 F 是标准的最小项表达式,因此在对应卡诺图中2、3、5、7号小方格中填1,其余小方格不填,即画出了 F 的卡诺图,如图1-7所示。

$A \backslash BC$	00	01	11	10
0			1	1
1		1	1	

图1-7 例1-14的卡诺图

1.5.2.3 逻辑函数的卡诺图化简法

化简逻辑函数的步骤和规则如下:

(1)画出逻辑函数的卡诺图。

(2)合并卡诺图中的相邻最小项。只有相邻的含1的方格才能合并,而且每个包围圈(又称卡诺圈)只能包含 2^n 个方格($n=0,1,2,\cdots$)。在新画的包围圈中必须有未被圈过的1,否则该包围圈是多余的。包围圈的个数尽量少,这样逻辑函数的与项就少。画包围圈时,应遵从由少到多的顺序圈。包围圈尽量大,这样消去的变量就多,与门输入端的数目就少。合并两个最小项,可消去一个变量。合并四个最小项,可消去两个变量。以此类推,合并 2^n 个最小项,可消去 n 个变量。

(3)将合并化简后的各与项进行逻辑或,便是所求逻辑函数的最简与或表达式。

下面通过例题具体说明利用卡诺图化简逻辑函数的方法。

【例 1-15】 化简如图 1-8(a)所示卡诺图的逻辑函数。

解 合并最小项的方法有多种,将相邻两个小方格画包围圈读出,如图 1-8(b)中 $A\overline{B}$。还可将四个小方格画包围圈读出,如图 1-8(b)中的 B 和图 1-8(c)中的 B、A。但应尽可能多地将相邻的“1”圈起来,只要符合 2^n 个“1”相邻即可,所以图 1-8(c)的圈最合理。故

$$Y = A + B$$

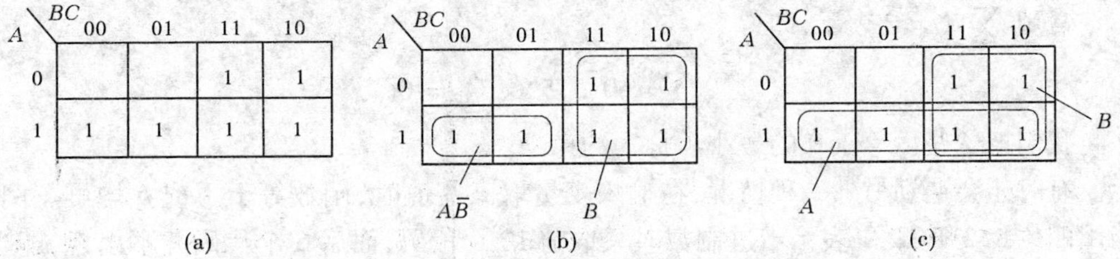

图 1-8 例 1-15 图

【例 1-16】 化简逻辑函数

$$Y(A,B,C,D) = \sum m(0,2,5,8,9,10,12,13,14)$$

解 (1)画出四变量卡诺图,如图 1-9 所示。

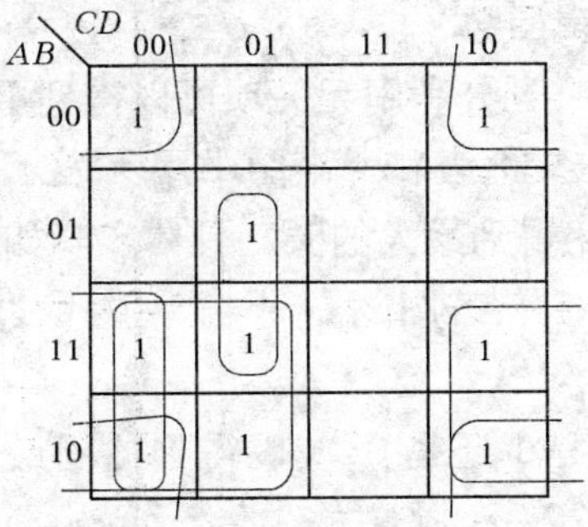

图 1-9 例 1-16 的卡诺图

(2)将 Y 各最小项用“1”填入相应小方格内。

(3)画包围圈,合并最小项,读出卡诺图得最简表达式。

由此得到的最简表达式为

$$Y = A\overline{C} + A\overline{D} + \overline{B}\,\overline{D} + B\overline{C}D$$

1.5.3 具有约束项的逻辑函数化简

1.5.3.1 逻辑函数中的无关项

在分析具体的逻辑函数时,会遇到这样一种情况:输入变量的取值不是任意的,即对

输入变量的取值有所限制,所加的这个限制称为约束,这组变量称为具有约束的变量。例如,用变量 A、B、C 表示交通信号灯的红、绿、黄三种颜色,$A=1$ 时红灯亮,$B=1$ 时绿灯亮,$C=1$ 时黄灯亮。这样由 A、B、C 构成的逻辑函数最小项的取值只能出现 001、010 和 100,而 000、011、101、110、111 不能出现,因此 A、B、C 是一组具有约束的变量。

上述约束条件可以表示为

$$\overline{A}\,\overline{B}\,\overline{C}=0,\overline{A}BC=0,A\overline{B}C=0,AB\,\overline{C}=0,ABC=0$$

或写成

$$\overline{A}\,\overline{B}\,\overline{C}+\overline{A}BC+A\overline{B}C+AB\overline{C}+ABC=0$$

常用 $\sum d=0$ 表示,即

$$\sum d(0,3,5,6,7)=0$$

我们把这些恒等于 0 的最小项称为约束项。

有时还会遇到另外一种情况,在输入变量取某些值时,函数等于 1 或 0 均可。例如,当用四位 8421BCD 码表示十进制数时只取前 10 个代码,而后 6 个代码并不出现,即当变量 A、B、C、D 的取值为后 6 个代码时,函数既可以等于 1,也可以等于 0。我们把函数在这些取值下既可以等于 1,也可以等于 0 的最小项称为任意项。

由于约束项的取值始终等于 0,因此既可以将其写进函数式,也可以删去,且不影响函数的取值。同样,由于任意项在系统中并不出现,将其写进函数式也不影响函数取值,因此我们把约束项和任意项统称为无关项。

1.5.3.2 利用无关项化简逻辑函数

在逻辑函数的化简过程中,充分利用无关项可以得到更加简单的逻辑表达式,因而其相应的逻辑电路也更简单。在真值表和卡诺图中用 × 表示无关项。合并最小项时,无关项既可作为 0 又可作为 1,以期得到最大的圈。具体步骤如下:

(1)将函数式中最小项在卡诺图对应小方块内填“1”,无关项在对应小方块内填“×”。

(2)画圈时将无关项看做是 1 还是 0,应以得到的圈最大、圈的个数最少为原则。每个包围圈只能包含 $2^n(n=0,1,2,\cdots)$ 个方格。

(3)圈中必须至少有一个有效的最小项,不能全是无关项。

下面我们通过例题加以说明。

【例 1-17】 试化简 $F(A,B,C,D)=\sum m(0,2,5,9,15)+\sum d(6,7,8,10,12,13,14)$。

解 首先画出表示该四变量逻辑函数的卡诺图。根据化简具有无关项逻辑函数的原则,在卡诺图上画出卡诺圈,如图 1-10 所示。

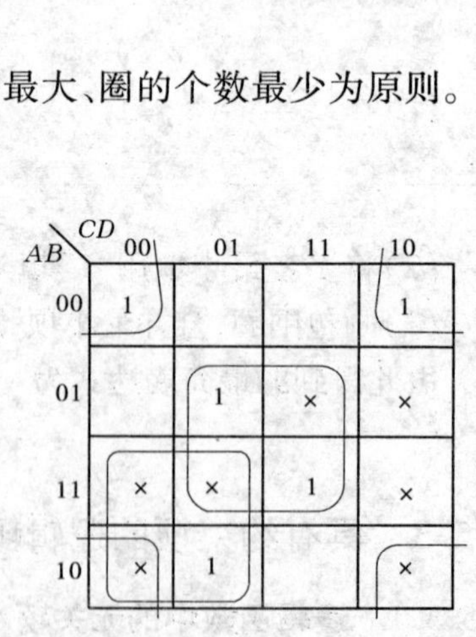

图 1-10 例 1-17 的卡诺图

由此,得到化简结果如下:

$$F(A,B,C,D)=\sum m(0,2,5,9,15)+$$

$$\sum d(6,7,8,10,12,13,14)$$

$$= \overline{B}\,\overline{D} + A\,\overline{C} + BD$$

【例 1-18】 如表 1-12 所示是 8421BCD 码表,其中 1010 ~ 1111 六个状态不可能出现,为无关项。要求当十进制数为奇数时,输出 $F=1$。求 F 的最简与或表达式。

解 画出 F 对应的卡诺图,如图 1-11 所示。

若考虑无关项,并利用无关项进行化简,其结果为:$F=D$。

表 1-12 8421BCD 码表

十进制数	输入变量				输出变量
	A	B	C	D	F
0	0	0	0	0	0
1	0	0	0	1	1
2	0	0	1	0	0
3	0	0	1	1	1
4	0	1	0	0	0
5	0	1	0	1	1
6	0	1	1	0	0
7	0	1	1	1	1
8	1	0	0	0	0
9	1	0	0	1	1
不会出现	1	0	1	0	×
	1	0	1	1	×
	1	1	0	0	×
	1	1	0	1	×
	1	1	1	0	×
	1	1	1	1	×

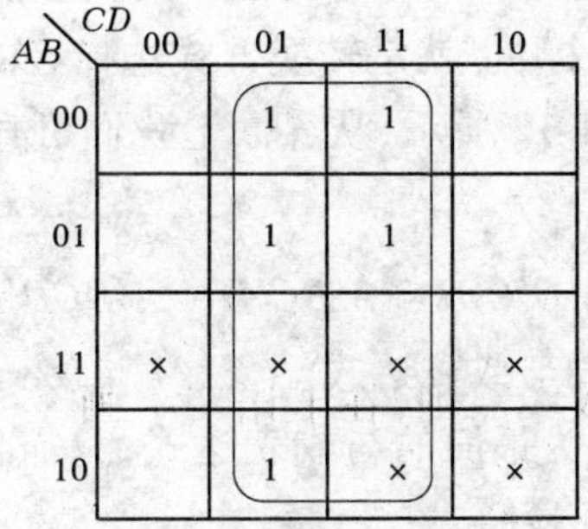

图 1-11 例 1-18 的卡诺图

1.5.4 逻辑转换器

利用公式化简法和卡诺图化简法，可以找出逻辑函数的最简形式，但在变量较多的情况下，逻辑函数的化简与转换将会特别复杂。这时我们可以利用 Multisim 软件中所带的逻辑转换器进行逻辑函数的化简与转换。

已知一逻辑函数 Y 的真值表如表 1-13 所示，利用逻辑转换器求出 Y 的逻辑表达式，化简为最简的与或表达式，并画出逻辑电路图。

表 1-13 逻辑函数 Y 的真值表

A	B	C	D	Y
0	0	0	0	0
0	0	0	1	1
0	0	1	0	0
0	0	1	1	×
0	1	0	0	0
0	1	0	1	1
0	1	1	0	1
0	1	1	1	1
1	0	0	0	0
1	0	0	1	0
1	0	1	0	0
1	0	1	1	×
1	1	0	0	×
1	1	0	1	0
1	1	1	0	×
1	1	1	1	1

1.5.4.1 真值表转换为逻辑表达式

将如表 1-13 所示的真值表键入到逻辑转换器的真值表显示栏中，点击转换方式选择区的真值表转换逻辑表达式图标，也就是转换方式选择区的第二个图标，即可完成从真值表到逻辑表达式的转换，如图 1-12 所示，从界面上我们可直观地得到逻辑表达式（A'即为$\overline{A}$），所以：

$$Y(A,B,C,D) = A'B'C'D + A'BC'D + A'BCD' + A'BCD + ABCD$$

1.5.4.2 真值表转换为最简的与或表达式

为了将最小项表达式转换为最简的与或表达式，只需再点击转换方式选择区第三个图标，如图 1-13 所示，即可得到最简式：

$$Y(A,B,C,D) = A'D + BC$$

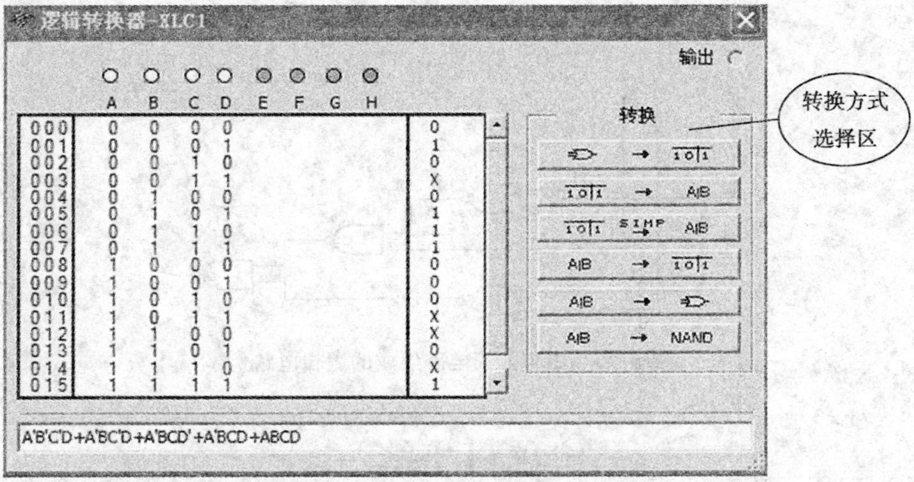

图 1-12　真值表到逻辑表达式的转换

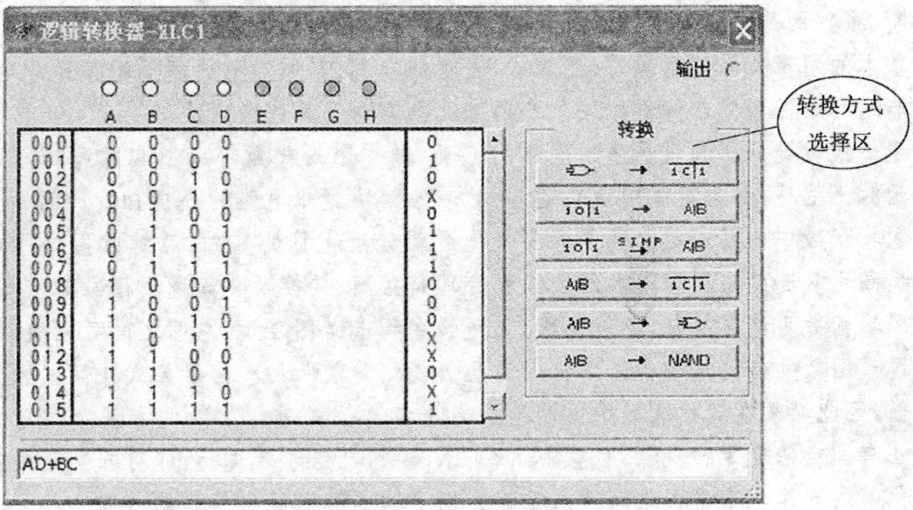

图 1-13　真值表转换为最简表达式

1.5.4.3　逻辑表达式转换为逻辑电路图

点击转换方式选择区第五个图标，即将逻辑表达式转换为逻辑电路的图标，可得到如图 1-14 所示的逻辑电路图，该电路图为由与、或、非门组成的逻辑电路。

点击转换方式选择区第六个图标，可得如图 1-15所示的电路图，该电路完全由与非门电路构成。

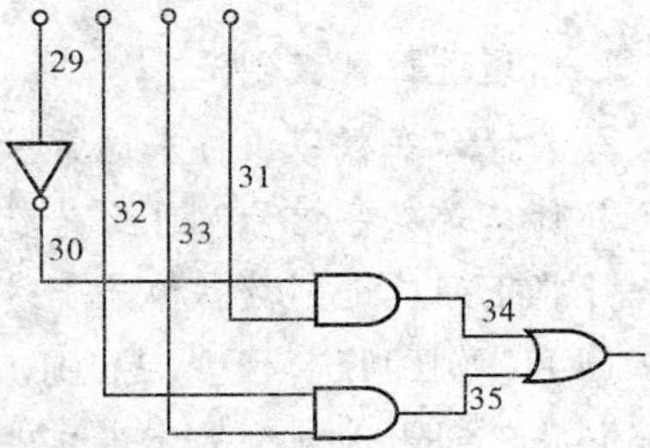

图 1-14　由与、或、非门组成的逻辑电路

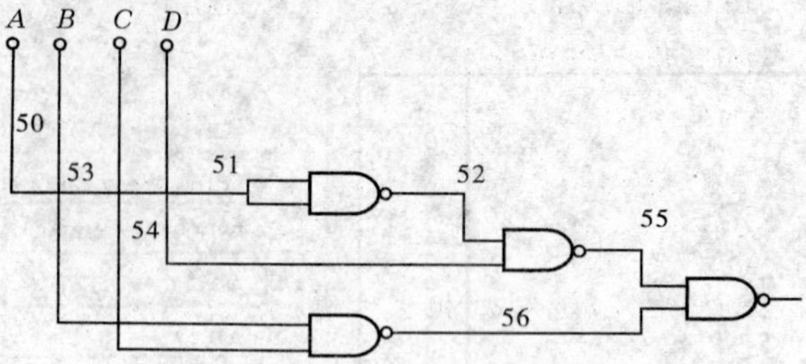

图 1-15　由与非门电路组成的逻辑电路

项目小结

1. 二进制是数字电路中最常用的计数体制,0 和 1 还可用来表示电平的高与低、开关的闭与断、事件的是与非等。二进制还可用来进行许多形式的编码。

2. 基本的逻辑关系有逻辑与、逻辑或、逻辑非三种,与其对应的逻辑运算是与运算、或运算和非运算。任何复杂的逻辑关系都由基本的逻辑关系组合而成。

3. 逻辑代数是分析和设计逻辑电路的工具,利用逻辑代数可以把实际逻辑问题抽象为逻辑函数来描述,并且可以用逻辑运算的方法,解决逻辑电路的分析和设计问题。

4. 逻辑代数中的基本定律及基本公式是逻辑代数运算的基础,熟练掌握这些定律及公式可提高运算速度。逻辑代数的公式和定理是推演、转换及化简逻辑函数的依据。

5. 逻辑函数可用真值表、逻辑函数式、逻辑图和卡诺图表示,它们之间可以随意互换。

6. 逻辑函数的化简法有卡诺图化简法及公式化简法两种。由于公式化简法无固定的规律可循,因此必须在实际练习中逐渐掌握应用各种公式进行化简的方法及技巧。卡诺图化简法有固定的规律和步骤,且直观、简单,只要按已给步骤进行,即可在实践中较快地寻找到化简的规律。卡诺图化简法对五变量以下的逻辑函数化简非常方便。

思考与练习题

1. 何谓进位计数制?

2. 为什么在数字设备中通常采用二进制?

3. 什么是数字信号? 什么是数字电路?

4. 将下列二进制数转换为十进制数:

(1)110010111　　(2)101011.1101　　(3)10101100

5. 将下列十进制数转换为二进制数:

(1)45　　(2)127.8125　　(3)63.92

6. 将下列十进制数转换为八进制数:

(1)542.75　　(2)256.5　　(3)200　　(4)8192

7. 将下列八进制数转换为十进制数：

(1)285.2O　　(2)432.4O　　(3)200.5O　　(4)5000

8. 将下列十进制数转换为十六进制数：

(1)65535　　(2)150　　(3)2048.0625　　(4)512.125

9. 将下列十六进制数转换为十进制数：

(1)88.8H　　(2)2BEH

10. 将下列二进制数分别用八进制数和十六进制数表示：

(1)1110100B　　(2)1010010B

(3)110111.1101B　　(4)110111001.101001B

11. 用真值表证明等式 $\overline{A \oplus B} = \overline{A}\,\overline{B} + AB$。

12. 将逻辑函数 $L = \overline{\overline{A}(B + \overline{C})}$ 展开为最小项表达式。

13. 利用与非门实现函数 $L = AB + AC$。

14. 写出图 1-16 中各逻辑图的表达式。

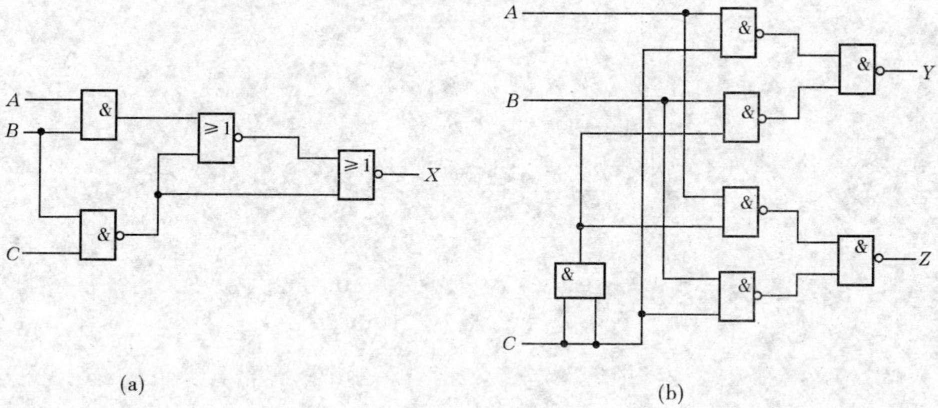

图 1-16　题 14 图

15. 化简下列逻辑函数：

(1) $Y = A\overline{B} + B + \overline{A}B$

(2) $Y = \overline{A}B\overline{C} + A + \overline{B} + C$

(3) $Y = \overline{A + B + C} + A\overline{B}\,\overline{C}$

(4) $Y = A\overline{B}CD + ABD + A\overline{C}D$

(5) $Y = A\overline{C} + ABC + AC\overline{D} + CD$

(6) $Y = \overline{A}\,\overline{B}\,\overline{C} + A + B + C$

(7) $Y = AD + A\overline{D} + \overline{A}B + \overline{A}C + BFE + CEFG$

16. 化简下列逻辑函数：

(1) $Y(A,B,C,D) = \sum m(4,5,6,7,9,11,13,15)$

(2) $Y(A,B,C)=\sum m(0,2,3,6,7)$

(3) $Y(A,B,C)=\sum m(0,1,3,4,5,7)$

(4) $Y(A,B,C,D)=\sum m(0,1,2,6,8,9,10,12,13,14)$

17. 化简下列逻辑函数:

(1) $Y(A,B,C,D)=\sum m(0,2,4,5,7)+\sum d(10,11,12,13,14,15)$

(2) $Y(A,B,C,D)=\sum m(0,2,3,4,6,12)+\sum d(7,8,10,14)$

(3) $Y(A,B,C,D)=\sum m(1,2,12,14)+\sum d(5,6,7,8,9,10)$

(4) $Y(A,B,C,D)=\sum m(0,1,4,6,9,13)+\sum d(2,3,5,7,11,15)$

项目 2　表决器的设计与制作

知识目标

掌握集成逻辑门电路的功能和应用，掌握组合逻辑电路的分析和设计方法；理解集成逻辑门电路的参数和特点，了解不同门电路之间的接口；了解集成门电路的内部结构和工作原理。

能力目标

能对组合逻辑电路的功能进行分析，能使用门电路进行组合逻辑电路的设计，会查阅组合逻辑电路手册，能根据需要选用合适型号的集成电路，熟悉常用集成逻辑门电路的功能、使用及测试方法；能进行常见数字产品的电路设计，按照电路原理图正确焊接、装配和连接电路，能对数字电路进行测量和调试，并能检测和排除故障。

引　言

逻辑门电路是数字电路的基本单元电路。所谓“门”就是一种条件开关，在一定条件下允许信号通过，条件不满足时，则信号不能通过。因此，门电路又称逻辑门电路。对应于基本逻辑运算，最基本的门电路是与门、或门和非门，同时利用与门、或门和非门又可以构成各种复合逻辑门。在逻辑电路中，逻辑事件的是、否分别用电路电平的高、低来表示，若用“1”代表高电平，“0”代表低电平，则称为正逻辑；反之，则为负逻辑。

本项目中表决器就是由门电路组成的。逻辑门电路是数字电路学习中最基础的内容，任何复杂的数字电路都是由逻辑门电路组成的。本项目要求用与非门电路来实现逻辑功能。

学习链接

【1】http://www.cndzz.com/

【2】http://www.21ic.com/

【3】http://www.datasheet5.com/

【4】http://www.xie-gang.com/

【5】http://www.sydzdiy.com/

【6】http://www.56dz.com/

【7】http://www.ednchina.com/

2.1　任务提出与分析

2.1.1　任务提出

使用门电路设计并制作一个三人（A、B、C）表决器电路。当表决某个提案时，多数人同意则提案通过，同时 A 具有否决权。提案通过用 1（灯亮）表示，通不过用 0（灯灭）表示。

设计和制作表决器电路的具体任务如下：

（1）由逻辑功能列出真值表。

（2）根据真值表写出逻辑函数表达式。

（3）化简并转换成所要求的形式。

（4）由化简后的逻辑函数表达式画出逻辑电路图。

（5）安装、调试与检测电路，做好测试记录。

2.1.2 任务分析

前面的学习使我们知道，利用门电路可以完成本项目，可选用 74 系列集成电路在数字电路实验箱中完成，也可选用集成电路在万能实验板（或面包板）上自己设计、安装完成。本教材中选择前一种方案。

设计与制作之前，下面重点就涉及本任务的相关知识进行讲解。

2.2 相关知识 1——逻辑门电路基础知识

2.2.1 基本逻辑门电路

逻辑门电路都是由半导体元件组成的，例如二极管门电路和三极管门电路。

2.2.1.1 二极管与门电路

二极管与门电路如图 2-1（a）所示。由图可知，在输入 A、B 中，当有任意一个为低电平或两个同时为低电平时，与输入端相连的二极管就会获得正向电压而优先导通，使输出 Y 为低电平，同时其他二极管因承受反向电压而截止；只有当所有输入同时为高电平时，每个二极管都截止，输出 Y 才是高电平。二极管与门电路的导通关系如表 2-1 所示。可见，输入对输出呈现与逻辑关系，即 $Y=A \cdot B$，其符号如图 2-1（b）所示，其真值表如表 2-2 所示。与门的逻辑功能可概括为：输入有 0，输出为 0；输入全 1，输出为 1。与门输入端的个数可以为两个或两个以上。

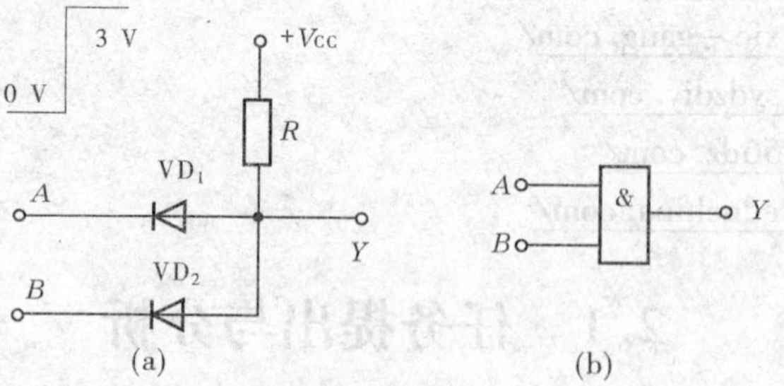

图 2-1 二极管与门电路和符号

2.2.1.2 二极管或门电路

二极管或门电路如图 2-2（a）所示。由图可知，或门电路二极管的极性和与门电路接法相反，并采用了负电源。当输入 A、B 中有高电平时，相应的二极管就会优先导通，输出 Y 为高电平，同时其他二极管截止；只有当输入 A、B 同时为低电平时，每个二极管都截止，Y 才是低电平。二极管或门电路的导通关系如表 2-3 所示。显然，Y 和 A、B 间呈现或逻辑关系，逻辑式为 $Y=A+B$，其符号如图 2-2(b)所示，其真值表如表 2-4 所示。或门的逻辑功能可概括为：输入有 1，输出为 1；输入全 0，输出为 0。或门的输入端个数同样可以为两个或两个以上。

表 2-1　二极管与门电路的导通关系

u_A(V)	u_B(V)	u_Y(V)	VD_1	VD_2
0	0	0	导通	导通
0	3	0	导通	截止
3	0	0	截止	导通
3	3	3	截止	截止

表 2-2　与门的真值表

A	B	Y
0	0	0
0	1	0
1	0	0
1	1	1

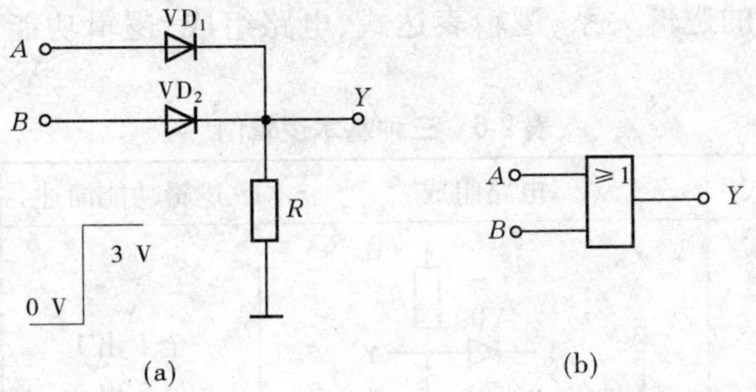

图 2-2　二极管或门电路和符号

表 2-3　二极管或门电路的导通关系

u_A(V)	u_B(V)	u_Y(V)	VD_1	VD_2
0	0	0	截止	截止
0	3	3	截止	导通
3	0	3	导通	截止
3	3	3	导通	导通

表 2-4　或门的真值表

A	B	Y
0	0	0
0	1	1
1	0	1
1	1	1

2.2.1.3　三极管非门电路

利用三极管的开关特性可构成三极管非门电路，如图 2-3(a)所示。非门电路不同于放大电路，三极管的工作状态只在饱和、截止两种状态中转换。由图 2-3(a)可知，三极管非门电路只有一个输入端，当输入为高电平时，三极管饱和，其集电极及输出端为低电平；当输入为低电平时，三极管截止，输出端为高电平。所以，输出与输入就呈现非逻辑关系，此电路构成一个非门，也称为 BJT 反相器，逻辑式为 $Y=\overline{A}$，其符号如图 2-3(b)所示，其真值表如表 2-5 所示。

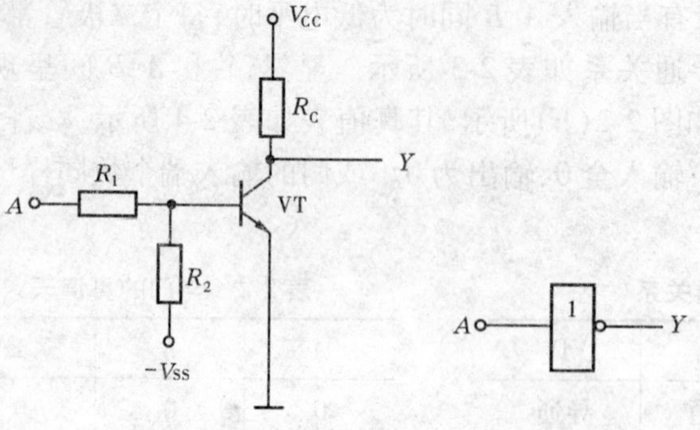

(a) (b)

图 2-3　三极管非门电路和符号

表 2-5　非门的真值表

A	Y
0	1
1	0

为了使三极管输入低电平时开关可靠地截止，可使电阻 R_1、R_2 和负电源 $-V_{SS}$ 参数相配合，三极管的基极为负电位，发射结反偏，三极管将可靠截止，输出为高电平。

三种基本门电路的逻辑关系、逻辑表达式、电路组成、逻辑功能简述及逻辑符号，如表 2-6所示。

表 2-6　三种基本逻辑门

逻辑关系	逻辑表达式	电路组成	逻辑功能简述	逻辑符号
与	$Y=A\cdot B$	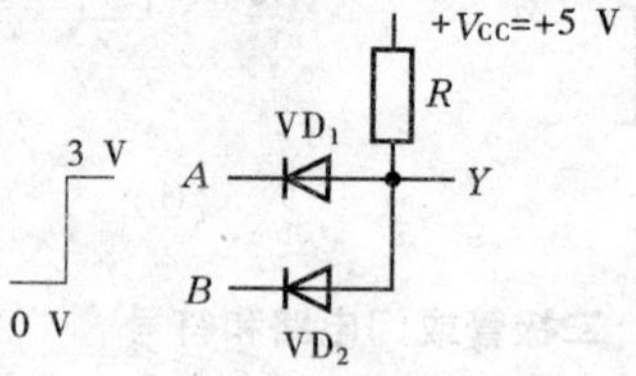	全 1 出 1 见 0 出 0	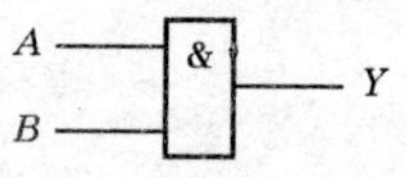
或	$Y=A+B$	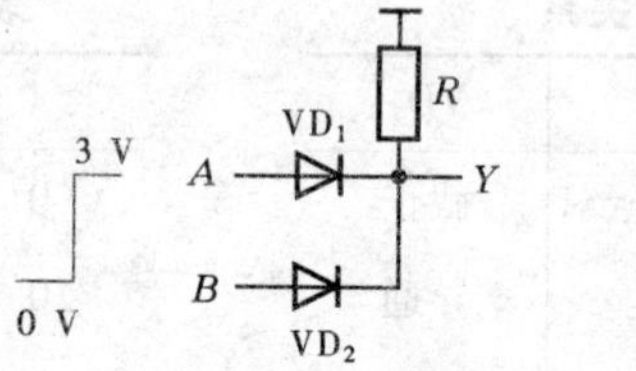	全 0 出 0 见 1 出 1	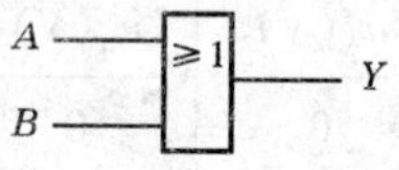
非	$Y=\overline{A}$	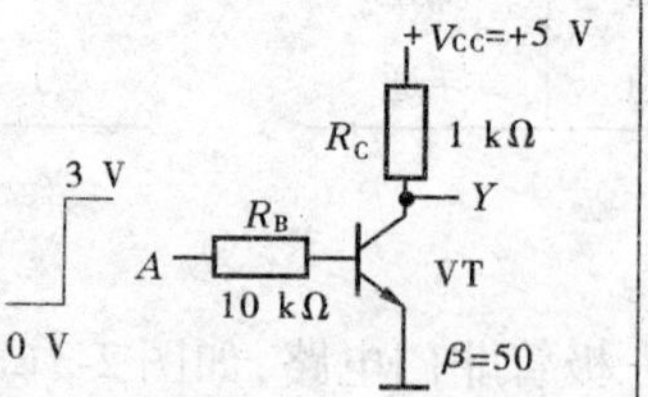	见 0 出 1 见 1 出 0	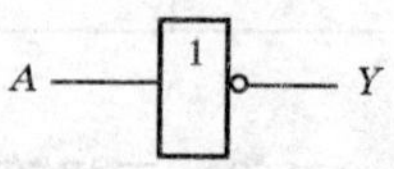

2.2.2　复合逻辑门电路

在实际中可以将上述的基本逻辑门电路组合起来，构成常用的复合逻辑门电路，以实现各种逻辑功能。常见的复合逻辑门电路有:与非门电路、或非门电路、与或非门电路、异或门电路、同或门电路等。

将二极管与门和三极管非门电路连接起来,就可以构成如图 2-4(a)所示的与非门电路,其逻辑式为 $Y=\overline{AB}$,逻辑符号如图 2-4(b)所示,与非门电路的真值表如表 2-7 所示。与非门的逻辑功能可概括为:输入有 0,输出为 1;输入全 1,输出为 0。

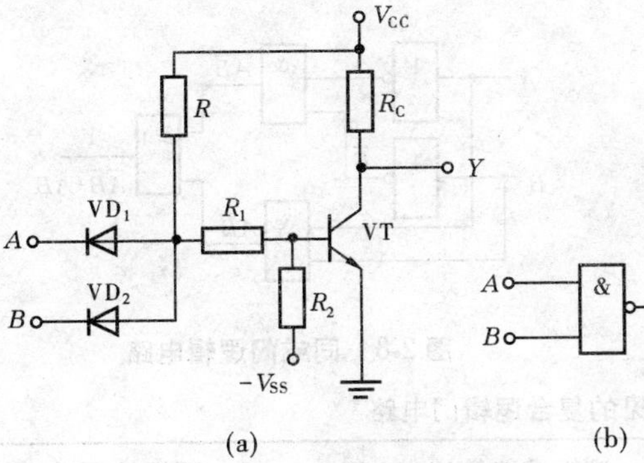

(a) (b)

图 2-4 与非门电路和符号

表 2-7 与非门的真值表

A	B	Y
0	0	1
0	1	1
1	0	1
1	1	0

将二极管或门和三极管非门电路连接起来,就构成了如图 2-5(a)所示的或非门电路,其逻辑式为 $Y=\overline{A+B}$,逻辑符号如图 2-5(b)所示。或非门电路的真值表如表 2-8 所示。或非门的逻辑功能可概括为:输入有 1,输出为 0;输入全 0,输出为 1。

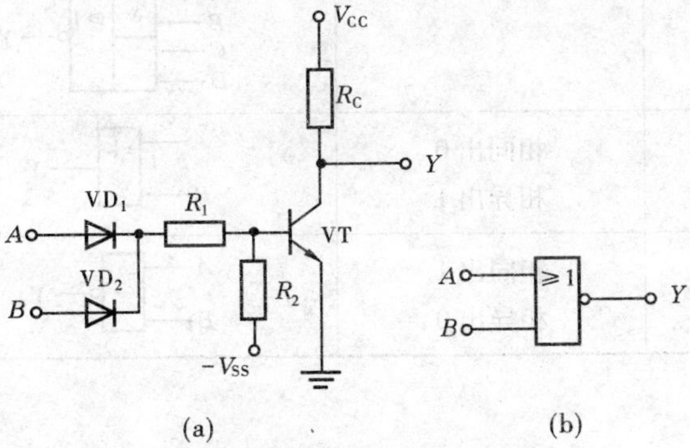

(a) (b)

图 2-5 或非门电路和符号

表 2-8 或非门电路的真值表

A	B	Y
0	0	1
0	1	0
1	0	0
1	1	0

与或非门电路是与、或、非三种门电路的组合。其逻辑电路如图 2-6 所示。

异或门电路的特点是两个输入端信号相异时输出为 1,相同时输出为 0,其逻辑电路如图 2-7 所示。同或门电路的特点是两个输入端信号相同时输出为 1,相异时输出为 0,其逻辑电路如图 2-8 所示。

表 2-9 列出了几种常见的复合逻辑门电路的逻辑表达式、逻辑功能简述及逻辑符号。

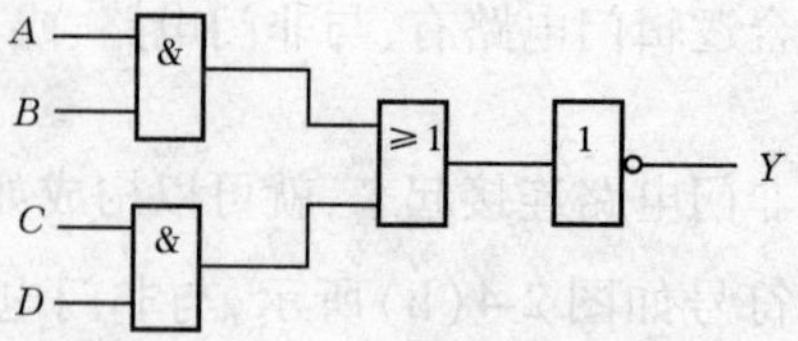

图 2-6　与或非门逻辑电路

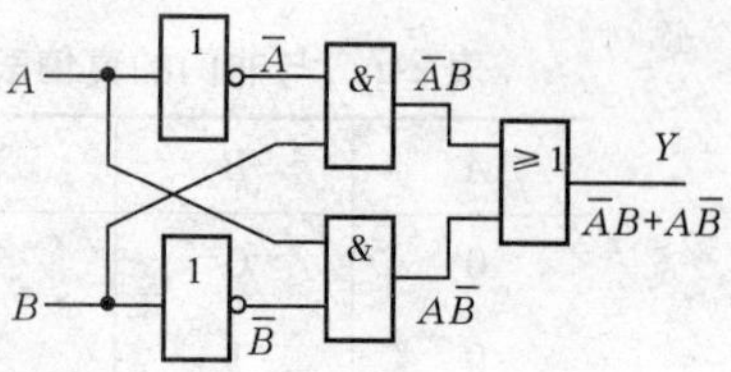

图 2-7　异或门逻辑电路

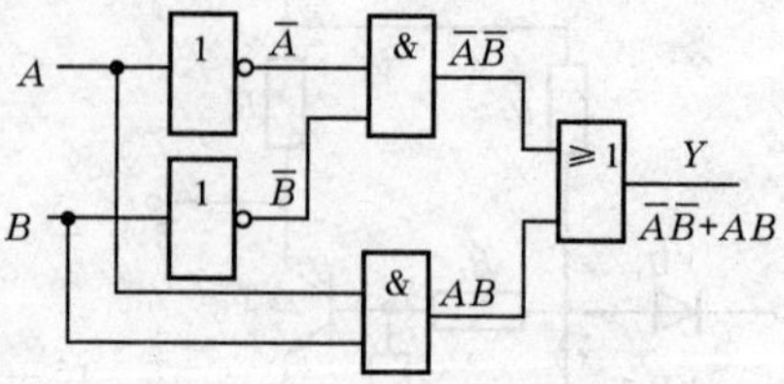

图 2-8　同或门逻辑电路

表 2-9　几种常见的复合逻辑门电路

逻辑关系	逻辑表达式	逻辑功能简述	逻辑符号
与非	$Y=\overline{ABC}$	全 1 出 0 见 0 出 1	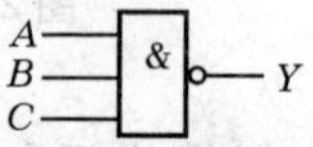
或非	$Y=\overline{A+B+C}$	全 0 出 1 见 1 出 0	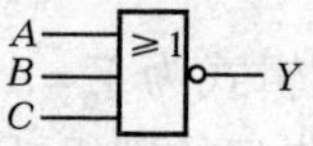
与或非	$Y=\overline{AB+CD}$		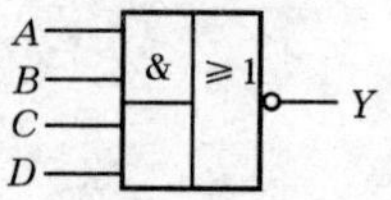
异或	$Y=A\oplus B$ $Y=\overline{A}B+A\overline{B}$	相同出 0 相异出 1	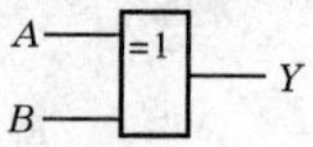
同或	$Y=\overline{A\oplus B}$ $Y=\overline{A}\,\overline{B}+AB$	相同出 1 相异出 0	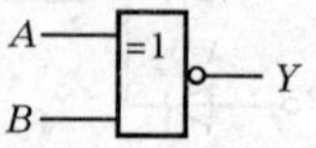

2.2.3　TTL 集成门电路

2.2.3.1　TTL 集成门电路的工作原理

用分立元件组成的门电路，使用元件多、焊接点多、可靠性差、体积大、功耗大、使用不便，因此在数字设备中一般极少采用，而目前广泛使用的是 TTL 系列和 CMOS 系列的集成门电路。

TTL 集成门电路的输入端和输出端均为三极管，所以称为三极管 - 三极管逻辑电路（Transistor Transistor Logic），简称 TTL 电路。TTL 集成门电路是一种小规模的集成电路，由若干个三极管和电阻组成。TTL 电路的基本环节是带电阻负载的三极管反相器（非门），为了改善它的开关速度和其他性能，需要增加其他若干元器件。

1. TTL 与非门电路的结构和工作原理

典型的 TTL 与非门电路如图 2-9(a)所示,采用多发射极 BJT 反相器(3 个输入端)用做 TTL 与非门的输入器件。如图 2-9(b)所示为 TTL 与非门电路相应的逻辑符号。观察图 2-9(a),该电路按图中虚线划分为三部分,从左至右依次为输入级、中间级和输出级。

输入级由多发射极晶体管 VT_1 和电阻 R_1 组成,多个发射结看做与集电结相反的多个二极管,从而实现逻辑“与”的功能;中间级由晶体管 VT_2 和电阻 R_2、R_3 组成,VT_2 的集电极和发射极输出两个相位相反的信号分别控制 VT_3 和 VT_5;输出级由晶体管 VT_3、VT_4、VT_5 和电阻 R_4、R_5 组成,VT_3、VT_4、VT_5 组成推拉式输出电路,用以提高电路的带负载能力。

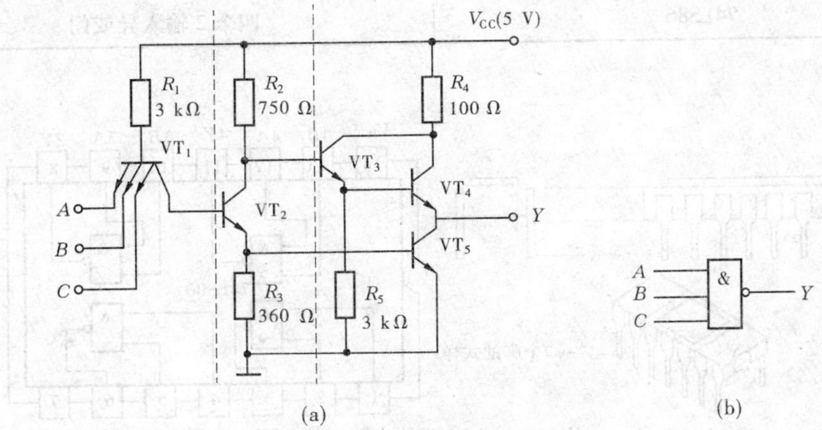

图 2-9 典型的 TTL 与非门电路

由图 2-9(a)分析可知,当输入 A、B、C 均为高电平时,VT_1 输出高电平,VT_2、VT_5 导通,VT_3、VT_4 截止,输出为低电平;当 A、B、C 中至少有一个为低电平时,VT_1 输出低电平,VT_2、VT_5 截止,VT_3、VT_4 导通,输出为高电平。因此,输出与输入之间为“与非”逻辑,即 $Y=\overline{A \cdot B \cdot C}$。若 TTL 电路输入端悬空,则相当于输入高电平。

2. TTL 集成门电路芯片

TTL 集成门电路芯片种类很多,除普通的 74 系列外,主要有 74H(高速)系列、74S(肖特基)系列、74LS(低功耗肖特基)系列、74AS(先进肖特基)系列、74ALS(先进低功耗肖特基)系列等改进的 TTL 电路。它们的引脚结构完全兼容,但在速度、功耗等方面有所差别,一般情况下可以互换使用。74LS 系列中含有多种常用的 TTL 集成门电路芯片,其综合性能优越、品种多、价格便宜。如表 2-10 所示为几种常用的 74LS 系列 TTL 集成门电路芯片。

1)TTL 与非门

74LS00 内含四个 2 输入与非门,其引脚排列如图 2-10 所示。74LS00 的互换型号有 SN7400、SN5400、MC7400、MC5400、T1000、CT7400、CT5400 等。74LS00 的逻辑表达式为:$Y=\overline{A \cdot B}$。

74LS20 内含两个 4 输入与非门，其引脚排列如图 2-11 所示。74LS20 的互换型号有 SN7420、SN5420、MC7420、MC5420、CT7420、CT5420、T1020 等。74LS20 的逻辑表达式为：$Y=\overline{A\cdot B\cdot C\cdot D}$。

表 2-10　常用的 74LS 系列 TTL 集成门电路芯片

型号	逻辑功能
74LS00	四个 2 输入与非门
74LS02	四个 2 输入或非门
74LS04	六个非门
74LS08	四个 2 输入与门
74LS86	四个 2 输入异或门

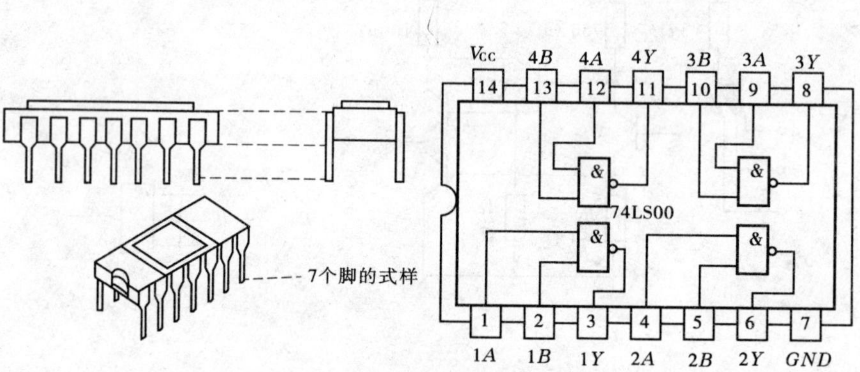

图 2-10　74LS00 芯片结构及引脚排列图

2）TTL 与门

74LS08 内含四个 2 输入与门，其引脚排列如图 2-12 所示。74LS08 的互换型号有 SN7408、SN5408、MC7408、MC5408、CT7408、CT5408、T1008 等。74LS08 的逻辑表达式为：$Y=AB$。

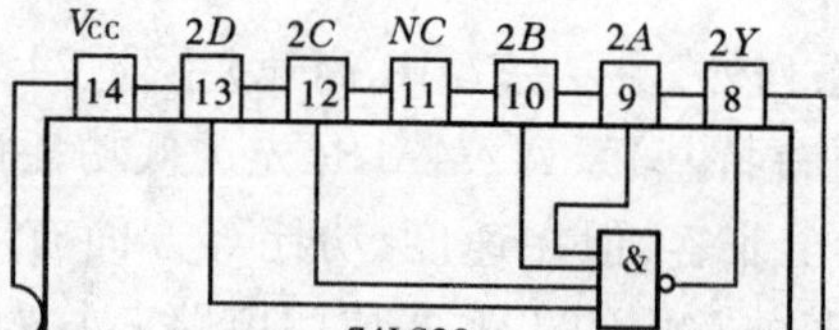

图 2-11　74LS20 的引脚排列图

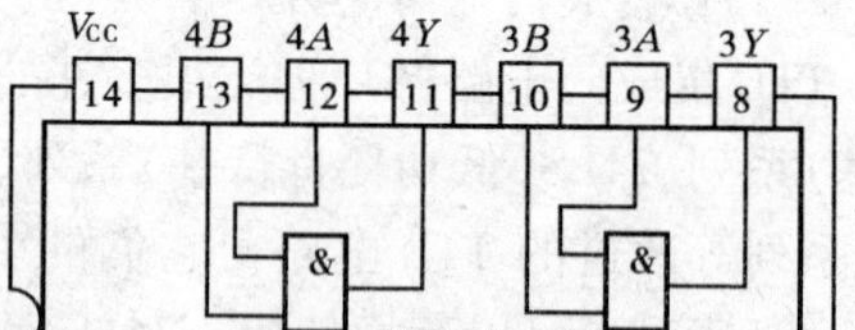

图 2-12　74LS08 的引脚排列图

3)TTL 非门

74LS04 内含六个非门,其引脚排列如图 2-13 所示。74LS04 的互换型号有 SN7404、SN5404、MC7404、MC5404、T1004 等。74LS04 的逻辑表达式为:$Y=\overline{A}$。

4)TTL 或非门

74LS02 内含四个 2 输入或非门,其引脚排列如图 2-14 所示。74LS02 的互换型号有 SN7402、SN5402、MC7402、MC5402、CT7402、CT5402、T1002 等。

74LS02 的逻辑表达式为:$Y=\overline{A+B}$。

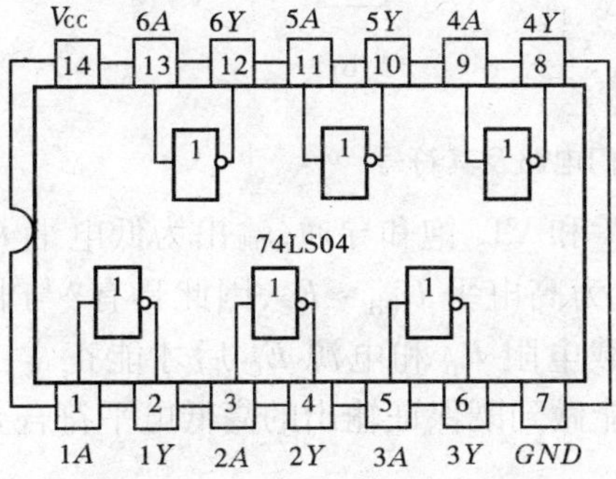

图 2-13 74LS04 的引脚排列图

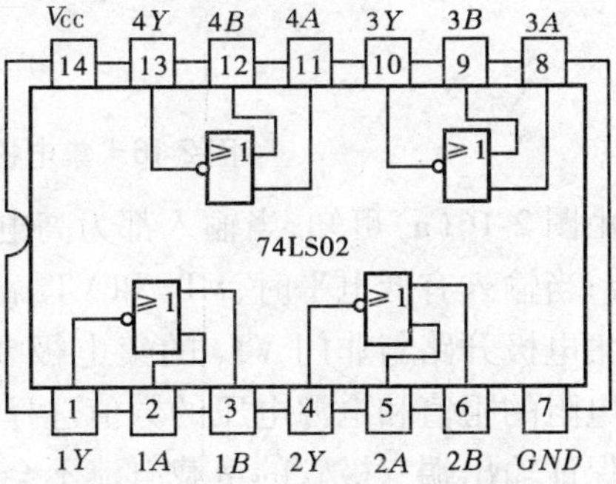

图 2-14 74LS02 的引脚排列图

5)TTL 异或门

74LS86 内含四个 2 输入异或门,其引脚排列如图 2-15 所示。74LS86 的互换型号有 SN7486、SN5486、MC7486、MC5486、CT7486、CT5486、T1086 等。

74LS86 的逻辑表达式为:$Y=A\oplus B=\overline{A}B+A\overline{B}$。

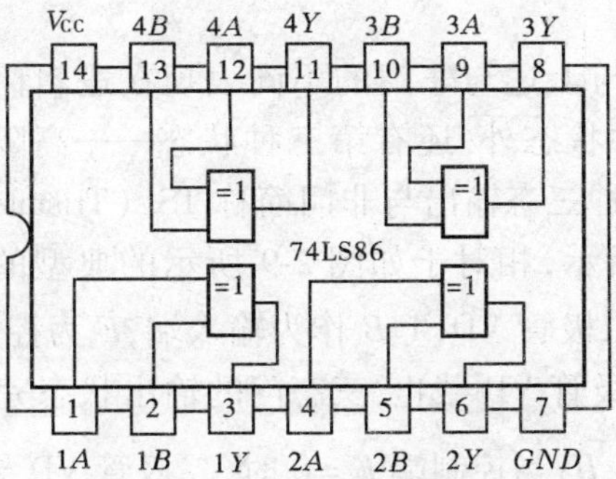

图 2-15 74LS86 的引脚排列图

3. OC 门、三态门介绍

1)OC 门

集电极开路与非门(Open Collector Gate)是一种输出端可以直接相互连接的特殊逻辑门,简称 OC 门,其结构如图 2-16(a)所示。该电路把典型的 TTL 与非门中的 VT_3、VT_4 去掉,令 VT_5 的集电极悬空,从而把典型的 TTL 与非门电路的推拉式输出级改为三极管集电极开路输出。如图 2-16(b)所示为集电极开路与非门的逻辑符号。

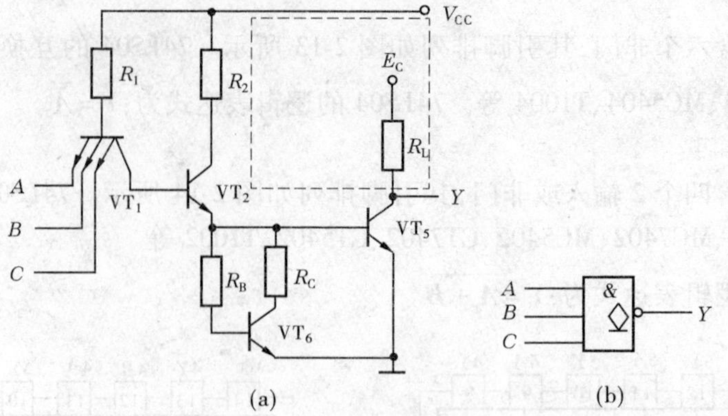

图 2-16　集电极开路与非门电路及其符号

由图 2-16(a)可知，当输入都为高电平时，VT_2 和 VT_5 饱和导通，输出为低电平 $U_{OL} \approx 0.3$ V；当输入有低电平时，VT_2 和 VT_5 截止，输出为高电平 $U_{OH} \approx E_C$，因此具有“与非”功能。集电极开路与非门 VT_5 的集电极要外接负载电阻 R_L 和电源 E_C 后才能正常工作。只要电阻的阻值和电源电压的数值选择得当，就能做到既保证输出的高低电平符合要求，又能保证输出端三极管的负载电流不会过大。

集电极开路与非门应用很广泛，可以用它实现线与、电源电压变换等功能，又可以直接驱动发光二极管，甚至小型继电器等。

如图 2-17 所示为用 OC 门驱动发光二极管 LED 的显示电路，只有当 A、B 均为高电平，使输出 u_O 为低电平时，LED 才导通发光；否则，LED 中无电流通过，不发光。典型的 TTL 与非门不允许直接驱动电压高于 5 V 的负载，否则容易损坏电路。

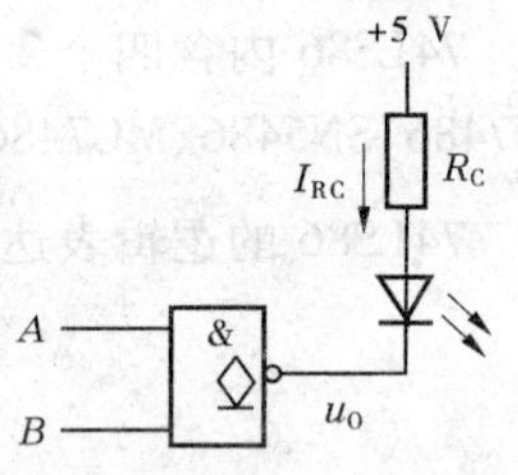

图 2-17　OC 门驱动发光二极管 LED 的显示电路

2）三态输出与非门

三态输出与非门电路与上述与非门的不同表现在逻辑门的输出除有高、低电平两种状态外，还有第三种状态——高阻状态（或称禁止状态）。这种三态输出与非门简称 TSL（Tristate Logic）门，电路如图 2-18 所示，相对于如图 2-9 所示的典型的 TTL 与非门电路多了一个二极管 VD，A、B 作为输入端，E 为控制端或称使能端。

当控制端 $E=1$ 时，二极管 VD 截止，三态门的输出状态完全取决于输入信号 A、B 的状态，其逻辑功能为 $Y=\overline{A \cdot B}$；当控制端 $E=0$ 时，二极管 VD 导通，VT_4、VT_5 都截止，输出端开路，呈现高阻状态。

只有使能信号 $E=1$ 时才允许三态门工作，故称 E 高电平有效。TSL 门的电路符号如图 2-18(b)所示，其逻辑状态表如表 2-11 所示。

由于电路结构不同，TSL 门的使能端有两种控制方式，除控制端 E 高电平有效外，还可以设计为低电平有效，此时电路符号如图 2-18(c)所示。

三态门不是指其具有三种逻辑值，在工作状态下，三态门的输出可为逻辑“1”或者逻辑“0”；在禁止状态下，其输出高阻相当于开路，表示与其他电路无关，高阻不是一种逻辑值。

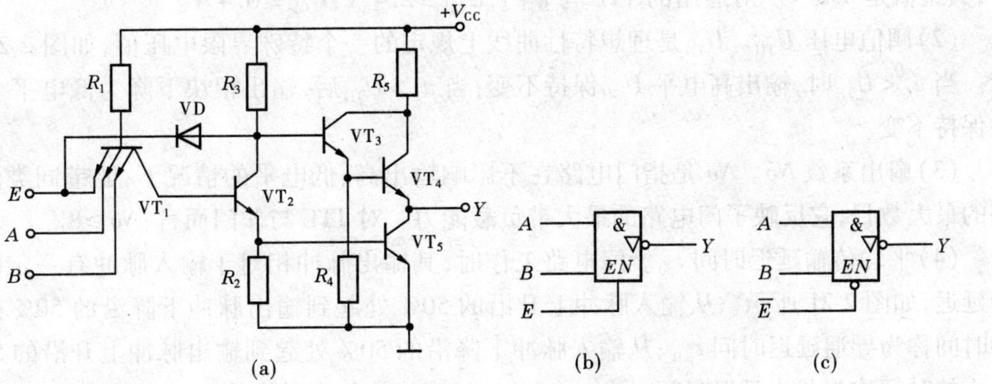

图 2-18　TSL(三态输出与非)门电路及其图形符号

表 2-11　TSL 门的逻辑状态表(×表示任意态)

输入端			输出端 Y
控制端 E	A	B	
1	0	0	1
	0	1	1
	1	0	1
	1	1	0
0	×	×	高阻

三态门主要用于总线传送,既可用于单向数据传送,也可用于双向数据传送。如图 2-19 所示为用三态门构成的单向数据总线。用一根导线轮流传送几个不同的数据或控制信号,此导线即为总线或称母线。当某个三态门的控制端为 1 时,该逻辑门处于工作状态,输入数据经反相后送至总线。为了保证数据传送的正确性,任意时刻多个三态门的控制端只能有一个为 1,其余均为 0,轮流施加高电平处于工作状态,即只允许一个数据端与总线接通,其余均断开,以便实现多个数据的分时传送。这种用总线来传送数据或信号的方法,在计算机中被广泛采用。

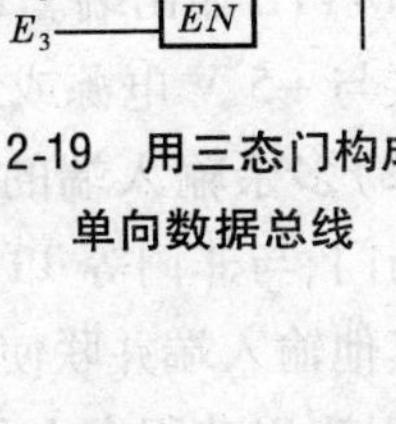

图 2-19　用三态门构成的单向数据总线

2.2.3.2　TTL 集成门电路参数

在使用 TTL 集成逻辑门时,应注意几个主要参数,下面以 54/74 系列 TTL 与非门为例加以说明:

(1)输出高电平 U_{OH} 和输出低电平 U_{OL}。U_{OH} 是指输入端有一个或几个是低电平时的输出高电平,典型值是 3.6 V。U_{OL} 是指输入端全为高电平且输出定负载时的输出低电平，典型值是0.3 V。对通用的 TTL 与非门，$U_{OH} \geqslant 2.4$ V，$U_{OL} \leqslant 0.4$ V。

（2）阈值电压 U_{TH}。U_{TH}是理想特性曲线上规定的一个特殊界限电压值，如图 2-20 所示。当 $u_I < U_{TH}$时，输出高电平 U_{OH}保持不变；当 $u_I > U_{TH}$后，输出很快下降为低电平 U_{OL}，并保持不变。

（3）扇出系数 *No*。*No* 是指门电路在不影响输出高、低电平的情况下，能带同类门电路的最大数目，它反映了门电路的最大带负载能力。对 TTL 与非门而言，$No \geqslant 8$。

（4）平均传输延迟时间 t_{pd}。门电路工作时，其输出脉冲相对于输入脉冲有一定的时间延迟，如图 2-21 所示。从输入脉冲上升沿的 50% 处起到输出脉冲下降沿的 50% 处止的时间称为导通延迟时间 t_{pd1}；从输入脉冲下降沿的 50% 处起到输出脉冲上升沿的 50% 处止的时间称为截止延迟时间 t_{pd2}。t_{pd1} 和 t_{pd2} 的平均值称为平均传输延迟时间 t_{pd}，它是表示门电路开关速度的一个参数。t_{pd}越小，开关速度就越快，所以此值越小越好。在集成与非门中，TTL 与非门的开关速度比较高。t_{pd}典型值是 3 ~4 ns。

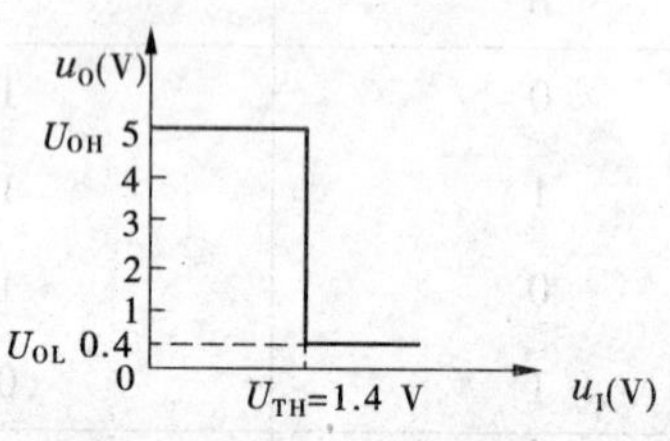

图 2-20　TTL 与非门的理想传输特性

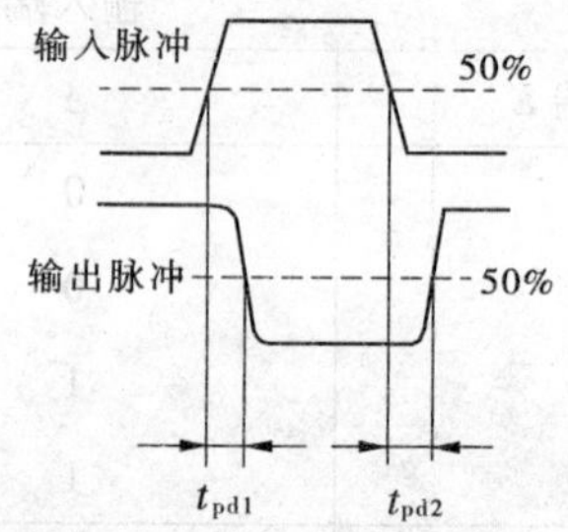

图 2-21　与非门的传输延迟时间

（5）I_{CCL}是指所有输入端悬空、输出端空载、TTL 与非门输出低电平时，电源提供给器件的电流。I_{CCH}是指有一个以上的输入端接地（最好全部接地）、输出端空载时，电源提供给器件的电流。

通常 $I_{CCH} < I_{CCL}$，它们的大小标志着器件静态功耗的大小。器件的最大静态功耗为 $P_{CCL} = V_{CC}I_{CCL}$。

2.2.3.3　TTL 集成门电路使用注意事项

（1）TTL 输出端。TTL 电路（OC 门、三态门除外）的输出端不允许并联使用，也不允许直接与 +5 V 电源或地线相连。否则，将会使电路的逻辑混乱并损坏器件。

（2）多余输入端的处理。或门、或非门等 TTL 电路的多余输入端不能悬空，只能接地。与门、与非门等 TTL 电路的多余输入端可以做如下处理：①悬空，相当于接高电平。②与其他输入端并联使用，可增加电路的可靠性。③直接或通过电阻（100 Ω ~10 kΩ）与电源相接，以获得高电平输入。

（3）电源滤波。一般可在电源的输入端并接一个 100 μF 的电容作为低频滤波，在每块集成电路的电源输入端接一个 0.01 ~0.1 μF 的电容作为高频滤波，如图 2-22 所示。

（4）严禁带电操作。要在电路切断电源以后，才能插拔和焊接集成电路块，否则容易引起电路块的损坏。

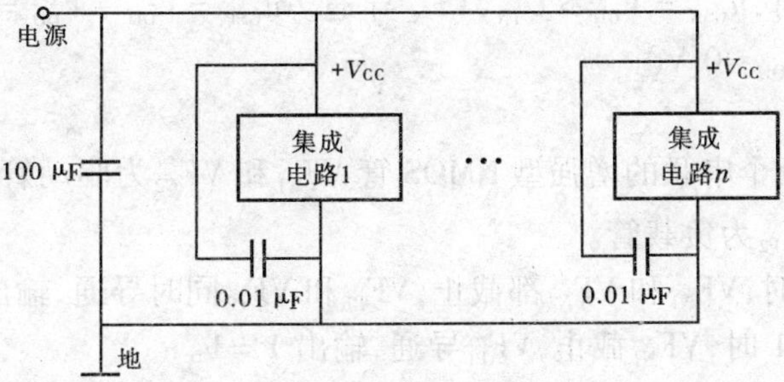

图 2-22　电源滤波

2.2.4　CMOS 门电路

2.2.4.1　CMOS 门电路概述

CMOS 门电路是互补金属－氧化物－半导体场效应晶体管门电路的简称。它是由增强型 PMOS 管和增强型 NMOS 管组成的互补对称 MOS 门电路，是近年来国内外迅速发展、广泛应用的一种集成电路。

1. MOS 管介绍

CMOS 反相器由增强型 NMOS 管和增强型 PMOS 管组成，它们在数字电路中工作在开关状态。

NMOS 管的开启电压用 U_{TN} 表示，为正值。当 $u_{GS} > U_{TN}$ 时，NMOS 管导通；当 $u_{GS} < U_{TN}$ 时，NMOS 管截止。其符号如图 2-23(a)所示。

PMOS 管的开启电压用 U_{TP} 表示，为负值。当 $|u_{GS}| > |U_{TP}|$ 时，PMOS 管导通；当 $|u_{GS}| < |U_{TP}|$ 时，PMOS 管截止。其符号如图 2-23(b)所示。

2. CMOS 管的各种门电路

1) CMOS 反相器

如图 2-24 所示，VF_N 为驱动管，VF_P 为负载管，两管栅极连在一起作为输入端，漏极连在一起作为输出端。要求 $V_{DD} > U_{TN} + |U_{TP}|$，且 $U_{TN} = |U_{TP}|$。

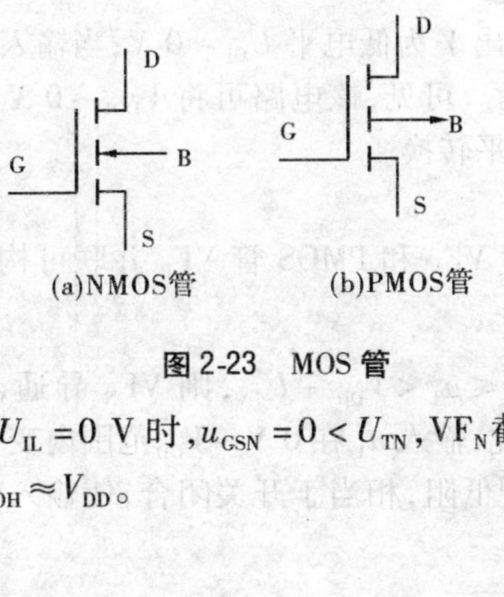

(a)NMOS管　　(b)PMOS管

图 2-23　MOS 管

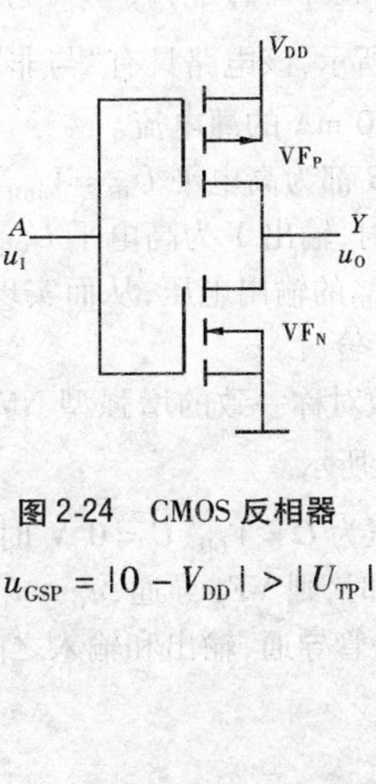

图 2-24　CMOS 反相器

当 $u_I = U_{IL} = 0$ V 时，$u_{GSN} = 0 < U_{TN}$，VF_N 截止。$u_{GSP} = |0 - V_{DD}| > |U_{TP}|$，$VF_P$ 导通，所以输出 $u_O = U_{OH} \approx V_{DD}$。

当 $u_I = U_{IH} = V_{DD}$ 时，$u_{GSN} = V_{DD} > U_{TN}$，$VF_N$ 导通。$u_{GSP} = V_{DD} - V_{DD} = 0\ V < |U_{TP}|$，$VF_P$ 截止，所以输出 $u_O = U_{OL} \approx 0\ V$。

2）CMOS 与非门

如图 2-25 所示，两个串联的增强型 NMOS 管 VF_{N1} 和 VF_{N2} 为驱动管，两个并联的增强型 PMOS 管 VF_{P1} 和 VF_{P2} 为负载管。

当输入 $A = B = 0$ 时，VF_{N1} 和 VF_{N2} 都截止，VF_{P1} 和 VF_{P2} 同时导通，输出 $Y = 1$。

当输入 $A = 0$、$B = 1$ 时，VF_{N1} 截止，VF_{P1} 导通，输出 $Y = 1$。

当输入 $A = 1$、$B = 0$ 时，VF_{N2} 截止，VF_{P2} 导通，输出 $Y = 1$。

当输入 $A = B = 1$ 时，VF_{N1} 和 VF_{N2} 同时导通，而 VF_{P1} 和 VF_{P2} 都截止，这时输出 $Y = 0$。

3）CMOS 或非门

如图 2-26 所示，两个并联的增强型 NMOS 管 VF_{N1} 和 VF_{N2} 为驱动管，两个串联的增强型 PMOS 管 VF_{P1} 和 VF_{P2} 为负载管。

当输入 A、B 中有高电平 1 时，则接高电平的驱动管导通，输出 Y 为低电平 0；只有当输入 A、B 都为低电平 0 时，驱动管 VF_{N1} 和 VF_{N2} 都截止，负载管 VF_{P1} 和 VF_{P2} 同时导通，输出 Y 为高电平 1。

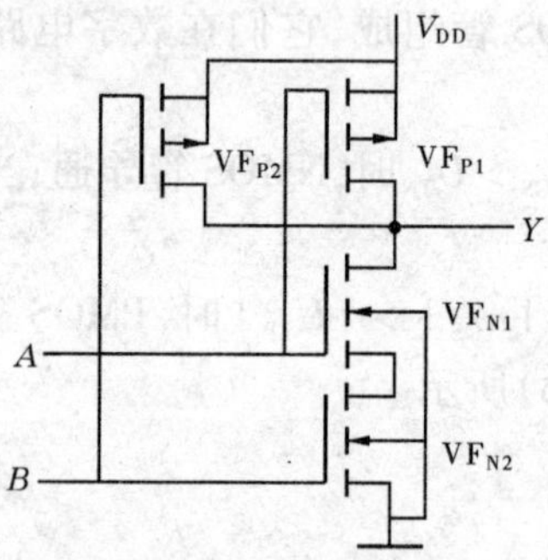

图 2-25 CMOS 与非门

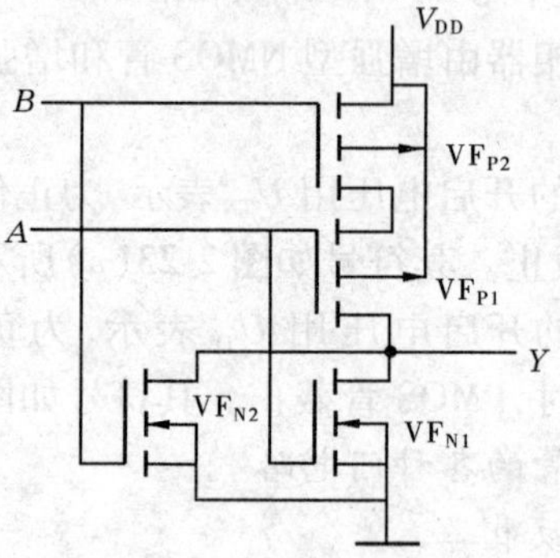

图 2-26 CMOS 或非门

4）CMOS 漏极开路与非门（OD 门）

如图 2-27 所示，该电路具有“与非”功能，即 $Y = \overline{AB}$。当输出低电平 $U_{OL} < 0.5\ V$ 时，输出端可吸收 50 mA 的灌电流。

当输入 A、B 都为高电平 $U_{IH} = V_{DD1}$ 时，输出 Y 为低电平 $U_{OL} \approx 0\ V$；当输入 A、B 中有低电平 $U_{IL} = 0\ V$ 时，输出 Y 为高电平 $U_{OH} = V_{DD2}$。可见，该电路可将 $V_{DD1} \sim 0\ V$ 的输入电压转换为 $0\ V \sim V_{DD2}$ 的输出电压，从而实现了电平转换。

5）CMOS 传输门

将两个参数对称一致的增强型 NMOS 管 VF_N 和 PMOS 管 VF_P 并联可构成 CMOS 传输门，如图 2-28 所示。

当控制电压为 $C = V_{DD}$、$\overline{C} = 0\ V$ 时，若 $0 \leq \mu_I < V_{DD} - U_{TN}$，则 VF_N 导通，$u_O = u_I$。若 $|U_{TP}| < u_I \leq V_{DD}$ 时，则 VF_P 导通，$u_O = u_I$。因此，输入 u_I 在 $0\ V \sim V_{DD}$ 范围内变化时，VF_N 和 VF_P 中至少有一管导通，输出和输入之间呈现低阻，相当于开关闭合，使输入电压 u_I 传输

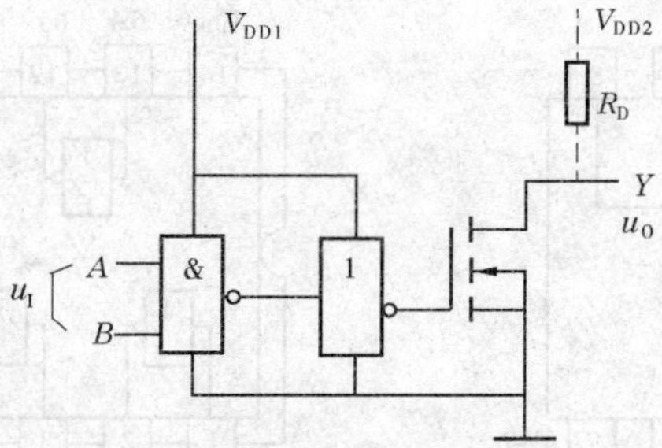

图 2-27　CMOS 漏极开路与非门(OD 门)

到输出端,即 $u_O = u_I$,这时称传输门开通。

当控制电压 $C = 0$ V、$\overline{C} = V_{DD}$,且输入 u_I 在 0 V ~ V_{DD} 范围内变化时,VF_N 和 VF_P 都截止,输出和输出间呈现高阻,相当于开关断开,使输入电压 u_I 不能传输到输出端,这时称传输门关闭。

6)CMOS 三态输出门

CMOS 三态输出门如图 2-29 所示。

当 $\overline{EN} = 0$ 时,VF_{P2} 和 VF_{N2} 导通,VF_{N1} 和 VF_{P1} 组成的 CMOS 反相器工作,所以 $Y = \overline{A}$。

当 $\overline{EN} = 1$ 时,VF_{P2} 和 VF_{N2} 截止,输出 Y 对地和对电源 V_{DD} 都呈现高阻。

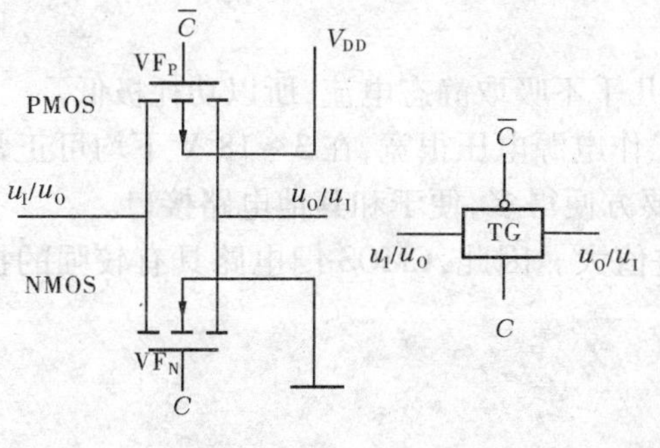

图 2-28　CMOS 传输门

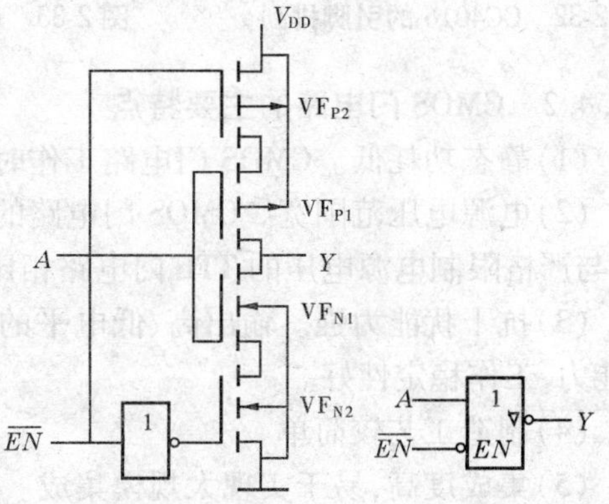

图 2-29　CMOS 三态输出门

3. 常用的 CMOS 集成门

(1)CMOS 与非门。CC4011 是一种常用的四个 2 输入与非门,采用 14 引脚双列直插塑料封装,其引脚排列如图 2-30 所示。

(2)CMOS 反相器。CC40106 是一种常用的六反相器,采用 14 引脚双列直插塑料封装,其引脚排列如图 2-31 所示。

(3)CMOS 传输门。CC4016 是四双向模拟开关传输门,其引脚排列如图 2-32 所示,其逻辑符号如图 2-33 所示,其真值表如表 2-12 所示。

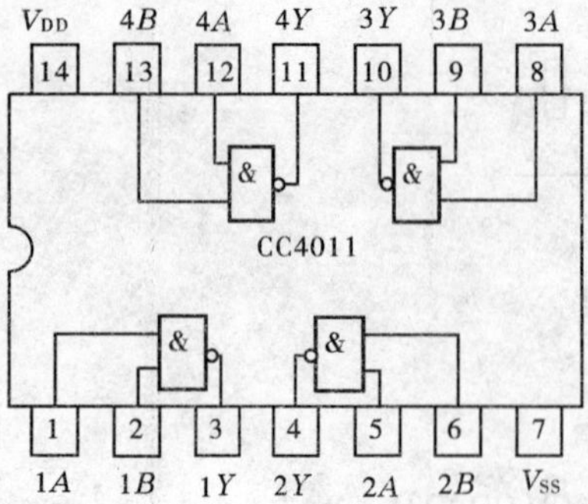

图 2-30 CC4011(四 2 输入与非门)的引脚排列

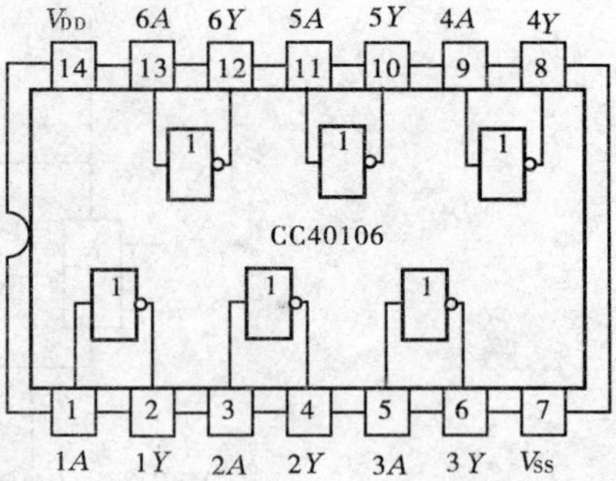

图 2-31 CC40106(六反相器)的引脚排列

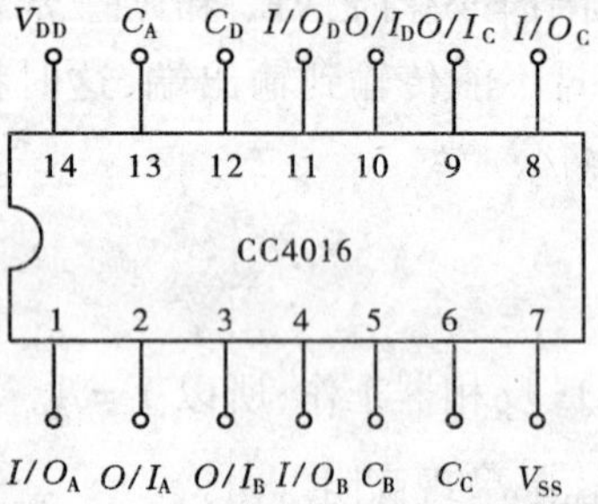

图 2-32 CC4016 的引脚排列

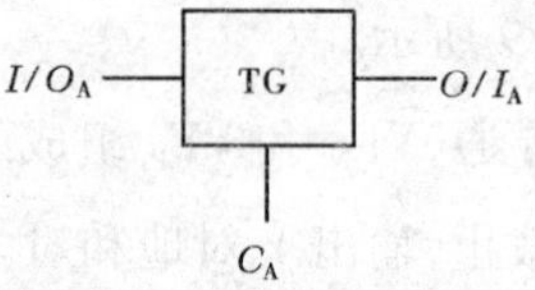

图 2-33 CC4016 的逻辑符号

表 2-12 CC4016 的真值表

控制端 C_A	开关通道 $I/O_A - O/I_A$
1	导通
0	截止

2.2.4.2 CMOS 门电路的主要特点

(1)静态功耗低。CMOS 门电路工作时,几乎不吸取静态电流,所以功耗极低。

(2)电源电压范围宽。CMOS 门电路的工作电源电压很宽,在 3 ~ 18 V 下均可正常工作,与严格限制电源电压的 TTL 门电路相比要方便得多,便于和其他电路接口。

(3)抗干扰能力强。输出高、低电平的差值大。因此,CMOS 门电路具有较强的抗干扰能力,工作稳定性好。

(4)制造工艺较简单。

(5)集成度高,易于实现大规模集成。

(6)它的缺点是速度比 74LS 系列低。

由于 CMOS 门电路具有上述特点,因而在数字电路、电子计算机及显示仪表等许多方面获得了广泛的应用。

CMOS 门电路和 TTL 门电路在逻辑功能方面是相同的,而且当 CMOS 门电路的电源电压 $V_{DD} = +5$ V 时,它可以与低功耗的 TTL 门电路直接兼容。

2.2.4.3 CMOS 集成门电路使用注意事项

(1)防静电。应注意存放的环境,防止外来感应电势将栅极击穿。

(2)焊接。焊接时不能使用 25 W 以上的电烙铁,通常采用 20 W 内热式烙铁,并用带松香的焊锡丝,焊接时间不宜过长,焊接量不宜过大,最好用电烙铁余热快速焊接,且电烙铁应有良好的接地。

(3)闲置输入端的处理。CMOS 电路不用的输入端,不允许悬空,可与使用输入端并联使用,但这样会增大输入电容,使速度下降,因此工作频率高时不宜这样使用。与门和与非门的闲置输入端可接正电源或高电平;或门和或非门的闲置输入端可接地或低电平。

(4)输出端的连接。OC 门的输出端可并联使用以实现线与,还可用来驱动需要一定功率的负载。普通 CMOS 门电路的输出端不允许直接并联,也不允许直接与 V_{DD}或 V_{SS}连接,否则将导致元件损坏。

(5)电源。V_{DD}接电源正极,V_{SS}接电源负极(通常接地),不允许反接。在接装电路、插拔电路元件时,必须切断电源,严禁带电操作。

(6)输入信号。元件的输入信号不允许超出电压范围,若不能保证这一点,必须在输入端串联限流电阻起保护作用。

(7)接地。所有测试仪器,外壳必须良好接地。若信号源需要换挡,最好先将输出幅度减到最小。

2.2.5 不同类型集成门电路的接口

不同类型集成门电路在同一个数字电路系统中使用时,须考虑门电路之间的连接问题。门电路在连接时,前者称为驱动门,后者称为负载门。驱动门必须能为负载门提供符合要求的高、低电平和足够的输入电流,具体条件是:

驱动门　　负载门

$$U_{OH} \geqslant U_{IH}$$
$$U_{OL} \leqslant U_{IL}$$
$$I_{OH} \geqslant I_{IH}$$
$$I_{OL} \geqslant I_{IL}$$

两种不同类型的集成门电路,在连接时必须满足上述条件,否则需要通过接口电路进行电平或电流的变换之后,才能连接。

TTL 系列和 CMOS 系列逻辑门电路的重要技术参数见表 2-13。

表 2-13　TTL 系列和 CMOS 系列逻辑门电路的重要技术参数(电源电压为 +5 V 时测量)

名称	参数	TTL			CMOS		
		74	74LS	74ALS	4000	74HC	74HCT
输入和输出电流	$I_{IH(max)}$(mA)	0.04	0.02	0.02	0.000 1	0.000 1	0.000 1
	$I_{IL(max)}$(mA)	−1.6	−0.4	−0.1	−0.000 1	−0.000 1	−0.000 1
	$I_{OH(max)}$(mA)	−0.4	−0.4	−0.4	−0.51	−4	−4
	$I_{OL(max)}$(mA)	16	8	8	0.51	4	4
输入和输出电压	$U_{IH(min)}$(V)	2.0	2.0	2.0	3.5	3.5	2.0
	$U_{IL(max)}$(V)	0.8	0.8	0.8	1.5	1.0	0.8
	$U_{OH(min)}$(V)	2.4	2.7	2.7	4.95	4.9	4.9
	$U_{OL(max)}$(V)	0.4	0.5	0.4	0.05	0.1	0.1

续表 2-13

名称	参数	TTL			CMOS		
		74	74LS	74ALS	4000	74HC	74HCT
电源电压	V_{CC}或V_{DD}(V)	4.75~5.25			3~15	2.0~6.0	
平均传输延迟时间	$t_{pd}{}^{*}$(ns)	9.5	8	2.5	45	10	13
功耗	$P_D{}^{**}$(mW)	10	2.0	1.2	0.005	0.003	0.003
噪声容限	V_{NL}(V)	0.4	0.3	0.4	1.5	0.9	0.7
	V_{NH}(V)	0.4	0.7	0.7	1.5	1.4	2.9

注：$t_{pd}{}^{*}=(t_{PLH}+t_{PHL})/2$。$P_D{}^{**}=[P_{D(静)}+P_{D(动)}]/2$。

2.2.5.1 TTL 集成门电路驱动 CMOS 集成门电路

通过比较 TTL 系列和 CMOS 系列的有关参数可知，高速 HCT 系列 CMOS 电路与 TTL 电路完全兼容，它们可直接互相连接，而74HC 系列与 TTL 系列不匹配，因为 TTL 的$U_{OH}\geq 2.7$ V，而74HC 系列在接5 V 电源时，$U_{IH}\geq 3.5$ V，两者电压显然不符合要求，所以不能直接相接，可以采用如图 2-34 所示的方法实现电平匹配。

2.2.5.2 CMOS 集成门电路驱动 TTL 集成门电路

CMOS 系列电路驱动 TTL 系列电路时，通过将 CMOS 系列电路的输出参数与 TTL 系列电路的输入参数作比较，可以看到在某些系列间同样存在 CMOS 输出高电平与 TTL 系列输入高电平不匹配问题，CMOS 输出电流太小不能满足 TTL 系列输入电流的要求。在这种情况下，可以采用 CMOS 缓冲驱动器作接口电路，也就是在 CMOS 的输出端加一级 CMOS 驱动器作为缓冲级，如图 2-35 所示。该缓冲级可选用 CC4049（六反相缓冲器）和 CC4050（六同相缓冲器）。

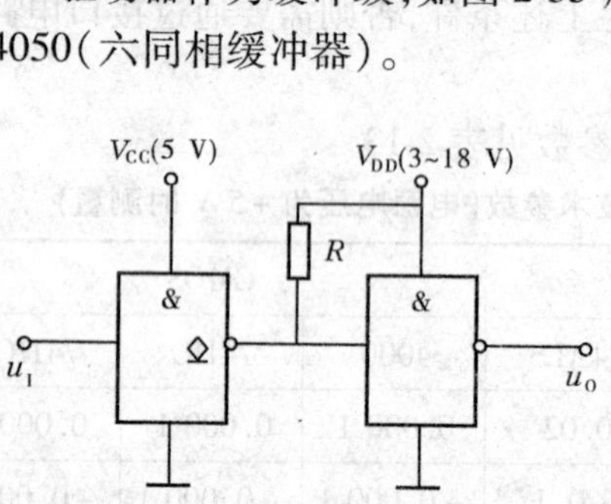

图 2-34 TTL 驱动 CMOS 的接口电路

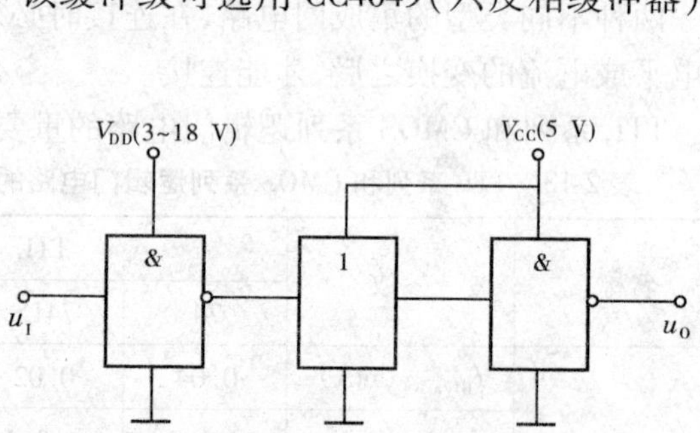

图 2-35 CMOS 驱动 TTL 的接口电路

知识拓展——面包板的使用

面包板是专为电子电路的无焊接实训而设计制造的。由于各种电子元件可以根据需要随意插入或者拔出，免去了焊接操作，节省了电路的组装时间，而且元件可以重复使用，所以面包板非常适合电子电路的组装、调试训练。

一、面包板的结构

面包板实际上是具有许多小插孔的塑料插板，其实物和内部结构如图 2-36 所示。每块插板中央有一个凹槽，凹槽两边各有纵向排列的多列插孔，每 5 个插孔为一组，各列插孔之间的间距为 2.54 mm，与双列直插式封装的集成电路的引脚间距一致。每列 5 个孔中有金属簧片连通，列与列之间在电气上互不相通。面包板的上、下边各有一排（或两排）横向插孔，每排横向插孔分为若干段（一般是 2～3 段），每段内部在电气上是相通的，一般可用做电源线和地线的插孔。

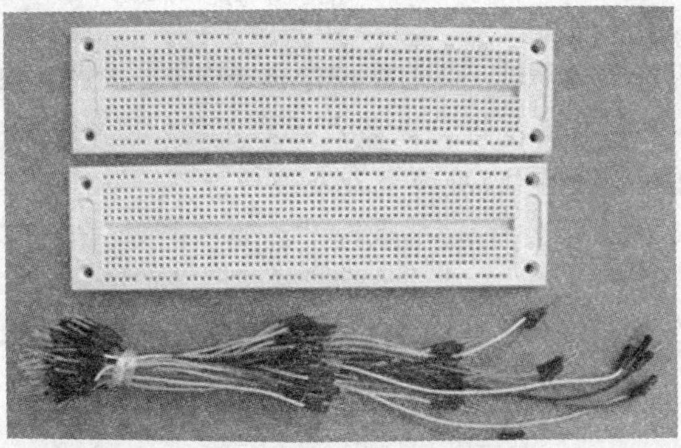

(a) 实物图

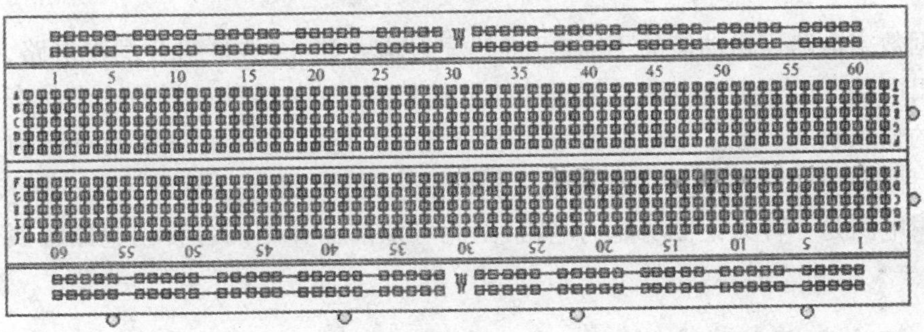

(b) 内部结构图

图 2-36　面包板

二、元件与集成电路的安装

（1）在安装分立元件时，应便于看到其极性和标志，将元件引脚理直后，在需要的地方折弯。为了防止裸露的引线短路，必须使用带套管的导线，一般不剪断元件引脚，以便重复使用。一般不要插入引脚直径大于 0.8 mm 的元件，以免破坏插座内部簧片的弹性。

（2）在安装集成电路时，其引脚必须插在面包板中央凹槽两边的孔中。插入时所有引脚应稍向外偏，使引脚与插孔中的簧片接触良好，所有集成块的方向要一致，缺口朝左，便于正确布线和查线。集成块在插入与拔出时要受力均匀，以免造成引脚弯曲或断裂。

三、正确合理布线

为了避免或减少故障，面包板上的电路布局和布线，必须合理而且美观。

（1）根据信号流程的顺序，采用边安装、边调试的方法进行布线。元件安装好后，先连接电源线和地线。为了查线方便，连线应尽量采用不同颜色。例如，正电源一般选用红色绝缘皮导线，负电源用蓝色绝缘皮导线，地线用黑色绝缘皮导线，信号线用黄色绝缘皮导线，也可根据条件选用其他颜色。

(2)面包板宜使用直径为0.6 mm左右的单股导线。线头剥离长度应根据连线的距离以及插入插孔的长度确定，要求将线头剪成45°、约6 mm长的斜口，线头要全部插入底板，以保证接触良好。裸线不宜露在外面，以防止与其他导线短路。

(3)元器件引脚或导线头要沿面包板的板面垂直方向插入方孔，应能感觉到有轻微、均匀的摩擦阻力。在面包板倒置时，元器件应能被簧片夹住而不脱落。焊接过的元器件不要插在面包板上。

(4)连线要求紧贴在面包板上，以免碰撞弹出面包板，造成接触不良。必须使连线在集成电路周围通过，不允许将连线跨接在集成电路上，也不得使导线互相重叠在一起，尽量做到横平竖直，这样有利于查线、更换元件及连线。

(5)所有的地线必须连接在一起，形成一个公共参考点。

2.3 相关知识2——组合逻辑电路的分析与设计

2.3.1 组合逻辑电路概述

根据数字电路逻辑功能的不同，可将其分为两大类：一类是组合逻辑电路，另一类是时序逻辑电路。组合逻辑电路在逻辑功能上的特点是：在任意时刻的输出状态仅取决于该时刻的输入状态(现态)，与电路原来状态无关。组合逻辑电路在电路结构上的特点是：由各种门电路组成，而且只有从输入到输出的通路，没有从输出到输入的反馈回路。组合逻辑电路是一种无记忆功能的电路，由此可知前面介绍的各种门电路都属于组合逻辑电路。

2.3.2 组合逻辑电路的分析

组合逻辑电路的分析主要是根据给定的组合逻辑电路图，找出输出信号与输入信号间的关系，从而确定电路的逻辑功能。具体分析步骤如下：

(1)根据给定的逻辑电路写出输出逻辑函数表达式。一般从输入端向输出端逐级写出各个门输出对其输入的逻辑函数表达式，从而写出整个逻辑电路的输出对输入变量的逻辑函数表达式。必要时，可进行化简，求出最简输出逻辑函数表达式。

(2)列出逻辑函数的真值表。将输入变量的状态以自然二进制数顺序的各种取值组合代入输出逻辑函数表达式，求出相应的输出状态，并填入表中，即得真值表。

(3)分析逻辑功能。通常通过分析真值表的特点来说明电路的逻辑功能。

以上分析步骤可用图2-37所示的框图描述。

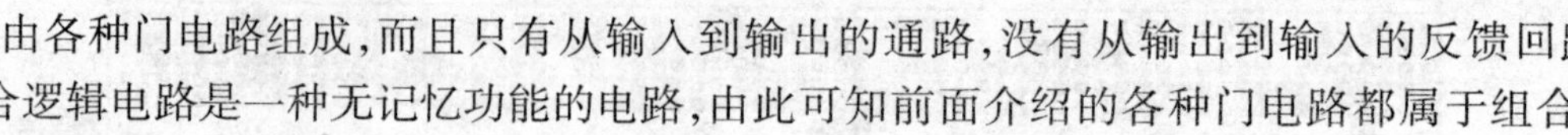

图2-37 组合逻辑电路的分析步骤

【例 2-1】 组合逻辑电路如图 2-38 所示,分析该电路的逻辑功能。

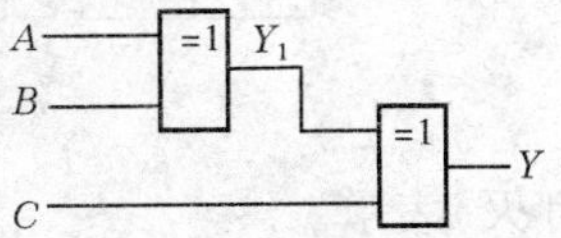

图 2-38 例 2-1 的逻辑电路

解 (1)写出输出逻辑函数表达式为

$$Y_1 = A \oplus B$$

$$Y = Y_1 \oplus C = A \oplus B \oplus C$$

$$= \overline{A}\,\overline{B}C + \overline{A}B\overline{C} + A\overline{B}\,\overline{C} + ABC$$

(2)列出逻辑函数的真值表,见表 2-14。

(3)逻辑功能分析。由表 2-14 可看出:输入 A、B、C 三个变量中,有奇数个 1 时,输出 Y 为 1,否则 Y 为 0。因此,如图 2-38 所示的逻辑电路为三位判奇电路,又称为奇校验电路。

表 2-14 例 2-1 的真值表

输入			输出
A	B	C	Y
0	0	0	0
0	0	1	1
0	1	0	1
0	1	1	0
1	0	0	1
1	0	1	0
1	1	0	0
1	1	1	1

2.3.3 组合逻辑电路的设计

组合逻辑电路的设计,是根据给出的实际问题求出能实现这一逻辑要求的最简逻辑电路。具体设计步骤如下:

(1)分析设计要求,列出真值表。根据题意确定输入变量和输出函数及它们相互间的关系,然后将输入变量以自然二进制数顺序的各种取值组合排列,得出输出函数值,列出真值表。

(2)根据真值表写出输出逻辑函数表达式。将真值表中输出为 1 所对应的各个最小项进行逻辑或后,便得到输出逻辑函数表达式。

(3)对输出逻辑函数进行化简。通常用公式化简法或卡诺图化简法对逻辑函数进行化简。

(4)根据最简输出逻辑函数表达式画逻辑图。可根据最简与或输出逻辑函数表达式画逻辑图,也可根据要求将输出逻辑函数表达式变换为与非表达式、或非表达式、与或非表达式或其他表达式来画逻辑图。

以上设计步骤可用如图 2-39 所示的框图描述。

【例 2-2】 使用与非门设计一个三人(A、B、C)表决器电路。当表决某个提案时,多数人同意则提案通过,同时 A 具有否决权。提案通过时用 1(灯亮)表示,通不过时用 0

图 2-39　组合逻辑电路的设计步骤

(灯灭)表示。

解　(1)分析设计要求,列出真值表。设 A、B、C 三个人表决同意提案时用 1 表示,不同意时用 0 表示;Y 为表决结果,提案通过用 1 表示,没通过用 0 表示,同时还应考虑 A 具有否决权,由此可列出如表 2-15 所示的真值表。

(2)将输出逻辑函数化简后,变换为与非表达式。用如图 2-40 所示的卡诺图进行化简,由此可得:

$$Y = AC + AB$$

表 2-15　例 2-2 的真值表

输入			输出
A	B	C	Y
0	0	0	0
0	0	1	0
0	1	0	0
0	1	1	0
1	0	0	0
1	0	1	1
1	1	0	1
1	1	1	1

将上式变换成与非表达式,即

$$Y = \overline{\overline{AC + AB}} = \overline{\overline{AC} \cdot \overline{AB}}$$

(3)根据化简后的逻辑函数表达式,可画出如图 2-41 所示的逻辑电路图。

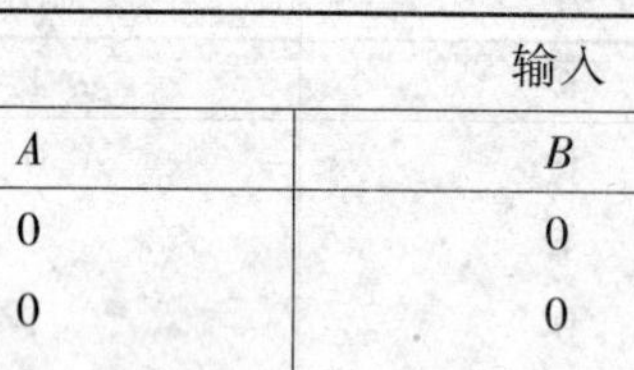

图 2-40　例 2-2 的卡诺图

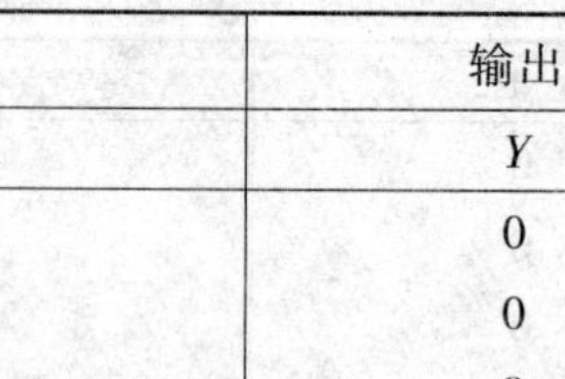

图 2-41　例 2-2 的逻辑电路图

2.4　任务实现——三人表决器电路的制作与调试

2.4.1　集成电路的识别与检测

2.4.1.1　集成电路引脚识别

方法 1:74 系列集成电路一侧有一缺口,使其引脚向下,有字面向上,缺口在观察者的左边，从上往下看集成电路，左下脚为1脚，逆时针依次为2、3、4、5、…。

方法2：使集成电路引脚向下，有字面向上，集成电路正面凹坑或色点对应的引脚为1脚，逆时针依次为2、3、4、5、…。

方法3：若集成电路无缺口、凹坑或色点，使其引脚向下，集成电路厂标、型号正对观察者，则从上往下看，左下脚为1脚，逆时针依次为2、3、4、5、…。

2.4.1.2　**集成电路功能检测**

74LS00是四2输入与非门，它内部有四个与非门，每个与非门有两个输入端、一个输出端。74LS20是二4输入与非门，它内部有两个与非门，每个与非门有四个输入端、一个输出端。74LS00、74LS20引脚及内部电路如图2-42(a)、(b)所示。

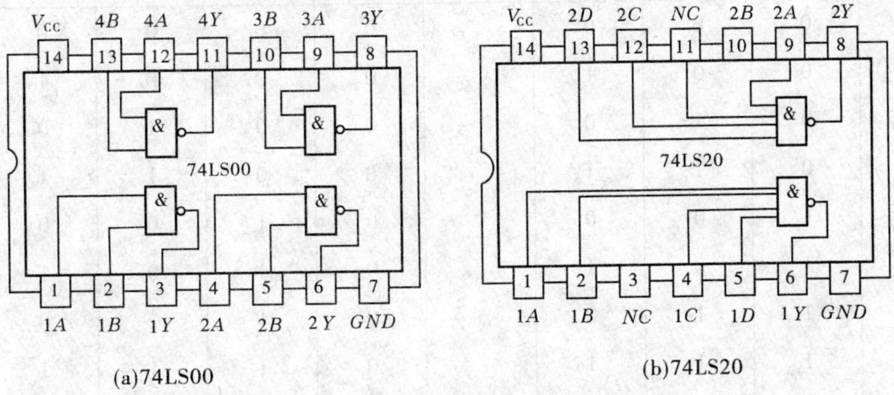

图2-42　74LS00、74LS20引脚及内部电路

在数字电路实验箱电源关闭的情况下，分别将74LS00和74LS20插入实验箱中适当的集成电路插座中，用实验箱中的连接导线将集成电路的V_{CC}、GND分别连接到实验箱直流电源部分的5 V处和接地处，先选择一个与非门，将其每一个输入端对应连接一个电平开关，其输出端连接到电平指示灯插孔中。

接通数字电路实验箱电源，拨动与非门输入端的电平开关进行不同的组合。电平开关拨到"H"处表示输入高电平，或者说输入为1；电平开关拨到"L"处表示输入低电平，或者说输入为0。观察电平指示灯是否点亮，电平指示灯亮表示输出为高电平，不亮表示输出为低电平。依次检测74LS00和74LS20中的每一个与非门，将74LS00的检测结果记入表2-16中，将74LS20的检测结果记入表2-17中。

表2-16　74LS00的检测结果

1A	1B	1Y	2A	2B	2Y
0	0		0	0	
0	1		0	1	
1	0		1	0	
1	1		1	1	

续表 2-16

3*A*	3*B*	3*Y*	4*A*	4*B*	4*Y*
0	0		0	0	
0	1		0	1	
1	0		1	0	
1	1		1	1	

表 2-17　74LS20 的检测结果

1*A*	1*B*	1*C*	1*D*	1*Y*	2*A*	2*B*	2*C*	2*D*	2*Y*
0	0	0	0		0	0	0	0	
0	0	0	1		0	0	0	1	
0	0	1	0		0	0	1	0	
0	0	1	1		0	0	1	1	
0	1	0	0		0	1	0	0	
0	1	0	1		0	1	0	1	
0	1	1	0		0	1	1	0	
0	1	1	1		0	1	1	1	
1	0	0	0		1	0	0	0	
1	0	0	1		1	0	0	1	
1	0	1	0		1	0	1	0	
1	0	1	1		1	0	1	1	
1	1	0	0		1	1	0	0	
1	1	0	1		1	1	0	1	
1	1	1	0		1	1	1	0	
1	1	1	1		1	1	1	1	

对于与非门来说,输入信号中如果有一个或一个以上是 0,则输出为 1。所有输入信号全部是 1 时,输出为 0,由此可以判断该与非门逻辑功能是否正常。总结与非门的逻辑功能是“有 0 得 1,全 1 得 0”。

2.4.2　电路连接

在例 2-2 中已经设计完成了三人表决器电路,并画出如图 2-41 所示的三人表决器逻辑电路图,这个电路需要使用三个两输入与非门,可以在 74LS00 中选择三个两输入与非门,输入端 *A*、*B*、*C* 分别连接到三个电平开关上,输出端 *Y* 连接到电平指示灯插孔中。

注意:74LS00 的 V_{CC}、*GND* 必须分别连接到实验箱直流电源部分的 5 V 处和接地处,否则集成电路将无法工作。

2.4.3 调试与检修

拨动输入端 A、B、C 的电平开关进行不同的组合，观察电平指示灯的亮灭，验证电路的逻辑功能并记入表 2-18 中。

如果输出结果与输入中的多数一致，则表明电路功能正确，即多数人同意（电路中用“1”表示），表决结果为同意；多数人不同意（电路中用“0”表示），表决结果为不同意。

表 2-18　三人表决器电路功能检测记录

A	B	C	Y	A	B	C	Y
0	0	0		1	0	0	
0	0	1		1	0	1	
0	1	0		1	1	0	
0	1	1		1	1	1	

如果电路功能不正确，应从以下几方面检查来排除故障：

（1）检查电路连接是否有误。实训中大部分电路故障都是由于电路连接错误造成的。电路出现故障后首先应对照电路原理图，根据信号的流程由输入到输出逐级检查，找出引起故障的原因。

（2）重新检测所使用的与非门是否有损坏。在实训中许多元器件是重复使用的，所使用的集成电路即使型号、外观都无异常，但它的内部可能已经损坏，因此在确认电路没有连接故障后，如果仍不能正常工作，应检测集成电路本身是否损坏。

（3）实验箱的插孔、电平开关连接是否松动。长期使用及使用不当容易造成实验箱面板上的插孔、电平开关等与实验箱内部电路之间的连接脱落，特别是一些松动的插孔。可以用万用表来检查嫌疑点与理论上应该连接的地方的连接是否正常，必要时可以在老师的指导下打开实验箱检查、排除故障。

【讨论思考】

1. 如何判断一个 74LS20 门电路的好坏？
2. 你能设计一个五人表决器电路吗？

项目小结

1. 逻辑门电路是数字电路的基本单元电路，本项目重点介绍集成逻辑门电路。分立元器件逻辑门电路结构简单，现在已基本被淘汰。

2. TTL 集成逻辑门电路产生较早，至今仍广泛使用。它工作速度快、带负载能力强、种类齐全。学习此部分时，要了解电路的内部结构，掌握逻辑功能及外特征，并会熟练使用。

3. CMOS 集成逻辑门电路功耗低、集成度高、电源适应性强，近年来的高速硅栅 CMOS

集成电路、HC 系列和 HCT 系列发展迅速,CMOS 集成逻辑门应用日益广泛。学习这部分内容时要注意电路的外特征和使用。

4. 组合逻辑电路在逻辑功能上的特征是任意时刻的输出状态取决于该时刻的输入而与电路原来状态无关,在电路结构上,组合逻辑电路是由各种门电路组成的,无记忆功能。

5. 组合逻辑电路的分析是通过逻辑电路图写出逻辑函数表达式,将其化简、变换,列真值表,经过一系列的步骤分析出该电路的逻辑功能的过程。

6. 组合逻辑电路的设计是通过分析设计要求,然后进行逻辑抽象、器件选用,最终画出逻辑电路图的过程。采用门电路及中规模集成组合逻辑器件是设计组合逻辑电路的两种方法。

本项目围绕"多数表决器的设计与制作"展开学习,通过学习要掌握常用集成门电路的功能、使用及检测方法,会查阅集成门电路的数据手册,并能根据需要选用合适的集成门电路;掌握组合逻辑电路的分析方法,并能用门电路设计、制作和调试组合逻辑电路。

思考与练习题

一、填空题

1. 数字电路中,输入信号和输出信号之间的关系是__________,所以数字电路也称为_______电路。数字电路中,最基本的关系是_______、_______和_______。

2. TTL 与非门多余输入端的处理方法有__________,CMOS 门电路的输出端不允许_______,否则将损坏元件。

3. 具有"相异出 1,相同出 0"功能的逻辑门是_______门,它的非是_______门。

4. 一般 TTL 集成门电路和 CMOS 集成门电路相比,________集成门电路的带负载能力强,_______集成门电路的抗干扰能力强,_______集成门电路的输入端通常情况下可以悬空。

5. 集成逻辑门电路的输出端不允许_______,否则将损坏元件。

二、选择题

1. 三态门的主要功能是________。

A. 高阻状态　　B. 总线应用　　C. 实现线与

2. 在实际工程中最常用的是_______。

A. 异或门　　B. 或与门　　C. 与非门

3. 只有输入全为 0 时,输出才为 0,这是_______逻辑关系。

A. 与　　B. 或　　C. 或与

4. 在与门(与非门)的输入信号中,起封锁作用的是_______。

A. 低电平　　B. 高电平　　C. 两者均可

三、简述题

1. 简述组合逻辑电路的分析和设计步骤。

2. TTL 门电路与 CMOS 门电路如何解决接口问题?

3. OC 门和三态输出门各有什么特点?

四、按要求解答

1. 设计一个楼上、楼下开关的控制逻辑电路来控制楼梯上的电灯,使之在上楼前,用楼下开关打开电灯,上楼后,用楼上开关关闭电灯;或者在下楼前,用楼上开关打开电灯,下楼后,用楼下开关关闭电灯。

2. 分析如图 2-43 所示逻辑电路的功能。

3. 分析如图 2-44 所示逻辑电路的功能。

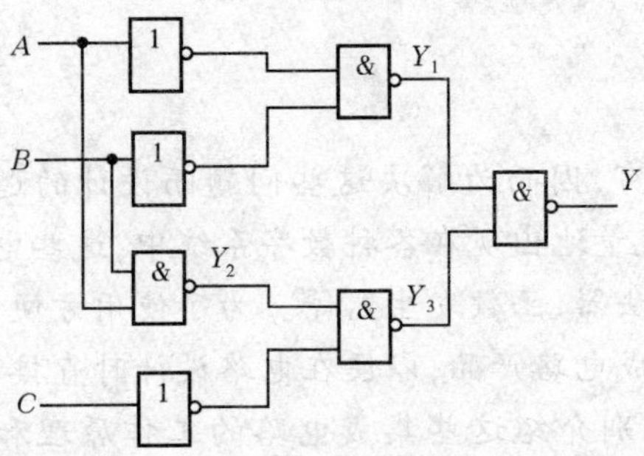

图 2-43　题 2 图

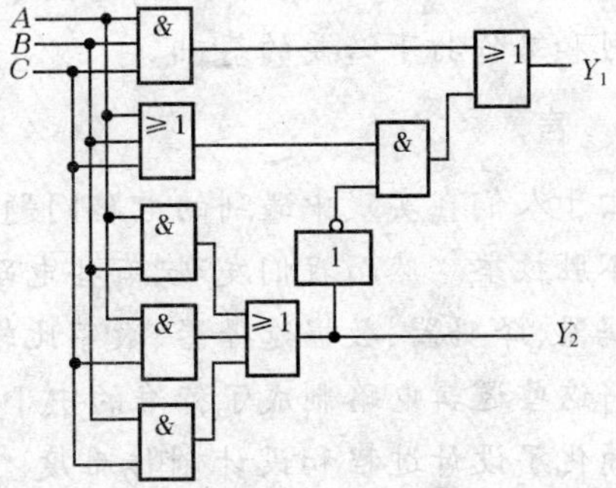

图 2-44　题 3 图

4. 用与非门设计一个交通报警控制电路。交通信号灯有红、绿、黄灯三种,三种灯分别单独工作或黄、绿灯同时工作属正常情况,其他情况均属故障,出现故障时输出报警信号。

5. 旅客列车按发车的优先级别依次分为特快、直快和普客三种,若有多列列车同时发出发车的请求,则只允许其中优先级别最高的列车发车。试设计一个优先发车的排队逻辑电路。

项目3 加法器的设计与制作

知识目标

掌握常用中规模集成组合逻辑电路编码器、译码器、加法器、数据选择器等的功能和应用;掌握利用中规模集成组合逻辑电路进行设计小规模组合逻辑电路的方法。

能力目标

掌握常用中规模集成组合逻辑电路编码器、加法器、译码器、数据选择器的使用,学会使用中规模集成组合逻辑电路设计与制作数字电路的方法,能借助资料读懂集成电路型号,明确引脚功能及其使用方法,增强专业意识,培养良好的职业道德和职业习惯,为今后的学习和工作打下必要的基础。

引　言

由于人们在实践中遇到的电路问题层出不穷,因而为解决这些问题而设计的逻辑电路也不胜枚举。然而我们发现,有些电路经常大量地出现在各种数字系统中,这些电路包括编码器、译码器、数据选择器、数字比较器、加法器、函数发生器等。为了使用方便,人们已经将这些逻辑电路制成了标准的中小规模集成电路产品,以便在电路设计时直接使用,大大简化了设计过程和设计制作难度。下面分别介绍这些集成电路的工作原理和使用方法。

学习链接

【1】http://www.cndzz.com/

【2】http://www.21ic.com/

【3】http://www.datasheet5.com/

【4】http://www.xie-gang.com/

【5】http://www.sydzdiy.com/

【6】http://www.56dz.com/

【7】http://www.ednchina.com/

3.1 任务提出与分析

3.1.1 任务提出

在数字系统中两个数经常要进行加、减、乘、除等算术运算。加法运算是算术运算中的基本运算,其他的运算都可以转化成加法运算来实现。能实现加法运算的电路称为加法器。加法器按加数位数可分为一位加法器和多位加法器。

本任务要求设计并制作一个一位十进制加法器。该加法器可以输入两个一位十进制数,完成两个十进制数的加法运算,并使用 LED 数码管显示两者之和。

加法器的设计与制作的具体任务如下:

(1)组织制订工作计划。

(2)完成一位加法器逻辑电路的设计,画出完整电路图。

(3)画出安装布线图。

(4)完成电路所需元件的挑选和检测。

(5)根据安装布线图安装电路。

(6)完成电路功能检测和故障排除。

(7)通过小组讨论完成电路的详细分析及编写项目实训报告。

3.1.2 任务分析

一位加法器首先将十进制数输入寄存器,再进行 BCD 编码,处理完后再进行译码,最后显示人们熟悉的十进制数。

编码电路采用 74LS147,数码寄存电路主要由移位寄存器 CC40194、与门、非门等组成,加法运算电路采用 BCD 码加法器 CC14560,译码显示电路采用显示译码驱动器 CC4511 及共阴极 LED 显示器 BS202,完成一位加法器的制作。

3.2 相关知识 1——编码器

实现编码功能的逻辑电路,称为编码器。编码器又分为普通编码器和优先编码器两类。在普通编码器中,任何时刻只允许一个信号输入,如果同时有两个及以上的信号输入,输出将发生混乱。在优先编码器中,对每一位输入都设置了优先权,因此当同时有两个及以上的信号输入时,优先编码器只对优先级别较高的输入进行编码,从而保证了编码器有序地工作。

目前,常用的中规模集成编码器都是优先编码器,它们使用起来非常方便。下面讨论的二进制编码器和二 - 十进制编码器都是优先编码器。

3.2.1 二进制编码器

用 N 位二进制代码对 2^n 个信号进行编码的电路就是二进制编码器。下面以 74LS148 集成编码器为例,介绍二进制编码器。

74LS148 是 8 线 - 3 线优先编码器,常用于优先中断系统和键盘编码。它有 8 个输入信号,3 个输出信号。由于它是优先编码器,故允许同时输入多个信号,但只对其中优先级别最高的信号进行编码。

如图 3-1 所示为 74LS148 优先编码器的引脚排列图及逻辑符号图,其中 $\overline{I}_0 \sim \overline{I}_7$ 是编码输入端,低电平有效。$\overline{Y}_2$、$\overline{Y}_1$、$\overline{Y}_0$ 为编码输出端,也是低电平有效,即以反码输出。$\overline{ST}$、$\overline{Y}_{EX}$、$\overline{Y}_S$ 为使能端。

74LS148 优先编码器的真值表如表 3-1 所示。

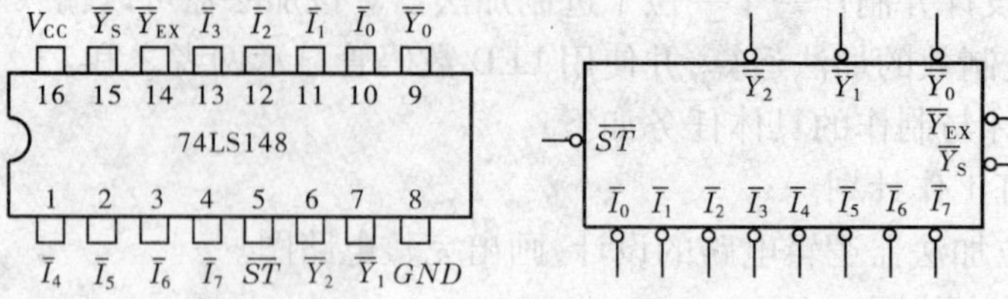

(a)引脚排列图　　(b)逻辑符号图

图 3-1　74LS148 优先编码器

表 3-1　74LS148 优先编码器的真值表

输入									输出				
$\overline{ST}$	$\overline{I}_7$	$\overline{I}_6$	$\overline{I}_5$	$\overline{I}_4$	$\overline{I}_3$	$\overline{I}_2$	$\overline{I}_1$	$\overline{I}_0$	$\overline{Y}_2$	$\overline{Y}_1$	$\overline{Y}_0$	$\overline{Y}_{EX}$	$\overline{Y}_S$
1	×	×	×	×	×	×	×	×	1	1	1	1	1
0	1	1	1	1	1	1	1	1	1	1	1	1	0
0	0	×	×	×	×	×	×	×	0	0	0	0	1
0	1	0	×	×	×	×	×	×	0	0	1	0	1
0	1	1	0	×	×	×	×	×	0	1	0	0	1
0	1	1	1	0	×	×	×	×	0	1	1	0	1
0	1	1	1	1	0	×	×	×	1	0	0	0	1
0	1	1	1	1	1	0	×	×	1	0	1	0	1
0	1	1	1	1	1	1	0	×	1	1	0	0	1
0	1	1	1	1	1	1	1	0	1	1	1	0	1

从表中不难看出，当 $\overline{ST}=1$ 时，电路处于禁止工作状态，此时无论 8 个输入端为何种状态，3 个输出端都为高电平。$\overline{Y}_{EX}$ 和 $\overline{Y}_S$ 也为高电平，编码器不工作。当 $\overline{ST}=0$ 时，电路处于正常工作状态，允许 $\overline{I}_0 \sim \overline{I}_7$ 中同时有几个输入端为低电平，即同时有几路编码输入信号有效，但它只给优先级别较高的输入信号编码。在 8 个输入信号 $\overline{I}_0 \sim \overline{I}_7$ 中，$\overline{I}_7$ 的优先级别最高，然后依次递减，$\overline{I}_0$ 的优先级别最低。例如，当 $\overline{I}_7$ 输入低电平时，其他输入端为任意状态（表中以 × 表示），输出端只输出 $\overline{I}_7$ 的编码，输出 $\overline{Y}_2\,\overline{Y}_1\,\overline{Y}_0=000$ 为反码，其原码为 111；当 $\overline{I}_7=1$、$\overline{I}_6=0$ 时，其他输入端为任意状态，只对 $\overline{I}_6$ 进行编码，输出为 $\overline{Y}_2\,\overline{Y}_1\,\overline{Y}_0=001$，其原码为 110，其余状态依次类推。当输出 $\overline{Y}_2\,\overline{Y}_1\,\overline{Y}_0=111$ 时，由 $\overline{Y}_{EX}\overline{Y}_S$ 的不同状态来区分电路的工作情况，$\overline{Y}_{EX}\overline{Y}_S=11$，表示电路处于禁止工作状态；$\overline{Y}_{EX}\overline{Y}_S=10$，表示电路处于工作状态，但没有输入编码信号；$\overline{Y}_{EX}\overline{Y}_S=01$，表示电路在对 $\overline{I}_0 \sim \overline{I}_7$ 编码。

3.2.2　二－十进制编码器

将十进制数的 0 ~ 9 编成二进制代码的电路就是二－十进制编码器。下面以 74LS147 集成 8421BCD 码优先编码器为例加以介绍。如图 3-2 所示为 74LS147 优先编码器的引脚排列图及逻辑符号图。74LS147 优先编码器的真值表如表 3-2 所示。

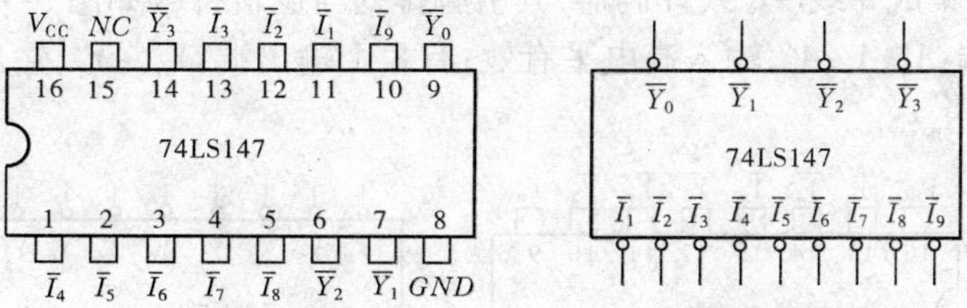

(a)引脚排列图　　(b)逻辑符号图

图 3-2　74LS147 优先编码器

表 3-2　74LS147 优先编码器的真值表

输入									输出			
$\overline{I}_9$	$\overline{I}_8$	$\overline{I}_7$	$\overline{I}_6$	$\overline{I}_5$	$\overline{I}_4$	$\overline{I}_3$	$\overline{I}_2$	$\overline{I}_1$	$\overline{Y}_3$	$\overline{Y}_2$	$\overline{Y}_1$	$\overline{Y}_0$
1	1	1	1	1	1	1	1	1	1	1	1	1
0	×	×	×	×	×	×	×	×	0	1	1	0
1	0	×	×	×	×	×	×	×	0	1	1	1
1	1	0	×	×	×	×	×	×	1	0	0	0
1	1	1	0	×	×	×	×	×	1	0	0	1
1	1	1	1	0	×	×	×	×	1	0	1	0
1	1	1	1	1	0	×	×	×	1	0	1	1
1	1	1	1	1	1	0	×	×	1	1	0	0
1	1	1	1	1	1	1	0	×	1	1	0	1
1	1	1	1	1	1	1	1	0	1	1	1	0

由表 3-2 可见，编码器有 9 个编码信号输入端（$\overline{I}_1 \sim \overline{I}_9$），低电平有效，其中 $\overline{I}_9$ 的优先级别最高，$\overline{I}_1$ 的优先级别最低；4 个编码输出端（$\overline{Y}_3$、$\overline{Y}_2$、$\overline{Y}_1$、$\overline{Y}_0$），以反码输出，$\overline{Y}_3$ 为最高位，$\overline{Y}_0$ 为最低位。一组 4 个二进制代码表示 1 位十进制数。若无信号输入，即 9 个输入端全为 1，则输出 $\overline{Y}_3\overline{Y}_2\overline{Y}_1\overline{Y}_0 = 1111$，为反码，其原码为 0000，表示输入，十进制数为 0。若 $\overline{I}_1 \sim \overline{I}_9$ 有信号输入，则根据输入信号的优先级别，输出级别高的信号的编码。例如，当 $\overline{I}_9$ 输入低电平时，其他输入端为任意状态（表中以 × 表示），输出端只输出 $\overline{I}_9$ 的编码，输出 $\overline{Y}_3\overline{Y}_2\overline{Y}_1\overline{Y}_0 = 0110$，为反码，其原码为 1001，表示输入十进制数为 9；当 $\overline{I}_9 = 1$，$\overline{I}_8 = 0$ 时，其他输入端为任意状态，只对 $\overline{I}_8$ 进行编码，输出为 $\overline{Y}_3\overline{Y}_2\overline{Y}_1\overline{Y}_0 = 0111$，其原码为 1000，表示输入十进制数是 8；其余状态依次类推。

3.3　相关知识 2——译码器

译码是编码的逆过程，就是将编码时二进制代码中所含的原意编译出来。实现译码功能的电路称为译码器。常用的译码器有二进制译码器、二 - 十进制译码器和显示译码器。

3.3.1　二进制译码器

二进制译码器输入的是二进制代码，输出的是一系列与输入代码对应的信息。

74LS138 是集成 3 线 - 8 线译码器，其引脚排列与逻辑符号如图 3-3 所示。该译码器共有 3 个输入端：A_0、A_1、A_2，输入高电平有效；有 8 个输出端：$\overline{Y}_0 \sim \overline{Y}_7$，输出低电平有效；有 3 个使能端：$S_A$、$\overline{S}_B$、$\overline{S}_C$。

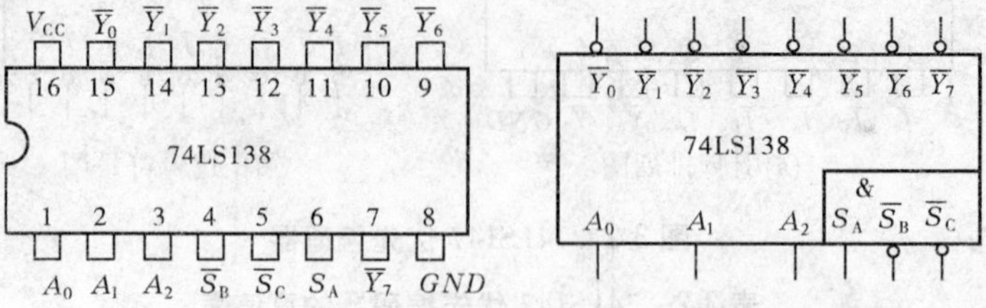

(a)引脚排列图　　(b)逻辑符号图

图 3-3　74LS138 译码器

74LS138 译码器的真值表如表 3-3 所示。由该表可见，当 $S_A = 0$ 或者 $\overline{S}_B$、$\overline{S}_C$ 中有一个为 1 时，译码器处于禁止状态；当 $S_A = 1$，且 $\overline{S}_B = \overline{S}_C = 0$ 时，译码器处于工作状态。74LS138 译码器输出端与输入端 A_0、A_1、A_2 的逻辑函数关系为

$$\overline{Y}_0 = \overline{\overline{A}_2\overline{A}_1\overline{A}_0}, \overline{Y}_4 = \overline{A_2\overline{A}_1\overline{A}_0}$$
$$\overline{Y}_1 = \overline{\overline{A}_2\overline{A}_1A_0}, \overline{Y}_5 = \overline{A_2\overline{A}_1A_0}$$
$$\overline{Y}_2 = \overline{\overline{A}_2A_1\overline{A}_0}, \overline{Y}_6 = \overline{A_2A_1\overline{A}_0}$$
$$\overline{Y}_3 = \overline{\overline{A}_2A_1A_0}, \overline{Y}_7 = \overline{A_2A_1A_0}$$

表 3-3　74LS138 译码器的真值表

输入						输出								备注
S_A	$\overline{S}_B$	$\overline{S}_C$	A_2	A_1	A_0	$\overline{Y}_0$	$\overline{Y}_1$	$\overline{Y}_2$	$\overline{Y}_3$	$\overline{Y}_4$	$\overline{Y}_5$	$\overline{Y}_6$	$\overline{Y}_7$	
0	×	×	×	×	×	1	1	1	1	1	1	1	1	不工作
×	×	1	×	×	×	1	1	1	1	1	1	1	1	
×	1	×	×	×	×	1	1	1	1	1	1	1	1	
1	0	0	0	0	0	0	1	1	1	1	1	1	1	工作
1	0	0	0	0	1	1	0	1	1	1	1	1	1	
1	0	0	0	1	0	1	1	0	1	1	1	1	1	
1	0	0	0	1	1	1	1	1	0	1	1	1	1	
1	0	0	1	0	0	1	1	1	1	0	1	1	1	
1	0	0	1	0	1	1	1	1	1	1	0	1	1	
1	0	0	1	1	0	1	1	1	1	1	1	0	1	
1	0	0	1	1	1	1	1	1	1	1	1	1	0	

3.3.2　二 - 十进制译码器

将 4 位二 - 十进制代码翻译成 1 位十进制数字的电路就是二 - 十进制译码器。这种译码器有 4 个输入端，10 个输出端，又称 4 线 - 10 线译码器。常用的集成电路型号有

74LS145 和 74LS42。如图 3-4 所示是 74LS42 译码器的引脚排列图和逻辑符号图。

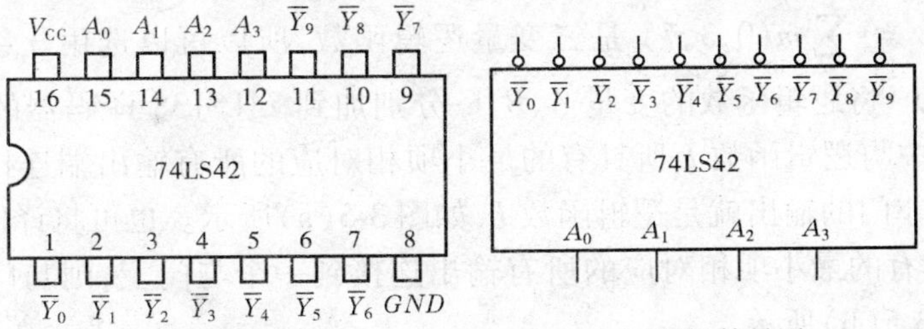

(a)引脚排列图　　(b)逻辑符号图

图 3-4　74LS42 译码器

74LS42 译码器的真值表如表 3-4 所示。

表 3-4　74LS42 译码器的真值表

十进制数	输入				输出									
	A_3	A_2	A_1	A_0	$\overline{Y}_0$	$\overline{Y}_1$	$\overline{Y}_2$	$\overline{Y}_3$	$\overline{Y}_4$	$\overline{Y}_5$	$\overline{Y}_6$	$\overline{Y}_7$	$\overline{Y}_8$	$\overline{Y}_9$
0	0	0	0	0	0	1	1	1	1	1	1	1	1	1
1	0	0	0	1	1	0	1	1	1	1	1	1	1	1
2	0	0	1	0	1	1	0	1	1	1	1	1	1	1
3	0	0	1	1	1	1	1	0	1	1	1	1	1	1
4	0	1	0	0	1	1	1	1	0	1	1	1	1	1
5	0	1	0	1	1	1	1	1	1	0	1	1	1	1
6	0	1	1	0	1	1	1	1	1	1	0	1	1	1
7	0	1	1	1	1	1	1	1	1	1	1	0	1	1
8	1	0	0	0	1	1	1	1	1	1	1	1	0	1
9	1	0	0	1	1	1	1	1	1	1	1	1	1	0
伪码	1	0	1	0	1	1	1	1	1	1	1	1	1	1
	1	0	1	1	1	1	1	1	1	1	1	1	1	1
	1	1	0	0	1	1	1	1	1	1	1	1	1	1
	1	1	0	1	1	1	1	1	1	1	1	1	1	1
	1	1	1	0	1	1	1	1	1	1	1	1	1	1
	1	1	1	1	1	1	1	1	1	1	1	1	1	1

从表 3-4 可见，该电路的输入 $A_0A_1A_2A_3$ 是 8421BCD 码，输出是与 10 个十进制数字相对应的 10 个信号，用 $\overline{Y}_0 \sim \overline{Y}_9$ 表示，低电平有效。例如，当 $A_0A_1A_2A_3=0000$ 时，输出端 $\overline{Y}_0=0$，其余输出端均为 1；当 $A_0A_1A_2A_3=0001$ 时，输出端 $\overline{Y}_8=0$，其余输出端均为 1。如果输入 1010 ~ 1111 这 6 个伪码，输出 $\overline{Y}_0 \sim \overline{Y}_9$ 均为 1，所以它具有拒绝伪码的功能。

3.3.3　译码器的应用

由于二进制译码器的输出为输入变量的全部最小项，即每一个输出对应一个最小项，而任何一个逻辑函数都可转换为最小项之和的标准式，因此用译码器和门电路可实现任何单输出或多输出的组合逻辑函数。

【例 3-1】 用译码器实现逻辑函数 $L=\sum m(0,3,7)$。

解 由于 $L=\sum m(0,3,7)$ 是三变量逻辑函数，所以可以选用 3 线 - 8 线译码器 74LS138 来实现。将逻辑函数的变量 A、B、C 分别加到 74LS138 译码器的输入端 A_2、A_1、A_0，而将译码器中与逻辑函数 L 所具有的最小项相对应的所有输出端连接到一个与非门的输入上，则与非门的输出就是逻辑函数 L，如图 3-5(a)所示。也可将译码器与逻辑函数 L 的反函数所具有的最小项相对应的所有输出连接到一个与门上，则与门的输出就是逻辑函数 L，如图 3-5(b)所示。

(1)用与非门实现，如图 3-5(a)所示。

$$L=\sum m(0,3,7)=\bar{A}\,\bar{B}\,\bar{C}+\bar{A}BC+ABC$$

$$L=\overline{\overline{\bar{A}\,\bar{B}\,\bar{C}}\cdot\overline{\bar{A}BC}\cdot\overline{ABC}}=\overline{\bar{Y}_0\cdot\bar{Y}_3\cdot\bar{Y}_7}$$

(2)用与门实现，如图 3-5(b)所示。

因为

$$\bar{L}=\sum m(1,2,4,5,6)=\bar{A}\,\bar{B}C+\bar{A}B\bar{C}+A\bar{B}\,\bar{C}+A\bar{B}C+AB\bar{C}$$

所以可得

$$L=\bar{\bar{L}}=\overline{\bar{A}\,\bar{B}C+\bar{A}B\bar{C}+A\bar{B}\,\bar{C}+A\bar{B}C+AB\bar{C}}$$
$$=\overline{\bar{A}\,\bar{B}C}\cdot\overline{\bar{A}B\bar{C}}\cdot\overline{A\bar{B}\,\bar{C}}\cdot\overline{A\bar{B}C}\cdot\overline{AB\bar{C}}=\bar{Y}_1\,\bar{Y}_2\,\bar{Y}_4\,\bar{Y}_5\,\bar{Y}_6$$

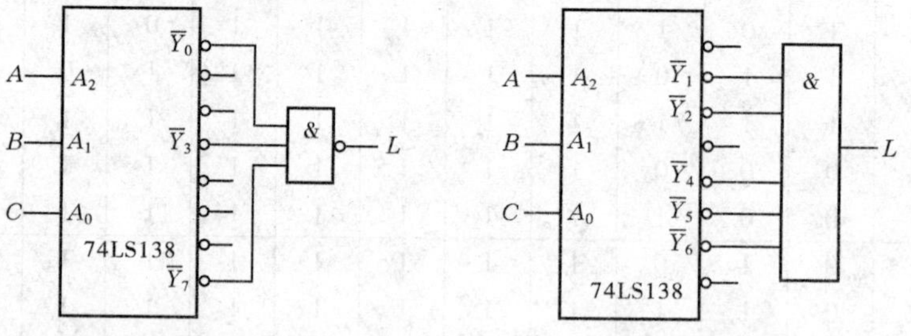

(a)用与非门实现　　(b)用与门实现

图 3-5　用 74LS138 实现逻辑函数 $L=\sum m(0,3,7)$

3.4　相关知识 3——数字显示电路

在数字系统中，往往要求把测量和运算的结果直接用十进制数字显示出来，以便人们观测、查看，这一任务由数字显示电路实现。数字显示电路由译码器、驱动器以及数码显示器件组成，通常译码器和驱动器都集成在一块芯片上，简称显示译码器。

3.4.1　数码显示器件

数码显示器件的种类很多，在数字系统中最常用的显示器有半导体发光二极管(LED)显示器、液晶显示器(LCD)和等离子体显示板等。

3.4.1.1　LED 显示器

LED 显示器分为两种,一种是发光二极管(又称 LED),另一种是发光数码管(又称 LED 数码管)。将发光二极管组成 7 段数字图形封装在一起,就做成了发光数码管,又称七段 LED 显示器,如图 3-6 所示的是发光数码管的结构。这些发光二极管一般采用两种连接方式,即共阴极接法和共阳极接法。控制各段二极管的亮或灭,就可以显示不同的数字。

LED 显示元件的特点是清晰悦目,工作电压低(1.5 ~3 V)、体积小、寿命长(最长可达 100 000 h)、响应速度快(1 ~100 ns)、颜色丰富多彩(有红、黄、绿等颜色)、工作可靠。LED 数码管是目前最常用的数字显示元件,常用的共阴极型号有 BS201、BS202、BS207 及 LC5011 -11 等;共阳极型号有 BS204、BS206 及 LA5011 -11 等。

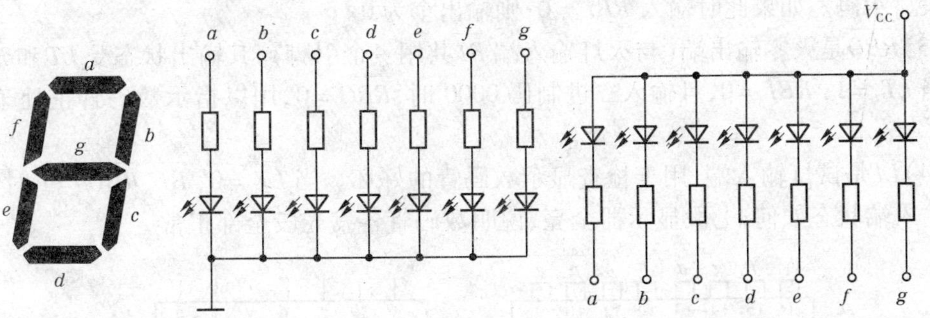

(a)共阴极接法　　(b)共阳极接法

图 3-6　LED 数码管的结构

3.4.1.2　液晶显示器(LCD)

液晶显示器是用液态晶体材料制作而成的,这种材料在常温下既有液态的流动性,又有固态晶体的某些光学性质。利用液晶在电场作用下产生光的散射或偏光的原理,便可实现数字显示。

液晶显示器的最大优点是电源电压低和功耗低,电源电压为 1.5 ~5 V,电流在微安量级,它是各类显示器中功耗最低的,可直接用 CMOS 集成电路驱动。同时它的制造工艺简单、体积小而薄,特别适用于小型数字仪表中。液晶显示器近几年发展迅速,开始出现高清晰度、大屏幕显示的液晶器件。可以说,液晶显示器将是具有广阔前途的显示器件。

3.4.1.3　等离子体显示板

等离子体显示板是一种较大的平面显示器件,采用外加电压使气体放电发光,并借助放电点的组合形成数字图形。等离子体显示板结构类似液晶显示器,但两平行板间的物质是惰性气体。这种显示器件工作可靠、发光亮度大,常用于大型活动场所,我国在等离子体显示板应用方面已经取得了巨大成功。

3.4.2　显示译码器

显示译码器将 BCD 代码译成数码管所需要的相应高、低电平信号,使数码管显示出 BCD 代码所对应的十进制数。显示译码器的种类和型号很多,现以 74LS48 显示译码器为例介绍如下。

74LS48 显示译码器是大规模集成 BCD 码七段译码驱动器。其引脚排列图和逻辑符号图如图 3-7 所示。其中，D、C、B、A 是七段译码器的输入端，输入的是 8421BCD 码，a、b、c、d、e、f、g 是七段译码器的输出驱动信号，输出高电平有效，可直接驱动共阴极数码管。

74LS48 显示译码器的功能表如表 3-5 所示。从表中可以看出，该电路将输入端输入的 4 位 8421BCD 码转换成与共阴极七段 LED 数码管所对应的 7 位显示代码输出。

$\overline{LT}$、$\overline{RBI}$、$\overline{BI}/\overline{RBO}$ 是控制端，它们起辅助控制作用，从而增强了这个译码驱动器的功能。74LS48 显示译码器控制端的控制功能如下：

(1) $\overline{BI}$是灭灯输入端，其优先级最高。如果 $\overline{BI}=0$，不论其他输入端状态如何，$a\sim g$ 均输出 0，显示器全灭。

(2) $\overline{RBI}$是灭零输入端。当 $\overline{LT}=1$，且输入二进制码 0000，只有 $\overline{RBI}=1$ 时，才产生 0 的七段显示码。如果此时输入 $\overline{RBI}=0$，则输出全为 0。

(3) $\overline{RBO}$是灭零输出端（与灭灯输入端 $\overline{BI}$ 共用一个引脚），其输出状态受 $\overline{LT}$ 和 $\overline{RBI}$ 控制。当 $\overline{LT}=1$，$\overline{RBI}=0$，且输入二进制码 0000 时，$\overline{RBO}=0$，用以指示数码管正处于灭零状态。

(4) $\overline{LT}$是试灯输入端，用于检查显示数码管的好坏。当 $\overline{LT}=0$，$\overline{BI}/\overline{RBO}=1$ 时，不论其他输入端状态如何，七段显示器全亮，说明数码管各发光段全部正常。

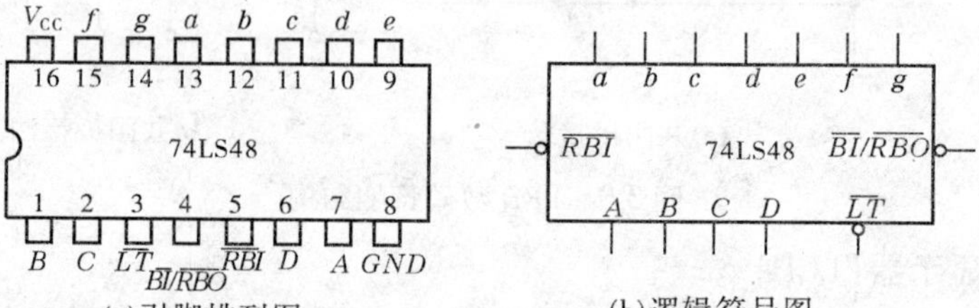

(a)引脚排列图　　(b)逻辑符号图

图 3-7　74LS48 显示译码器

表 3-5　74LS48 显示译码器的功能表

功能	输入						输入/输出	输出							显示字形
	$\overline{LT}$	$\overline{RBI}$	D	C	B	A	$\overline{BI}/\overline{RBO}$	a	b	c	d	e	f	g	
0	1	1	0	0	0	0	1	1	1	1	1	1	1	0	0
1	1	×	0	0	0	1	1	0	1	1	0	0	0	0	1
2	1	×	0	0	1	0	1	1	1	0	1	1	0	1	2
3	1	×	0	0	1	1	1	1	1	1	1	0	0	1	3
4	1	×	0	1	0	0	1	0	1	1	0	0	1	1	4
5	1	×	0	1	0	1	1	1	0	1	1	0	1	1	5
6	1	×	0	1	1	0	1	0	0	1	1	1	1	1	6
7	1	×	0	1	1	1	1	1	1	1	0	0	0	0	7
8	1	×	1	0	0	0	1	1	1	1	1	1	1	1	8

续表 3-5

功能	输入						输入/输出	输出							显示字形
	$\overline{LT}$	$\overline{RBI}$	D	C	B	A	$\overline{BI}/\overline{RBO}$	a	b	c	d	e	f	g	
9	1	×	1	0	0	1	1	1	1	1	0	0	1	1	
10	1	×	1	0	1	0	1	0	0	0	1	1	0	1	
11	1	×	1	0	1	1	1	0	0	1	1	0	0	1	
12	1	×	1	1	0	0	1	0	1	0	0	0	1	1	
13	1	×	1	1	0	1	1	1	0	0	1	0	1	1	
14	1	×	1	1	1	0	1	0	0	0	1	1	1	1	
15	1	×	1	1	1	1	1	0	0	0	0	0	0	0	
灭灯	×	×	×	×	×	×	0	0	0	0	0	0	0	0	全灭
灭零	1	0	0	0	0	0	0	0	0	0	0	0	0	0	全灭
试灯	0	×	×	×	×	×	1	1	1	1	1	1	1	1	

3.5 相关知识 4——数据选择器与数据分配器

在数字系统,尤其是计算机数字系统中,为了减少传输线,经常采用总线技术,即在同一条线上对多路数据进行接收或传送。用来实现这种逻辑功能的数字电路就是数据选择器和数据分配器,如图 3-8 所示。数据选择器和数据分配器的作用相当于单刀多掷开关。数据选择器是多输入、单输出;数据分配器是单输入、多输出。

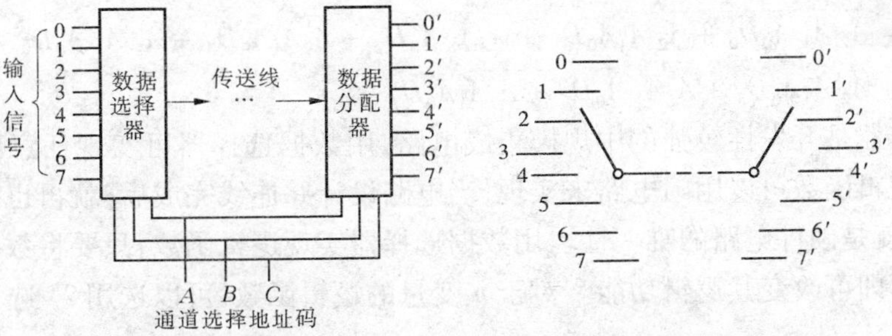

(a)逻辑功能框图 (b)示意图

图 3-8 数据选择器和数据分配器(在一条线上传送 8 路数据)

3.5.1 数据选择器

数据选择器有 2^n 根输入线,n 根选择控制线和一根输出线。根据 n 个选择变量的不同代码组合,在 2^n 个不同输入中选一个送到输出。常用的数据选择器有 4 选 1、8 选 1、16 选 1 等多种类型。

如图 3-9 所示是集成 8 选 1 数据选择器 74LS151 的引脚排列图和逻辑符号图。

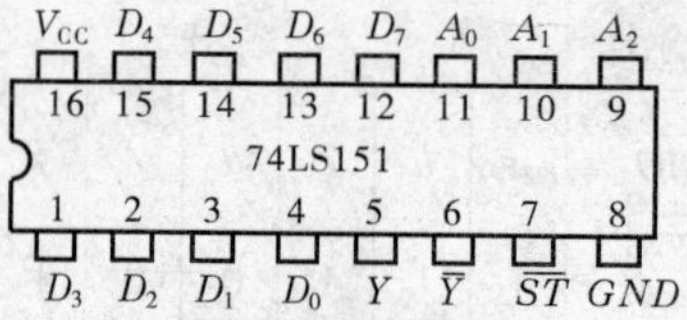

(a)引脚排列图

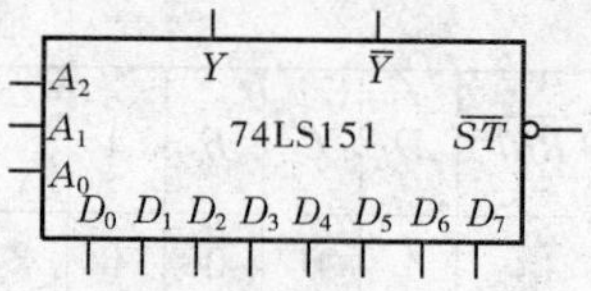

(b)逻辑符号图

图 3-9 集成 8 选 1 数据选择器 74LS151

图中 $D_0 \sim D_7$ 是 8 个数据输入端，$A_2 \sim A_0$ 是地址信号输入端，Y 和 $\overline{Y}$ 是互补输出端。输出信号选择输入信号中的哪一路，由地址信号决定。例如，地址信号 $A_2A_1A_0 = 000$ 时，$Y = D_0$，若 $A_2A_1A_0 = 101$，则 $Y = D_5$。$\overline{ST}$为使能端，低电平有效，即当$\overline{ST} = 0$ 时，数据选择器工作；当$\overline{ST} = 1$ 时，数据选择器不工作。表 3-6 是 74LS151 的真值表。

表 3-6 74LS151 的真值表

输入				输出	
$\overline{ST}$	A_2	A_1	A_0	Y	$\overline{Y}$
1	×	×	×	0	1
0	0	0	0	D_0	$\overline{D_0}$
0	0	0	1	D_1	$\overline{D_1}$
0	0	1	0	D_2	$\overline{D_2}$
0	0	1	1	D_3	$\overline{D_3}$
0	1	0	0	D_4	$\overline{D_4}$
0	1	0	1	D_5	$\overline{D_5}$
0	1	1	0	D_6	$\overline{D_6}$
0	1	1	1	D_7	$\overline{D_7}$

8 选 1 数据选择器工作时的输出逻辑函数 Y 为

$$Y = \overline{A_2}\,\overline{A_1}\,\overline{A_0}D_0 + \overline{A_2}\,\overline{A_1}A_0D_1 + \overline{A_2}A_1\overline{A_0}D_2 + \overline{A_2}A_1A_0D_3 + A_2\overline{A_1}\,\overline{A_0}D_4 + A_2\overline{A_1}A_0D_5 + A_2A_1\overline{A_0}D_6 + A_2A_1A_0D_7$$

数据选择器是开发性较强的中规模集成电路，用数据选择器可实现任意的组合逻辑函数。一个逻辑函数可以用门电路来实现，当电路设计并连线完成后，就再也不能改变其逻辑功能，这就是硬件电路的唯一性。用数据选择器实现逻辑函数，只要将数据输入端的信号变化一下即可改变其逻辑功能。对于 n 变量的逻辑函数，可以选用 2^n 选 1 的数据选择器来实现。

【例 3-2】 用 8 选 1 数据选择器 74LS151 实现逻辑函数 $Y = AB + BC + AC$。

解 (1)将逻辑函数转换成最小项表达式，即

$$Y = AB + BC + AC = \overline{A}BC + A\overline{B}C + AB\overline{C} + ABC = \sum m(3,5,6,7)$$

(2)按照最小项的编号，将数据选择器的相应输入端接高电平，其余的输入端接低电平。即将 74LS151 的输入端 D_3、D_5、D_6、D_7 接高电平 1，将 D_0、D_1、D_2、D_4 接地，则在 Y 输出端就得到这个函数的值，如图 3-10 所示。

3.5.2 数据分配器

数据分配是数据选择的逆过程。数据分配器有一根输入线,n 根选择控制线和 2^n 根输出线。根据 n 个选择变量的不同代码组合来选择输入数据从哪个输出通道输出。

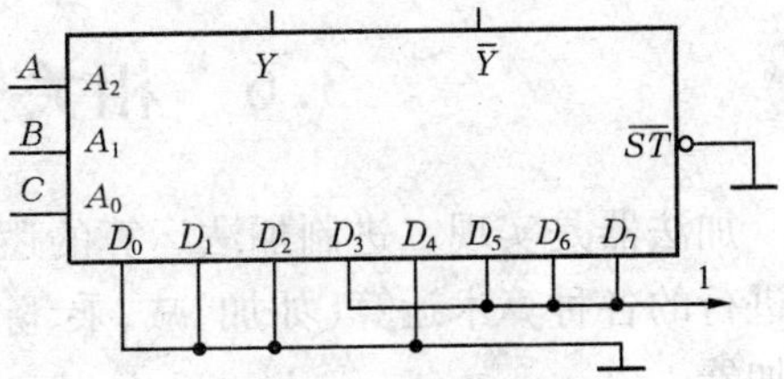

图 3-10 例 3-2 的图

在集成电路系列器件中并没有专门的数据分配器,一般说来,凡具有使能控制输入端的译码器都能作为数据分配器使用。只要将译码器使能控制输入端作为数据输入端,将二进制代码输入端作为地址控制端即可。

如图 3-11 所示为由 3 线 - 8 线译码器 74LS138 构成的 8 路数据分配器。图中$\overline{S}_B$ 作为数据输入端 D,$A_2 \sim A_0$ 为地址信号输入端,$\overline{Y}_0 \sim \overline{Y}_7$ 为数据输出端。

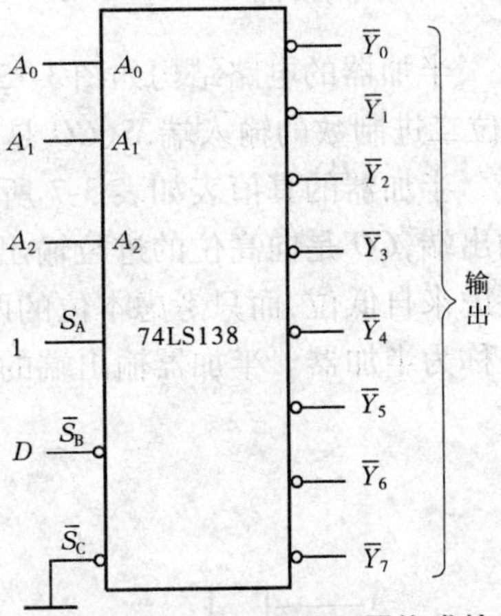

图 3-11 由 74LS138 译码器构成的 8 路数据分配器

在许多通信应用中,通信线路是成本较高的资源,为了有效利用线路资源,经常采用分时复用线路的方法。多个发送设备(如 X_0、X_1、X_2…)与多个接收设备(如 Y_0、Y_1、Y_2…)间只使用一条线路连接,如图 3-12所示。

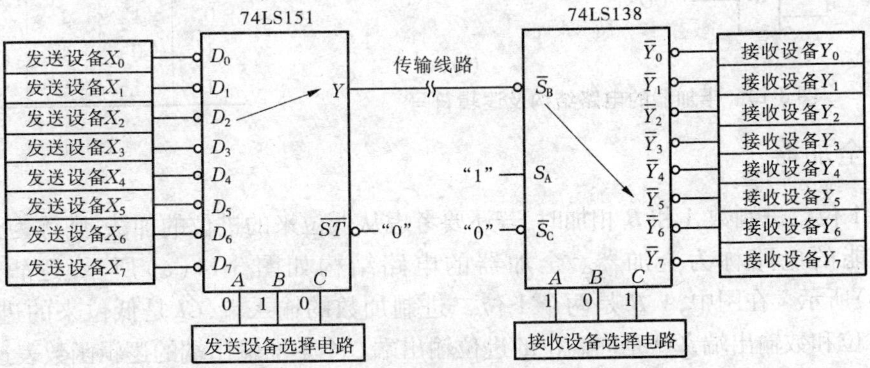

图 3-12 传输线路的分时复用方法

当发送设备 X_2 需要向接收设备 Y_5 发送数据时,发送设备选择电路输出“010”,数据选择器将 X_2 的输出接到传输线路上。而接收设备选择电路输出“101”,数据分配器将传输线路上的数据分配到接收设备 Y_5 的接收端,实现了信息传送。这种方法称为分时复用技术。

当然在 X_2 向 Y_5 传送数据时,其他设备就不能传送数据,打电话时听到的“占线”或者“线路繁忙”就属于这样一种情况。

3.6 相关知识5——加法器

加法器是实现二进制加法运算的逻辑元件，它是计算机系统中最基本的运算器，计算机进行的各种算术运算（如加、减、乘、除）都要转化为加法运算。加法器又分为半加器和全加器。

3.6.1 半加器

半加器的电路结构如图3-13(a)所示，逻辑符号如图3-13(b)所示。图中A、B为两个1位二进制数的输入端，S、CO是两个输出端。

半加器的真值表如表3-7所示。从真值表可以看出，S是两个数相加后的本位和数输出端，CO是向高位的进位输出端，电路能完成两个1位二进制数的加法运算。这种不考虑来自低位，而只考虑本位的两个数相加的加法运算，称为半加，能实现半加运算的电路称为半加器。半加器输出端的逻辑函数表达式为

$$S = \overline{A}B + A\overline{B} = A \oplus B$$

$$CO = AB$$

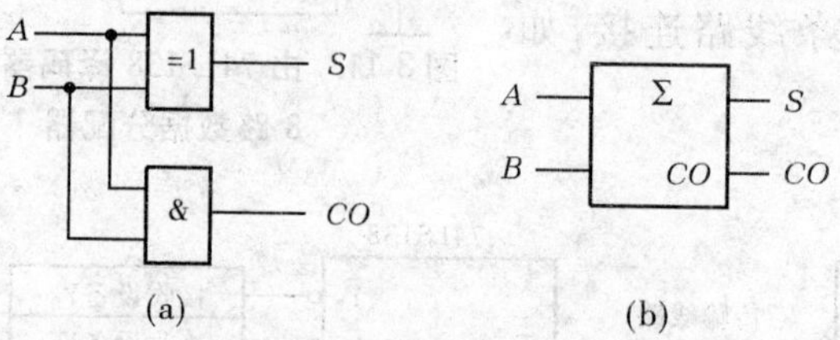

图3-13 半加器的电路结构及逻辑符号

表3-7 半加器的真值表

输入		输出	
A	B	S	CO
0	0	0	0
0	1	1	0
1	0	1	0
1	1	0	1

3.6.2 全加器

两个1位二进制数A和B相加时，若还要考虑从低位来的进位的加法，则称为全加，完成全加功能的电路称为全加器。全加器的电路结构如图3-14(a)所示，逻辑符号如图3-14(b)所示。在图中，A、B是两个1位二进制加数的输入端，CI是低位来的进位输入端，S是本位和数输出端，CO是向高位的进位输出端。全加器输出端的逻辑函数表达式为

$$S = A \oplus B \oplus CI$$

$$\begin{aligned} CO &= \overline{A}BCI + A\overline{B}CI + AB\overline{CI} + ABCI \\ &= (A \oplus B) \cdot CI + AB \\ &= \overline{\overline{(A \oplus B) \cdot CI} \cdot \overline{AB}} \end{aligned}$$

如图3-15所示为集成全加器74LS183的引脚排列图，它内部集成了两个1位全加器，其中A、B、CI为输入端，S、CO为输出端。

全加器的真值表如表3-8所示。从真值表可以看出，S是两个数相加后的本位和数输出端，CO是向高位的进位输出端。电路能完成两个1位二进制数以及低位来的进位的加法运算。

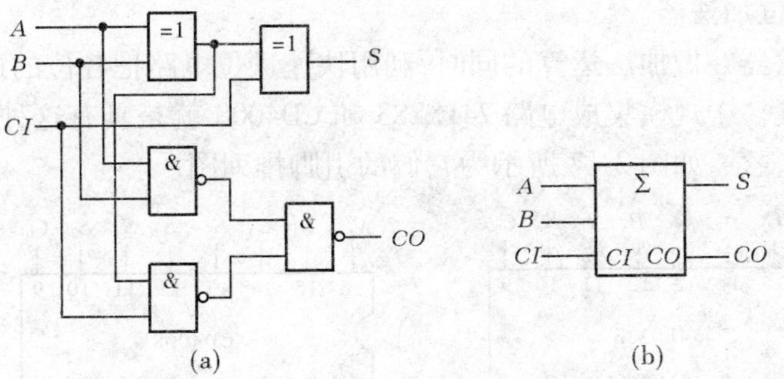

图 3-14　全加器电路结构及符号

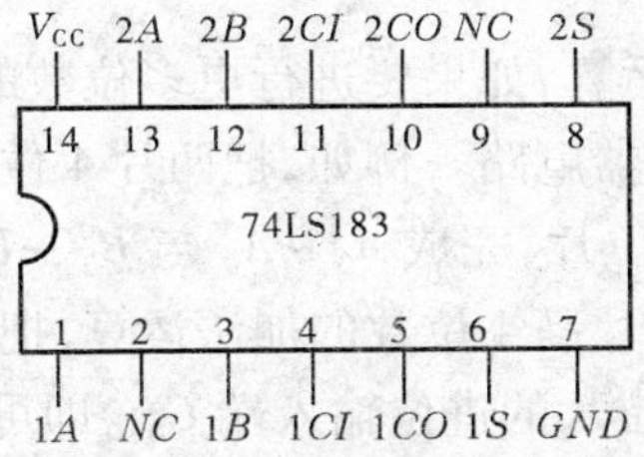

图 3-15　74LS183 的引脚排列图

表 3-8　全加器的真值表

输入			输出	
A	*B*	*CI*	*S*	*CO*
0	0	0	0	0
0	0	1	1	0
0	1	0	1	0
0	1	1	0	1
1	0	0	1	0
1	0	1	0	1
1	1	0	0	1
1	1	1	1	1

3.6.3　多位加法器

一个全加器只能实现 1 位二进制数的加法运算，如果把 *N* 个全加器组合起来，就能实现 *N* 位二进制数的加法运算。实现多位二进制数相加运算的电路称为多位加法器。在构成多位加法器电路时，按进位方式不同，分为串行进位加法器和超前进位加法器两种。

3.6.3.1　串行进位加法器

把 *N* 位全加器串联起来，即依次将低位全加器的进位输出端 *CO* 接到相邻高位全加器的进位输入端 *CI*，就构成了 *N* 位串行进位加法器。例如，用 4 个全加器构成的 4 位串行进位加法器电路如图 3-16 所示。

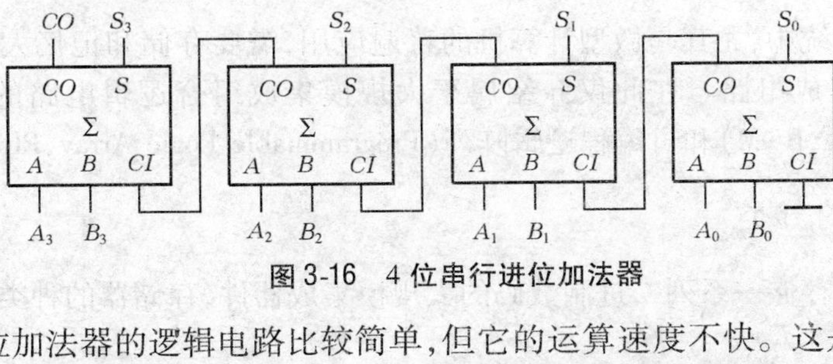

图 3-16　4 位串行进位加法器

串行进位加法器的逻辑电路比较简单，但它的运算速度不快。这是因为最高位的运算一定要等到所有低位的运算完成，并将进位信号送到后才能进行。为了提高运算速度，可以采用超前进位加法器。

3.6.3.2 超前进位加法器

超前进位加法器在做加法运算的同时,利用快速进位电路把各位的进位也算出来,从而加快了运算速度。中规模集成电路 74LS283 和 CD4008 就是具有这种功能的进位加法器,这类器件结构复杂,如图 3-17 所示为它们的引脚排列图。

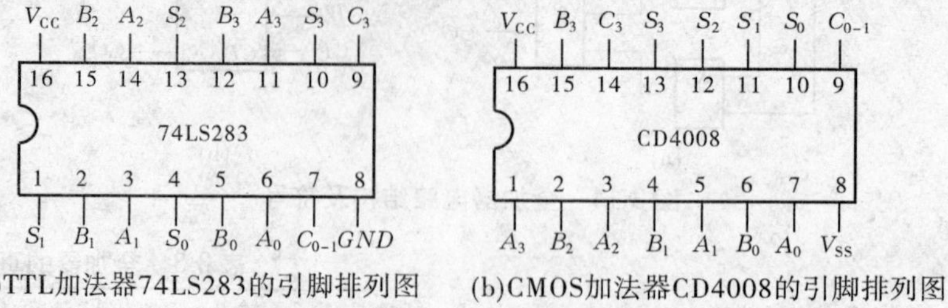

图 3-17 TTL 加法器 74LS283 和 CMOS 加法器 CD4008 的引脚排列图

3.6.3.3 加法器的级联

一片 74LS283 只能完成 4 位二进制数的加法运算,如果要进行更多位数的计算,可以把若干片 74LS283 级联起来,构成更多位数的加法器电路。例如,把两片 4 位加法器连成 8 位加法器的电路如图 3-18 所示,其中片(1)是低位片,完成 $A_3 \sim A_0$ 与 $B_3 \sim B_0$ 低 4 位数的加法运算,片(2)是高位片,完成 $A_7 \sim A_4$ 与 $B_7 \sim B_4$ 高 4 位数的加法运算,把低位片的进位输入端 C_{0-1} 接地,低位片的进位输出端 C_3 接高位片的进位输入端 C_{0-1} 即可。

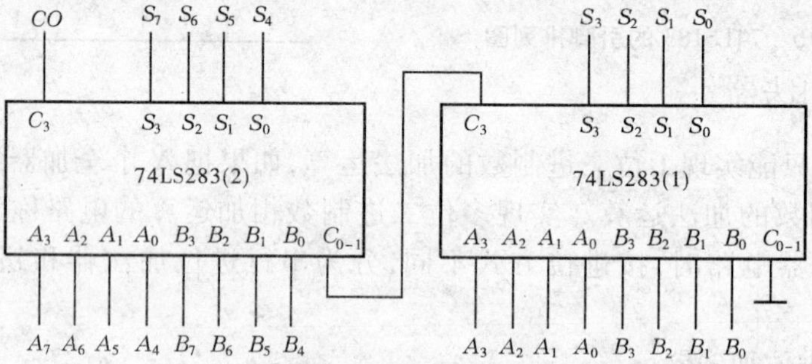

图 3-18 用 74LS283 构成的 8 位加法器

3.7 相关知识 6——大规模集成组合逻辑电路

在数字电路系统中,尤其是微型计算机的普遍应用,需要存储和记忆大量的信息,这都离不开大规模集成电路。在此仅介绍属于大规模集成组合逻辑电路的只读存储器(Read Only Memory,ROM)和可编程逻辑阵列(Programmable Logic Array,PLA)。

3.7.1 存储器的分类

存储器是用以存储一系列二进制数码的大规模集成器件,存储器的种类很多,按功能分类如下。

3.7.1.1 随机存取存储器

随机存取存储器(Random Access Memory,RAM),也叫做随机读/写存储器,既能方便地读出所存数据,又能随时写入新的数据。RAM 的缺点是数据的易失性,即一旦断电,所存的数据全部丢失。

3.7.1.2 只读存储器

只读存储器(Read Only Memory,ROM)在正常状态下只能读出数据,不能写入数据。ROM 的优点是电路结构简单,而且在断电以后数据不会丢失,常用来存放固定的资料及程序。

3.7.2 只读存储器(ROM)的结构原理

根据逻辑电路的特点,只读存储器(ROM)属于组合逻辑电路,即给一组输入(地址),存储器相应地给出一组输出(存储的数字)。ROM 按存储内容存入方式的不同,可分为掩膜 ROM、可编程 ROM(PROM)和可改写 ROM(EPROM、E^2PROM、Flash Memory)等。

3.7.2.1 掩膜 ROM

掩膜 ROM,又称固定 ROM,这种 ROM 在制造时,生产厂利用掩膜技术把信息写入存储器中。按使用的器件可分为二极管掩膜 ROM、双极型三极管掩膜 ROM 和 MOS 管掩膜 ROM 三种类型。在这里主要介绍二极管掩膜 ROM。

图 3-19 是 4×4 的二极管掩膜 ROM,它由地址译码器、存储矩阵和输出电路三部分组成。图中 4 条横线称为字线,每一条字线可存放一个 4 位二进制数码(信息),又称 1 个字,故 4 条字线可存放 4 个字。4 条纵线代表每个字的位,故称为位线,4 条位线即表示 4 位,作为字的输出。字线与位线相交处为一位二进制数的存储单元,相交处有二极管者存 1,无二极管者存 0。

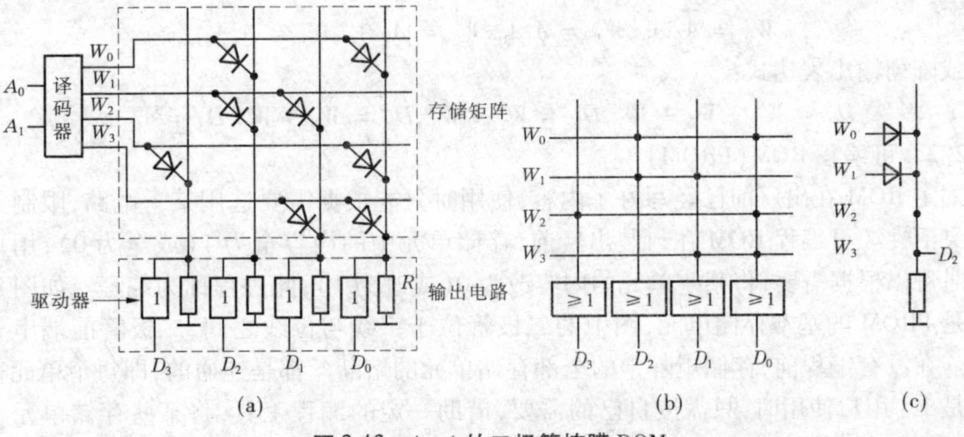

图 3-19 4×4 的二极管掩膜 ROM

例如,当输入地址码 $A_1A_0=10$ 时,字线 $W_2=1$,其余字线为 0,W_2 字线上的高电平通过接二极管的位线使 D_0、D_3 为 1,其他位线与 W_2 字线相交处没有二极管,所以输出 $D_3D_2D_1D_0=1001$。根据图 3-19(a)的二极管存储矩阵,可以列出对应的真值表如表 3-9 所示。所以,这种 ROM 的存储矩阵可采用如图 3-19(b)所示的简化画法。有二极管的交叉点画有实心点,无二极管的交叉点不画点。

表 3-9　二极管存储矩阵的真值表

地址		数据			
A_1	A_0	D_3	D_2	D_1	D_0
0	0	0	1	0	1
0	1	0	1	1	0
1	0	1	0	0	1
1	1	0	0	1	1

显然,ROM 并不能记忆前一时刻的输入信息,因此只是用门电路来实现组合逻辑关系。实际上,图 3-19(a)所示的存储矩阵和电阻 R 组成了 4 个二极管或门。以 D_2 为例,二极管或门电路如图 3-19(c)所示,$D_2 = W_0 + W_1$,因此属于组合逻辑电路。用于存储矩阵的或门阵列也可由双极型或 MOS 型三极管构成,在这里就不再赘述,其工作原理与二极管掩膜 ROM 相同。

ROM 中地址译码器形成输入变量的最小项,实现了逻辑变量的与运算,其代表的地址取决于与阵列竖线上黑点位置的数据组合;而 ROM 中的存储矩阵可实现最小项的或运算,因此 ROM 可以用来产生组合逻辑函数。再结合表 3-9,可以看出,若把 ROM 的地址端作为逻辑变量的输入端,把 ROM 的位输出端作为逻辑函数的输出端,再列出逻辑函数表达式的真值表或最小项表达式,将 ROM 的地址和数据端进行变量代换,然后画出 ROM 的阵列图,定制相应的 ROM,从而就用 ROM 实现了组合逻辑函数。

与阵列(地址译码器)输出表达式:

$$W_0 = \overline{A_1}\,\overline{A_0}, W_1 = \overline{A_1}A_0, W_2 = A_1\overline{A_0}, W_3 = A_1A_0$$

或阵列输出表达式:

$$D_0 = W_0 + W_2 + W_3, D_1 = W_1 + W_3, D_2 = W_0 + W_1, D_3 = W_2$$

3.7.2.2　可编程 ROM(PROM)

固定 ROM 在出厂前已经写好了内容,使用时只能根据需要选用某一电路,限制了用户的灵活性。可编程 ROM 在封装出厂前,存储单元中的内容全为 1(或全为 0),用户在使用时可以根据需要,将某些单元的内容改为 0(或改为 1),此过程称为编程。如图 3-20 所示是 PROM 的基本存储单元,图中的二极管位于字线与位线之间,二极管前端串有熔断丝。在没有编程前,存储矩阵中的全部存储单元的熔断丝都是连通的,即每个单元存储的都是 1。用户使用时,只需按自己的需要,借助一定的编程工具,将某些存储单元上的熔断丝用大电流烧断,该用户存储的内容就变为 0。熔断丝烧断后不能再接上,故 PROM 只能进行一次编程。

PROM 是由固定的与阵列和可编程的或阵列组成的,如图 3-21 所示。与阵列为全译码方式,当输入为 $I_0 \sim I_{n-1}$ 时,与阵列的输出为 n 个输入变量可能组合的全部最小项,即 2^n 个最小项。或阵列是可编程的,如果 PROM 有 m 个输出,则包含有 m 个可编程的或门,每个或门有 2^n 个输入可供选用,由用户编程来选定。所以,在 PROM 的输出端,输出表达式是最小项之和的标准与或式。

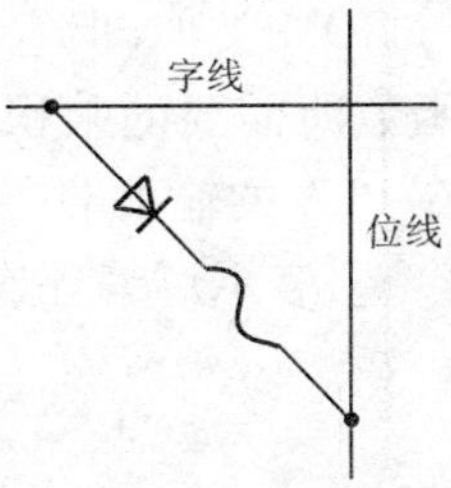

图 3-20　PROM 的基本存储单元

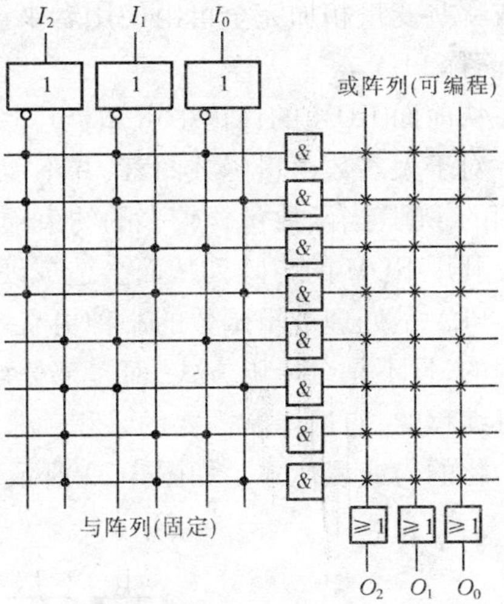

图 3-21　PROM 结构图

3.7.2.3　光可擦除可编程 ROM(EPROM)

EPROM 是另一种广泛使用的存储器。PROM 虽然可以编程,但只能编程 1 次,而 EPROM 克服了 PROM 的缺点,可以根据用户要求写入信息,并能长期使用。当不需要原有信息时,也可以擦除后重写。若要擦去所写入的内容,可用 EPROM 擦除器产生的强紫外线对 EPROM 照射 20 min 左右,使全部存储单元恢复 1,以便用户重新编写。EPROM 的主要用途是在计算机电路中作为程序存储器使用,在数字电路中,也可以用来实现码制转换,构成字符发生器、波形发生器等电路。

3.7.2.4　电可擦除可编程 ROM(E^2PROM)

E^2PROM 是近年来被广泛使用的一种只读存储器,被称为电可擦除可编程只读存储器,有时也写成 EEPROM。其主要特点是能在应用系统中进行在线改写,并能在断电的情况下保存数据而不需保护电源。特别是最近出现的 +5 V 电擦除 E^2PROM,通常不需单独的擦除操作,可在写入过程中自动擦除,使用非常方便。

3.7.2.5　闪速存储器(Flash Memory)

闪速存储器(Flash Memory)又称快速擦写存储器或快闪存储器,是由 Intel 公司首先发明的,近年来较为流行的一种新型半导体存储器件。在断电的情况下,信息可以保留,在不加电的情况下,信息可以保存 10 年,可以在线进行擦除和改写。Flash Memory 是在 E^2PROM 上发展起来的,属于 E^2PROM 类型,其编程方法和 E^2PROM 类似,但 Flash Memory不能按字节擦除。Flash Memory 既具有 ROM 非易失性的优点,又具有存取速度快、可读可写、集成度高、价格低、耗电省的优点,目前已被广泛使用。

无论 ROM、PROM、EPROM 还是 E^2PROM,其功能是进行"读"操作。

3.7.3　可编程逻辑阵列(PLA)

可编程逻辑阵列(Programmable Logic Array,PLA)的典型特点:由与门组成的阵列确定哪些变量相乘(与),及由或门组成的阵列确定哪些乘积项相加(或)。究竟哪些变量相乘或哪些变量相加完全可由使用者来设计决定。把这样的与、或阵列称为可编程逻辑阵列,简称 PLA。

从前面 ROM 的讨论中可知,与阵列是全译码方式,其输出产生 n 个输入的全部最小项。对于大多数逻辑函数而言,并不需要使用输入变量的全部乘积项,有许多乘积项是没有用的,尤其当函数包含较多的约束项时,许多乘积项是不可能出现的。这样,由于不能充分利用 ROM 的与阵列从而会造成硬件的浪费。

PLA 是处理逻辑函数的一种更有效的方法,其结构与 ROM 类似,但它的与阵列是可编程的,且不是全译码方式,而是部分译码方式,只产生函数所需要的乘积项。或阵列也是可编程的,它选择所需要的乘积项来完成“或”功能。在 PLA 的输出端产生的逻辑函数是简化的与或表达式。如图 3-22 所示为 PLA 结构,图中“ ×”表示可编程连接。

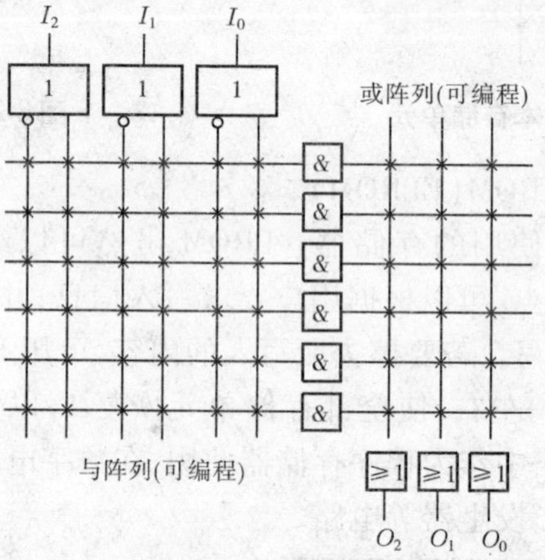

图 3-22 PLA 结构

PLA 规模比 ROM 小,工作速度快,当输出函数包含较多的公共项时,使用 PLA 更为节省硬件。目前,PLA 的集成化产品越来越多,用途也非常广泛。和 ROM 一样,PLA 有固定不可编程的 PLA、可编程的 PLA 和可改写的 PLA 三种。

3.8 任务实现——加法器的设计与制作

本项目利用编码电路(采用 74LS147)、数码寄存电路(主要由 CC40194、与门、非门等组成)、加法运算电路及译码显示电路(采用 BCD 码加法器 CC14560、显示译码器 CC4511、LED 显示器 BS202)完成一位加法器的制作。

3.8.1 项目设备与器件

项目设备:1 台数字电路实验装置。

项目器件:2 片显示译码器 CC4511,1 片 BCD 码加法器 CC14560,2 片移位寄存器 CC40194,1 片 BCD 码优先编码器 74LS147,1 片四 2 输入与门 74LS08,1 片六非门 CC4069,2 个 LED 显示器 BS202。

3.8.2 项目原理框图

一位加法器原理框图如图 3-23 所示。

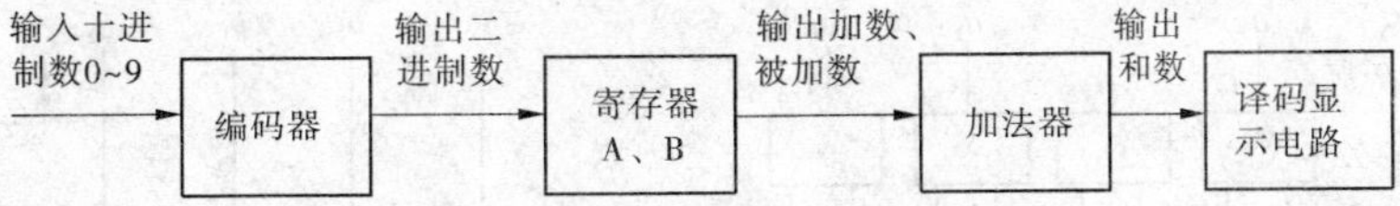

图 3-23　一位加法器原理框图

3.8.3 项目内容与步骤

3.8.3.1 编码电路的安装及测试

编码电路的安装及测试步骤如下：

(1)查阅相关资料，了解需使用集成电路的引脚及其功能。

(2)参考编码电路的原理图（见图 3-24），设计并安装编码电路。

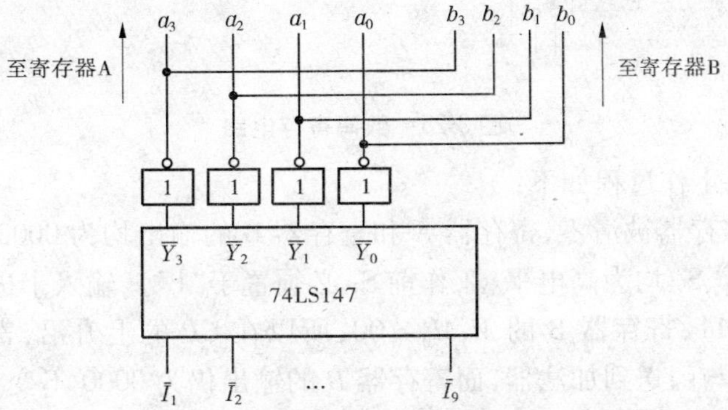

图 3-24　编码电路

(3)编码电路的测试。根据安装好的编码电路，依次输入 0 ~ 9 十个数码，记录 $a_3a_2a_1a_0$ 的状态到表 3-10 中。

表 3-10　74LS147 编码电路的测试

十进制数	输入									输出							
	$\overline{I}_9$	$\overline{I}_8$	$\overline{I}_7$	$\overline{I}_6$	$\overline{I}_5$	$\overline{I}_4$	$\overline{I}_3$	$\overline{I}_2$	$\overline{I}_1$	$\overline{Y}_3$	$\overline{Y}_2$	$\overline{Y}_1$	$\overline{Y}_0$	a_3	a_2	a_1	a_0
0	1	1	1	1	1	1	1	1	1	1	1	1	1				
1	1	1	1	1	1	1	1	1	0	1	1	1	0				
2	1	1	1	1	1	1	1	0	×	1	1	0	1				
3	1	1	1	1	1	1	0	×	×	1	1	0	0				
4	1	1	1	1	1	0	×	×	×	1	0	1	1				
5	1	1	1	1	0	×	×	×	×	1	0	1	0				
6	1	1	1	0	×	×	×	×	×	1	0	0	1				
7	1	1	0	×	×	×	×	×	×	1	0	0	0				
8	1	0	×	×	×	×	×	×	×	0	1	1	1				
9	0	×	×	×	×	×	×	×	×	0	1	1	0				

3.8.3.2 数码寄存电路的安装及测试

数码寄存电路主要由 2 片 CC40194、与门、非门等组成。如图 3-25 所示为数码寄存电路的原理图。

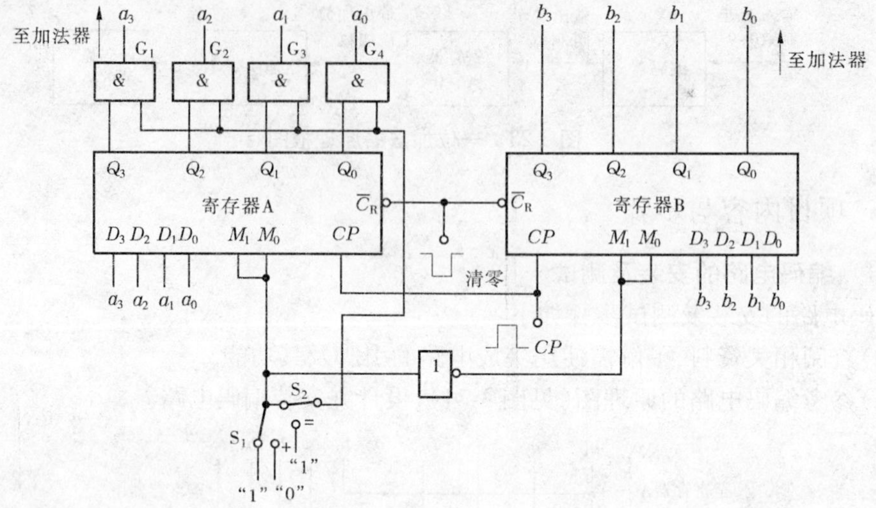

图 3-25　数码寄存电路

数码寄存电路工作过程如下：

先令$\overline{C}_R=0$，寄存器被清零，寄存器 A 和寄存器 B 的输出均为 0000；再令$\overline{C}_R=1$，准备开始工作。起初 S_1、S_2 均为高电平（工作前 S_1 必须置于"1"），输入十进制数 A 时，由于寄存器 A 的 $M_1M_0=11$，寄存器 B 的 $M_1M_0=00$，所以在 CP 的上升沿，寄存器 A 存入数码 $a_3a_2a_1a_0$，由"1"经与门送到加法器，而寄存器 B 的输出仍为 0000 不变，直接送入加法器。把开关 S_1 置为"0"后（相当于按加号键），输入十进制数 B 时，由于寄存器 A 的 $M_1M_0=00$，寄存器 B 的 $M_1M_0=11$，所以在 CP 的上升沿，寄存器 A 保持原来的状态 $a_3a_2a_1a_0$，但由于门 $G_1\sim G_4$ 均被封锁，故 $a_3a_2a_1a_0$ 不能被送入加法器（只有 0000 被送入）；而寄存器 B 存入数码 $b_3b_2b_1b_0$，并将数码送入加法器。

把 S_2 置于高电平"1"（相当于按等号键），则两个寄存器的数码 $a_3a_2a_1a_0$、$b_3b_2b_1b_0$ 同时送入加法器进行加法操作。

（1）参考图 3-25，安装数码寄存电路。

（2）根据数据寄存的过程及原理，使用逻辑电平显示器，对寄存器进行测试，并将测试结果记录下来进行分析，完成表 3-11。

表 3-11　CC40194 寄存器的测试结果

$\overline{C}_R$	M_1	M_0	输入				输出			
			D_3	D_2	D_1	D_0	Q_3	Q_2	Q_1	Q_0
0	×	×	×	×	×	×				
1	0	0	×	×	×	×				
1	1	1	d_3	d_2	d_1	d_0				

3.8.3.3　**加法运算电路及译码显示电路**

加法运算电路采用集成 BCD 码加法器 CC14560、显示译码器 CC4511 和 LED 显示器 BS202。加法运算电路及译码显示电路原理图如图 3-26 所示。

(1)查阅资料,了解 CC14560 的引脚排列及功能,完成如图 3-27 所示的 CC14560 引脚排列及 CC14560 的功能表(见表 3-12)。

(2)根据如图 3-26 所示的加法运算电路及译码显示电路原理图,完成加法运算电路及显示电路的安装。

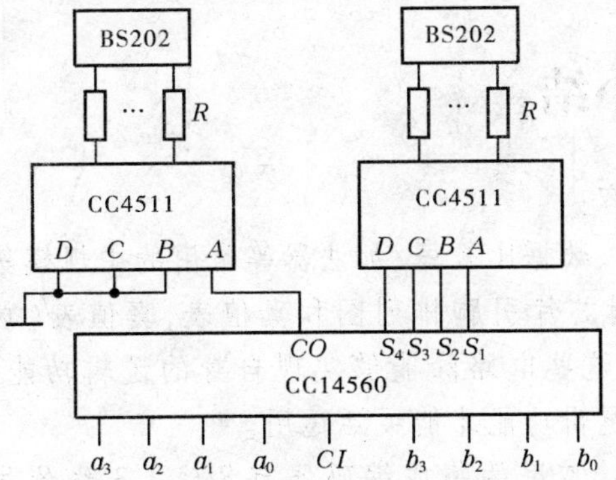

图 3-26　加法运算电路及译码显示电路原理图

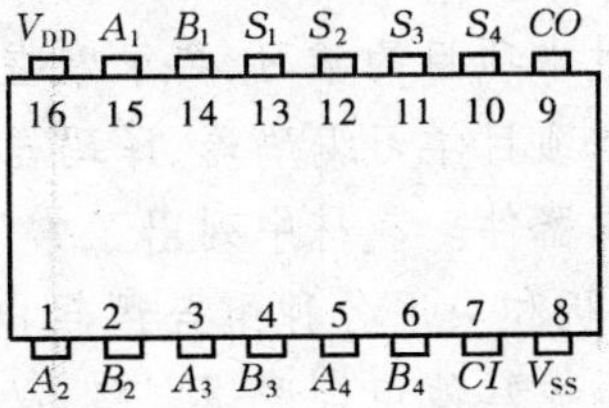

图 3-27　CC14560 的引脚排列

(3)加法运算的验证(与表 3-12 进行比较)。

表 3-12　CC14560 的功能表

输入									输出				
a_3	a_2	a_1	a_0	b_3	b_2	b_1	b_0	CI	CO	S_4	S_3	S_2	S_1
0	0	0	0	0	0	0	0	0					
0	0	0	0	0	0	0	0	1					
0	1	0	0	0	0	1	1	0					
0	1	0	0	0	0	1	1	1					
0	1	1	1	0	1	0	0	0					
0	1	1	1	0	1	0	0	1					
1	0	0	0	0	1	0	1	0					
1	0	0	0	0	1	0	1	1					
0	1	1	0	1	0	0	0	0					
1	0	0	1	1	0	0	1	1					

(4)完成一位十进制加法计算器的逻辑电路的安装,并进行测试验证。

3.8.4 项目注意事项

(1)将集成块插入槽中时,不能插反,然后明确引脚及其功能。

(2)电源采用 +5 V 直流电源。

(3)开关 S_1 开始时应置于高电平。

3.8.5 完成电路的详细分析及编写项目实训报告

整理相关资料,完成电路的详细分析及编写项目实训报告。

项目小结

通过本项目的学习,要求掌握以下主要内容:

1. 本项目学习编码器、译码器、数据选择器、数据比较器、加法器等常用的中规模集成组合逻辑器件。教材中列出了常用的集成逻辑芯片引脚排列图和真值表,真值表(功能表)是分析和应用各种组合逻辑电路的依据。这些电路除能够实现自身的逻辑功能外,还可以构成其他组合逻辑电路,必须熟悉它的逻辑功能才能灵活运用。

2. 编码器将输入电信号编码成二进制代码,常用的集成编码器有 8 线 -3 线优先编码器 74LS148 和 16 线 -4 线优先编码器 74LS147。

3. 译码器的功能和编码器正好相反,它是将二进制代码转换成相应的电信号。译码器按用途可分为三类:变量译码器、码制变换译码器和显示译码器。其中,变量译码器外加门电路可以方便地实现组合逻辑函数,而显示译码器广泛运用于各种测量仪器的数字结果显示。常用的集成译码器有 3 线 -8 线译码器 74LS138 和 4 线 -16 线译码器 74LS42 以及显示译码驱动器 74LS48。

4. 数据选择器是在地址码的控制下,从多路输入数据中选择一路输出的元件。它可以方便地实现组合逻辑函数。数据分配器用于将一路输入数据传送到指定的输出端。加法器则用于实现二进制数的加法运算。

5. 逻辑函数的实现可以有以下几种方法:逻辑门电路、译码器(需外加门电路)、数据选择器。

6. 在常用中规模集成逻辑器件中一般都有扩展端和使能端,便于芯片的控制和扩展使用。在实际运用中,除熟练使用单个的芯片外,还应注意掌握芯片的扩展运用。

思考与练习题

1. 什么叫半加器?什么叫全加器?

2. 什么叫编码?常用的编码器有哪几种?

3. 什么叫译码?常用的译码器有哪几种?

4. 什么叫数据选择器?什么叫数据分配器?

5. 试用译码器 74LS138 和适当门电路实现下列逻辑函数:

(1) $Y=A\overline{B}\,\overline{C}+\overline{A}B\overline{C}+AB\overline{C}+ABC$

(2) $Y=\overline{AB}+\overline{A}C+AB\overline{C}$

(3) $Y=A\overline{B}+C$

(4) $Y(A,B,C)=\sum m(0,3,5,6,7)$

6. 试用 4 选 1 数据选择器实现下列逻辑函数：

(1) $Y=AB\overline{C}+\overline{A}\,\overline{B}+\overline{B}C$

(2) $Y=A\overline{B}\,\overline{C}+\overline{A}\,\overline{C}+BC$

(3) $Y(A,B,C)=\sum m(0,1,5,7)$

(4) $Y=A\oplus B\oplus C$

7. 编码和译码互为__________。

8. 四个输入的译码器，其输出端最多为__________个。

9. 简述 PLA 的主要结构和特点。

10. 某车间有红、黄两个故障指示灯，用来检测三台工作设备的工作情况。当只有一台设备有故障时，黄灯亮；若有两台设备同时产生故障，红灯亮；当三台设备都产生故障时，红灯和黄灯都亮。试用数据选择器设计一个设备运行故障检测报警电路。

11. 有一水箱由大、小两台水泵 M_L 和 M_S 供水，如图 3-28 所示。水箱中设置了 3 个水位检测元件 A、B、C。要求：当水位超过 C 点时，水泵停止工作；当水位低于 C 点而高于 B 点时，M_S 单独工作；当水位低于 B 点而高于 A 点时，M_L 单独工作；当水位低于 A 点时，M_L 和 M_S 同时工作。设计一个控制两台水泵的逻辑电路，要求采用以下三种方法实现：

(1) 采用与非门实现；

(2) 采用一片 74LS138 线译码器配合与非门实现；

(3) 采用一片 74LS153 双 4 选 1 数据选择器配合非门实现。

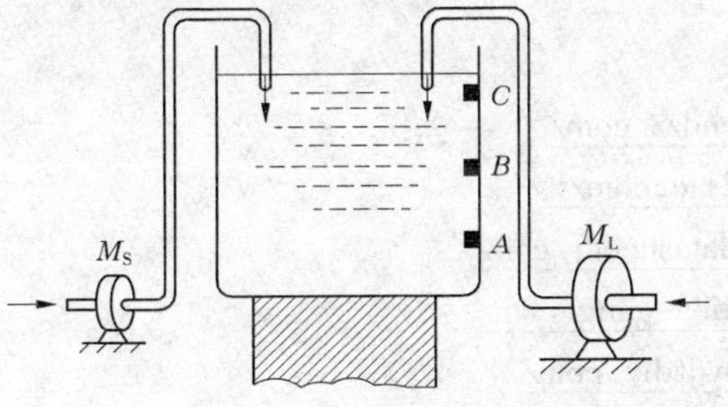

图 3-28　题 11 图

（提示：设水位标志 C、B、A 为输入变量，M_S、M_L 为输出变量。当水位低于 C、B、A 某点时，用 1 表示，否则用 0 表示。水泵工作用 1 表示，否则用 0 表示。这是个具有无关项的逻辑电路的设计。）

项目 4　抢答器的设计与制作

知识目标

掌握用门电路组成的基本 RS 触发器、同步触发器、主从触发器和边沿触发器的逻辑功能和应用，掌握常用集成触发器的功能及应用。理解用门电路组成的基本 RS 触发器、同步触发器、主从触发器和边沿触发器的电路组成、工作原理、特性表、状态图、波形图。

能力目标

掌握常用触发器的逻辑功能，并能正确使用集成触发器和门电路设计所需电路；能测试集成触发器的功能，并能画出波形图。

引　言

抢答器是现场问答类竞赛、智力竞赛、电视娱乐节目等常用的装置，随着场合的不同，电路难易程度、实现的功能也有所不同。抢答器电路设计方案很多，有的用专用芯片设计，有的用复杂可编程逻辑电路设计，有的用单片机设计，有的用可编程控制器设计。在有些实际竞赛场合，只要满足显示抢答有效和有效的组别即可，故本项目综合了对多种抢答器设计与制作的探讨，给出了利用触发器设计的抢答器电路。该电路具有设计简单、价格低廉、经济实用等优点。

本项目的设计目的是培养数字电路的设计能力，熟悉数字电路的逻辑设计过程，掌握智力竞赛抢答器的设计、组装和调试的方法。

学习链接

【1】http://www.cndzz.com/

【2】http://www.21ic.com/

【3】http://www.datasheet5.com/

【4】http://www.xie-gang.com/

【5】http://www.sydzdiy.com/

【6】http://www.wxdzz.com/

【7】http://www.56dz.com/

【8】http://www.ednchina.com/

4.1　任务提出与分析

4.1.1　任务提出

设计一个智力竞赛多人抢答器，并在万能电路板或自主制作的电路板上焊接、组装、

调试,形成最终产品。要求如下:

(1)抢答器主要由集成触发器芯片、门电路和分立元件组成。

(2)各组之间具有互锁功能,即一组抢答后,其他组不能再抢答。当按下抢答按钮时有指示,能实现抢答功能,且选手抢答成功时有提示音,以提醒主持人和选手。

(3)要求电路成本低,且易于安装调试。

(4)写出该产品的设计报告,主要包括电路原理图、主要参数的分析计算、元器件列表、电路板的 PCB 图、产品的调试记录、使用说明等。

4.1.2 任务分析

该任务中的产品是一款比较实用的电子产品。完成该任务的重点是抢答互锁电路的设计。下面重点就与本任务相关的知识进行讲解。

4.2 相关知识1——触发器的基础知识

在数字电路中,经常需要将二进制的代码信息保存起来进行处理。触发器就是实现存储二进制信息功能的单元电路,是构成多种时序电路的最基本逻辑单元。由于二进制信息只有0、1两种状态,所以触发器也必须具备两种稳定状态:0状态和1状态,在一定的外界信号作用下,可以从一种稳定状态翻转到另一种稳定状态。

触发器的逻辑功能常用真值表(又称特性表或功能表)、卡诺图、特性方程(即逻辑表达式)、状态图和波形图(即时序图)五种方法描述,这些表示方法在本质上是相同的,可以互相转换。

所谓特性方程,是指触发器的次态与当前输入信号及现态之间的逻辑关系式。其中,现态是指触发器接收输入信号之前的状态,也就是触发器原来的稳定状态,用 Q^n 表示;次态是指触发器接收输入信号之后的新的稳定状态,用 Q^{n+1} 表示。

触发器按结构可分为基本触发器、同步触发器、主从触发器和边沿触发器;按逻辑功能可分为 RS 触发器、JK 触发器、D 触发器、T 触发器和 T′触发器;按制造工艺可分为 TTL 触发器和 CMOS 触发器。

从触发器的逻辑功能要求出发,无论哪种触发器都必须具备以下条件:

(1)具有两种稳定状态(0状态和1状态)。这表示触发器能反映数字电路的两种逻辑状态或二进制的0和1。

(2)在输入信号的作用下,触发器可以从一种稳态转换到另一种稳态,触发器的这种状态转换过程称为翻转。这表示触发器能够接收信息。

(3)输入信号撤除后,触发器可以保持接收到的信息。这表示触发器具有记忆功能。

基本 RS 触发器是各类触发器中最简单的一种,是构成其他触发器的基本单元。电路结构可由与非门组成,也可由或非门组成,以下将讨论由与非门组成的 RS 触发器。

4.2.1 基本 RS 触发器

4.2.1.1 基本 RS 触发器的电路组成和逻辑符号

如图 4-1(a)所示是用两个与非门及反馈线路连接起来构成的基本 RS 触发器。图 4-1

中，$\overline{R}_D$、$\overline{S}_D$是信号输入端，低电平有效，即端口为低电平时表示有信号，端口为高电平时表示无信号。电路有两个互补的信号输出端，分别是 Q 和$\overline{Q}$，其中 Q 表示触发器的状态，有 0、1 两种稳定状态。$Q=0$，$\overline{Q}=1$ 的状态称为 0 状态，$Q=1$，$\overline{Q}=0$ 的状态称为 1 状态。图 4-1(b)是基本 RS 触发器的逻辑符号，方框下面输入端处的小圆圈表示低电平有效，方框上面为两个输出端，其中无小圆圈的为 Q 端，有小圆圈的为$\overline{Q}$端。在正常工作情况下，Q 和$\overline{Q}$的状态是互补的，即一个为高电平时另一个为低电平，反之亦然。

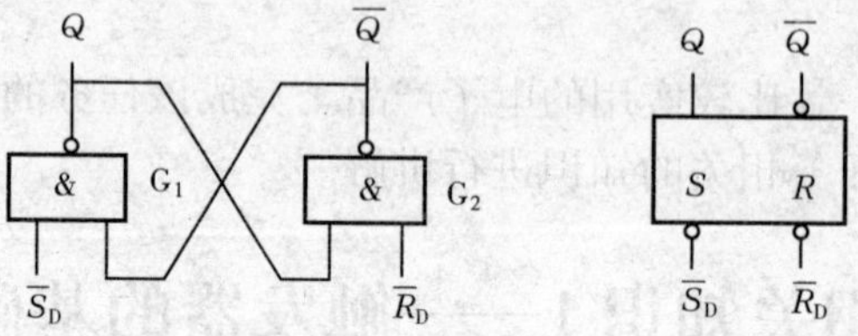

(a)电路组成　　(b)逻辑符号

图 4-1　与非门基本 RS 触发器

下面分 4 种情况分析基本 RS 触发器输出与输入之间的逻辑关系：

(1)当 $\overline{R}_D=\overline{S}_D=0$ 时，两个与非门的输出 $Q=\overline{Q}=1$，不是触发器正常输出的逻辑状态，无法确定触发器是处于 1 状态还是 0 状态。此状态称为不定状态，使用时要避免这种不定状态，这就是基本 RS 触发器的约束条件。

(2)$\overline{R}_D=0$，$\overline{S}_D=1$ 时，触发器的初态不管是 0 还是 1，由于 $\overline{R}_D=0$，则 G_2 与非门的输出 $\overline{Q}=1$，而由于 $\overline{S}_D=1$，所以 G_1 与非门的输出 $Q=0$。即不论触发器原来处于什么状态都将变成 0 状态，这种情况称为触发器置 0 或者复位。由于是在 $\overline{R}_D$ 端加输入信号将触发器置 0，所以把 $\overline{R}_D$ 端称为触发器的置 0 端或复位端。

(3)$\overline{R}_D=1$，$\overline{S}_D=0$ 时，触发器的初态不管是 0 还是 1，由于 $\overline{S}_D=0$，则 G_1 与非门的输出 $Q=1$，而由于 $\overline{R}_D=1$，所以 G_2 与非门的输出 $\overline{Q}=0$。即不论触发器原来处于什么状态都将变成 1 状态，这种情况称为触发器置 1 或者置位。由于是在 $\overline{S}_D$ 端加输入信号将触发器置 1，所以把 $\overline{S}_D$ 端称为触发器的置 1 端或置位端。

(4)$\overline{R}_D=\overline{S}_D=1$ 时，基本 RS 触发器无信号输入，触发器保持原有的状态不变，即原来的状态被触发器存储起来，体现了触发器的记忆能力。

反映触发器次态 Q^{n+1} 与输入信号及现态 Q^n 之间对应关系的表格称为特性表。实际上，特性表就是触发器次态 Q^{n+1}的真值表。根据以上分析，可以列出基本 RS 触发器的特性表，如表 4-1 所示。

表 4-1 可以简化成如表 4-2 所示的形式，即基本 RS 触发器特性表的简化形式。

表 4-1　基本 RS 触发器的特性表

$\overline{R}_D$	$\overline{S}_D$	Q^n	Q^{n+1}	功能
0	0	0	×	不允许
0	0	1	×	
0	1	0	0	$Q^{n+1}=0$,置 0
0	1	1	0	
1	0	0	1	$Q^{n+1}=1$,置 1
1	0	1	1	
1	1	0	0	$Q^{n+1}=Q^n$,保持
1	1	1	1	

表 4-2　基本 RS 触发器的简化特性表

$\overline{R}_D$	$\overline{S}_D$	Q^{n+1}	功能
0	0	×	不允许
0	1	0	置 0
1	0	1	置 1
1	1	Q^n	保持

由表 4-2 可画出基本 RS 触发器次态 Q^{n+1} 的卡诺图,如图 4-2 所示。由图 4-2 可得基本 RS 触发器次态 Q^{n+1} 与输入 $\overline{R}_D$、$\overline{S}_D$ 及现态 Q^n 之间的逻辑关系式,即特性方程为

$$\begin{cases} Q^{n+1} = \overline{\overline{S}}_D + \overline{R}_D Q^n = S_D + \overline{R}_D Q^n \\ \overline{R}_D + \overline{S}_D = 1(\text{约束条件}) \end{cases} \tag{4-1}$$

Q^n \ $\overline{R}_D\overline{S}_D$	00	01	11	10
0	×	0	0	1
1	×	0	1	1

图 4-2　基本 RS 触发器次态 Q^{n+1} 的卡诺图

反映触发器输入信号取值和状态之间对应关系的图形称为波形图。根据特性表或卡诺图可以直接画出波形图。设触发器初态为 0 状态,根据给出的 $\overline{R}_D$ 和 $\overline{S}_D$ 的波形,可以画出上述 RS 触发器的输出 Q 和 $\overline{Q}$ 的波形,如图 4-3 所示。

由或非门构成的基本 RS 触发器只需要在原来与非门基础上,用或非门代替与非门即可。或非门基本 RS 触发器的电路组成和逻辑符号如图 4-4 所示。其真值表如表 4-3 所示。

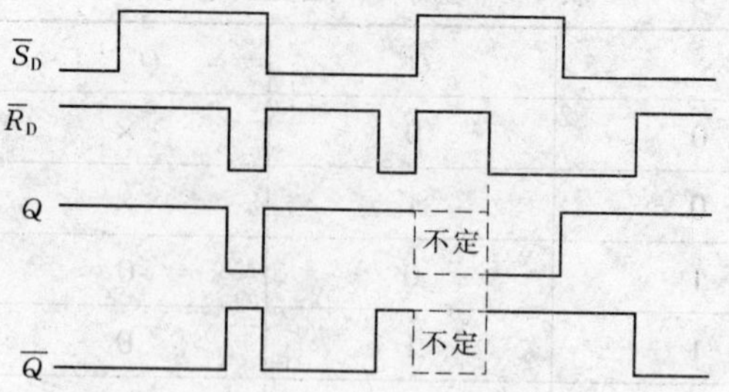

图 4-3　波形图

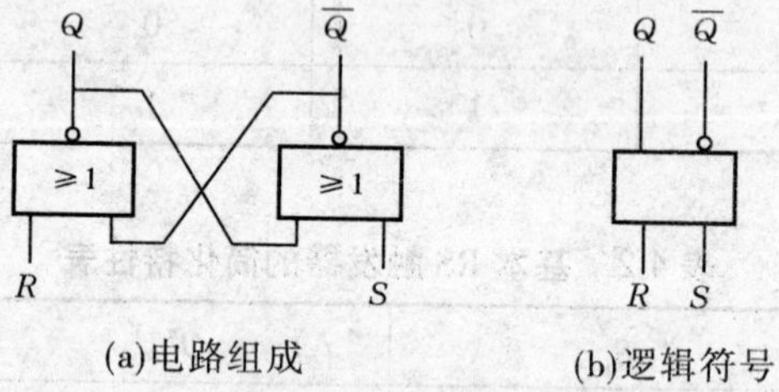

图 4-4　或非门基本 RS 触发器

表 4-3　或非门基本 RS 触发器真值表

R	S	Q^{n+1}	功能
0	0	Q^n	保持
0	1	1	置 1
1	0	0	置 0
1	1	×	不允许

或非门基本 RS 触发器的特性方程为

$$\begin{cases} Q^{n+1} = S + \overline{R}Q^n \\ R \cdot S = 0 \quad (\text{约束条件}) \end{cases} \tag{4-2}$$

【例 4-1】　基本 RS 触发器的电路结构和输入波形如图 4-5 所示。试画出输出端 Q、$\overline{Q}$ 的波形，设触发器初态为 0。

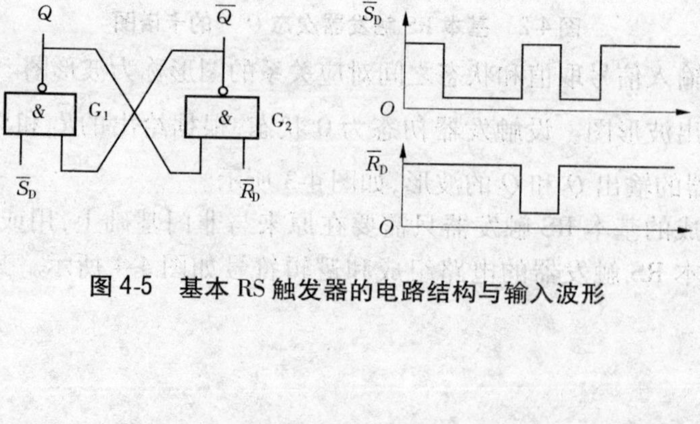

图 4-5　基本 RS 触发器的电路结构与输入波形

解 由图 4-5 可知，$Q=\overline{\overline{Q}\cdot\overline{S}_D}$，$\overline{Q}=\overline{Q\cdot\overline{R}_D}$，又根据题设条件，初始状态为 0，因此可以得出输出 Q、$\overline{Q}$ 的波形如图 4-6 所示。

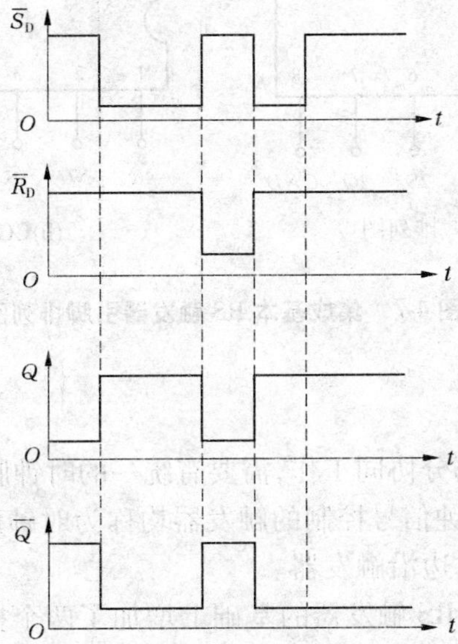

图 4-6 对应的输出波形图

4.2.1.2 基本 RS 触发器的特点

综上所述，基本 RS 触发器具有以下特点：

(1) 触发器的次态 Q^{n+1} 不仅与输入信号的状态有关，而且与触发器的现态 Q^n 有关。

(2) 电路具有两种稳定状态，在无外来触发信号作用时，电路将保持原状态不变。

(3) 在外加触发信号有效时，电路可以触发翻转，实现置 0 或置 1。

(4) 在稳定状态下，两个输出端的状态 Q 和 $\overline{Q}$ 必须是互补关系，即有约束条件。

在数字电路中，凡根据输入信号情况的不同，具有置 0、置 1 和保持功能的电路，都称为 RS 触发器。

4.2.1.3 集成基本 RS 触发器

如图 4-7(a) 所示是 TTL 集成基本 RS 触发器 74LS279 的引脚排列图。74LS279 内部集成了 4 个独立的由与非门构成的基本 RS 触发器，其中有 2 个触发器的 $\overline{S}$ 端为双输入端，这两个输入端的关系为与逻辑关系，即 $\overline{S}=\overline{S}_A\cdot\overline{S}_B$。

如图 4-7(b) 所示是 CMOS 集成基本 RS 触发器 CC4044 的引脚排列图。CC4044 内部也集成了 4 个相互独立的由与非门构成的基本 RS 触发器，并且采用了具有三态特点的传输门输出。当控制端信号 $EN=1$ 时，传输门工作；当 $EN=0$ 时，传输门被禁止，输出端 Q 为高阻态。

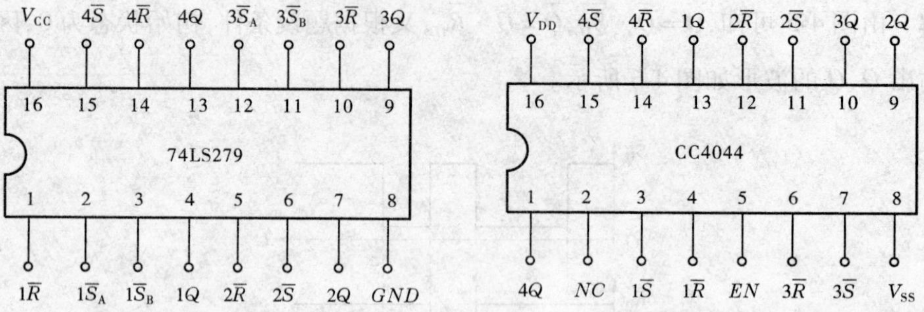

(a)74LS279的引脚排列图 (b)CC4044的引脚排列图

图 4-7 集成基本 RS 触发器引脚排列图

4.2.2 同步 RS 触发器

数字电路中要实现各部分协同工作,需要有统一的时钟脉冲来控制动作,简称为时钟 CP(Clock Pulse),凡是由时钟信号控制的触发器均称为时钟触发器。时钟触发器又可分为同步触发器、主从触发器、边沿触发器。

同步 RS 触发器在基本 RS 触发器的基础上增加了两个控制门 G_3、G_4 和一个输入控制信号 CP,输入信号 R、S 通过控制门进行传送,输入控制信号 CP 称为时钟脉冲。同步 RS 触发器逻辑电路如图 4-8(a)所示,图 4-8(b)为同步 RS 触发器的曾用逻辑符号,图 4-8(c)是国家规定的标准符号。

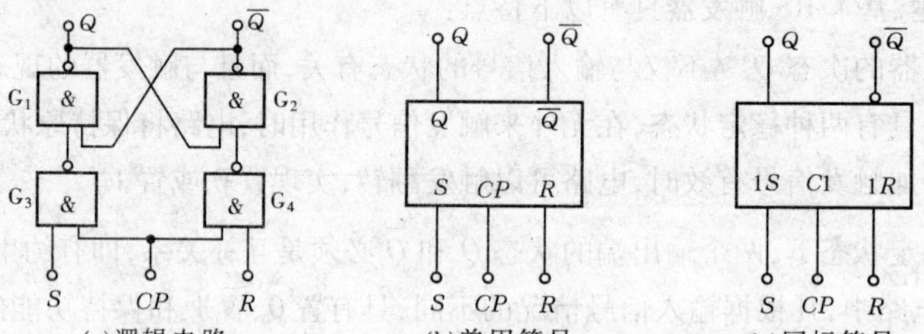

(a)逻辑电路 (b)曾用符号 (c)国标符号

图 4-8 同步 RS 触发器的逻辑电路和逻辑符号

从图 4-8(a)所示的电路可知,$CP=0$ 时,控制门 G_3、G_4 被封锁,基本 RS 触发器保持原来状态不变。只有当 $CP=1$ 时,控制门被打开,电路才会接收输入信号,且当 $R=0$、$S=1$ 时,触发器置 1,即 $Q^{n+1}=1$;当 $R=1$、$S=0$ 时,触发器置 0,即 $Q^{n+1}=0$;当 $R=S=0$ 时,触发器保持原来状态,即 $Q^{n+1}=Q^n$;当 $R=S=1$ 时,触发器的两个输出全为 1,是不允许的,属于不用情况。可见当 $CP=1$ 时,同步 RS 触发器的工作情况与基本触发器没有什么区别,不同的只是由于增加了两个控制门,输入信号 R、S 为高电平有效,即 R、S 为高电平时表示有信号,为低电平时表示无信号,所以两个输入信号端 R 和 S 中,R 仍为置 0 端,S 仍为置 1 端。根据以上分析,可列出同步 RS 触发器的特性表,如表 4-4 所示。

表 4-4　同步 RS 触发器的特性表

CP	R	S	Q^n	Q^{n+1}	功能
0	×	×	×	Q^n	$Q^{n+1}=Q^n$
1	0	0	0	0	$Q^{n+1}=Q^n$
1	0	0	1	1	
1	0	1	0	1	$Q^{n+1}=1$，置 1
1	0	1	1	1	
1	1	0	0	0	$Q^{n+1}=0$，置 0
1	1	0	1	0	
1	1	1	0	不用	不允许
1	1	1	1		

由表 4-4 所示的特性表可写出同步 RS 触发器的特性方程为

$$\begin{cases} Q^{n+1} = S + \overline{R}Q^n \\ R \cdot S = 0 \quad (\text{约束条件}) \end{cases} \quad (CP = 1 \text{ 期间有效}) \qquad (4\text{-}3)$$

同步 RS 触发器具有以下主要特点：

(1)时钟电平控制。在 $CP=1$ 期间接收输入信号，$CP=0$ 时状态保持不变，与基本 RS 触发器相比，对触发器状态的转变增加了时间控制。这样可使多个触发器在同一个时钟脉冲的控制下同步工作，给使用带来了方便。而且由于同步 RS 触发器只在 $CP=1$ 时工作，$CP=0$ 时被禁止，所以抗干扰能力也要比基本 RS 触发器强得多。但在 $CP=1$ 期间，输入信号仍然直接控制着触发器输出端的状态。

(2)R、S 之间有约束。不允许出现 R 和 S 同时为 1 的情况，否则会使触发器处于不确定的状态。

设同步 RS 触发器的原始状态为 0 状态，即 $Q=0$、$\overline{Q}=1$，输入信号 R、S 的波形已知，则根据特性表或特性方程，即可画出触发器的输出端 Q、$\overline{Q}$ 的波形，如图 4-9 所示。

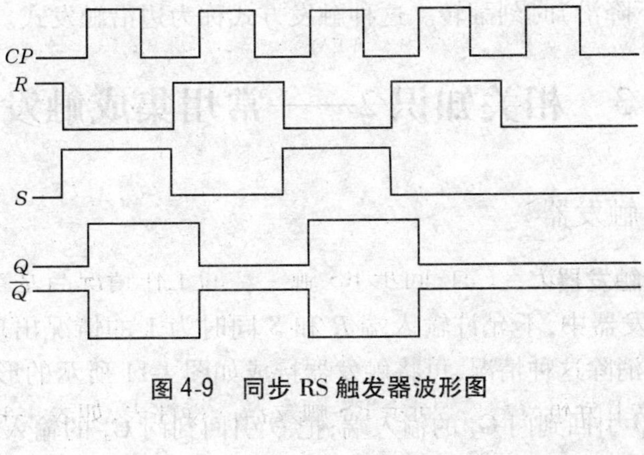

图 4-9　同步 RS 触发器波形图

4.2.3 主从触发器

为了提高触发器的可靠性,规定了每一个 CP 周期内输出端的状态只能动作一次,主从触发器是建立在同步触发器的基础上的,解决了触发器在 $CP=1$ 期间多次翻转的空翻现象。

4.2.3.1 主从触发器的基本结构

主从触发器包含两个结构相同的同步触发器,即主触发器和从触发器,它们的时钟信号相位相反,其框图及逻辑符号如图 4-10 所示。

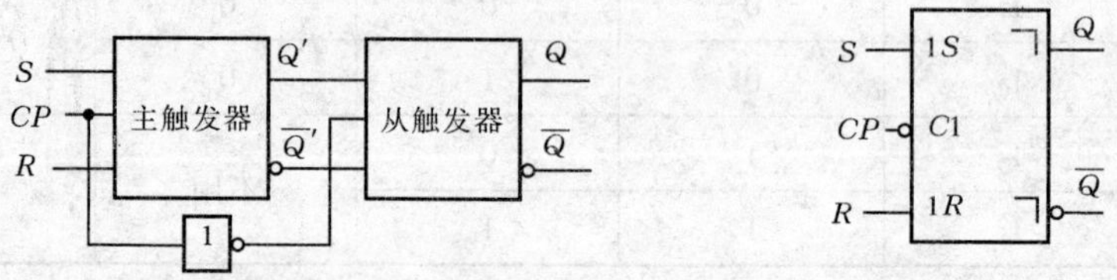

(a)主从RS触发器的框图　　(b)主从RS触发器的逻辑符号

图 4-10　主从 RS 触发器的框图及逻辑符号

4.2.3.2 主从触发器的动作特点

如图 4-10 所示的主从 RS 触发器,$CP=1$ 期间,主触发器接收输入信号,并置成相应状态,而从触发器保持原来状态不变;$CP=0$ 期间,主触发器保持不变,而从触发器接收主触发器状态。因此,在 CP 下降沿时刻,从触发器按照主触发器的状态翻转。这种触发方式称为主从触发式。在每个 CP 周期内,主从触发器输出状态只能改变一次,有效克服了同步触发器的空翻现象。

4.2.4 边沿触发器

为了进一步提高触发器的抗干扰能力和可靠性,我们希望触发器的输出状态仅仅取决于 CP 上升沿或下降沿时刻的输入状态,而此前和此后的输入状态对触发器无任何影响,具有此特性的触发器就是边沿触发器。

其动作特点为:只能在 CP 上升沿(或下降沿)时刻接收输入信号,因此电路状态只能在 CP 上升沿(或下降沿)时刻翻转。这种触发方式称为边沿触发式。

4.3 相关知识 2——常用集成触发器

4.3.1 集成 JK 触发器

4.3.1.1 同步 JK 触发器

在同步 RS 触发器中,不允许输入端 R 和 S 同时为 1 的情况出现,给使用带来了不便。为了从根本上消除这种情况,可将触发器接成如图 4-11 所示的形式,即在同步 RS 触发器的基础上,把 $\overline{Q}$ 引回到门 G_3 的输入端,把 Q 引回到门 G_4 的输入端,同时将输入端 S

改成 J,R 改成 K,就构成了同步 JK 触发器。它的逻辑电路和逻辑符号如图 4-11 所示。

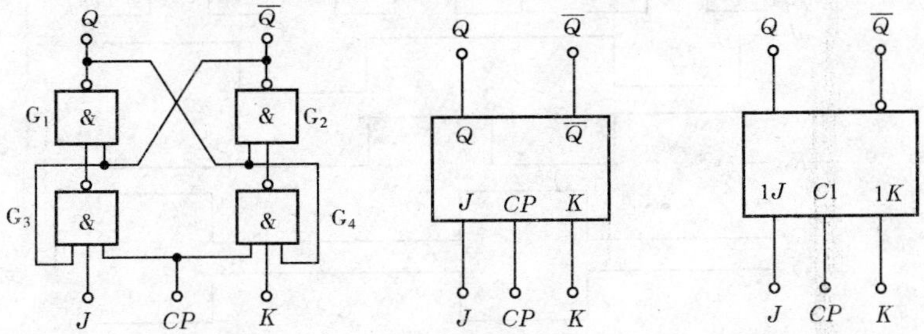

(a)逻辑电路　(b)曾用符号　(c)国标符号

图 4-11　同步 JK 触发器的逻辑电路和逻辑符号

同步 JK 触发器的逻辑功能如下:

当 $CP=0$ 时,无论输入 J 和 K 如何变化,触发器的状态将保持不变。当 $CP=1$ 时,如果 $J=0$、$K=0$,触发器保持原来状态不变;如果 $J=0$、$K=1$,无论触发器的现态如何,其次态总是 0;如果 $J=1$、$K=0$,无论触发器的现态如何,其次态总是 1;如果 $J=1$、$K=1$,触发器必将翻转,即触发器的次态必将与现态相反。

综上所述,可列出同步 JK 触发器的特性表,如表 4-5 所示。

表 4-5　同步 JK 触发器的特性表

CP	J	K	Q^n	Q^{n+1}	功能
0	×	×	×	Q^n	$Q^{n+1}=Q^n$
1	0	0	0	0	$Q^{n+1}=Q^n$ 保持
1	0	0	1	1	
1	0	1	0	0	$Q^{n+1}=0$ 置 0
1	0	1	1	0	
1	1	0	0	1	$Q^{n+1}=1$ 置 1
1	1	0	1	1	
1	1	1	0	1	$Q^{n+1}=\overline{Q}^n$ 翻转
1	1	1	1	0	

凡在时钟脉冲 CP 控制下,根据输入信号 J、K 情况的不同,具有置 0、置 1、保持和翻转功能的电路,都称为 JK 触发器。

JK 触发器的特性方程为

$$Q^{n+1}=J\overline{Q}^n+\overline{K}Q^n \quad (CP=1\text{ 期间有效}) \tag{4-4}$$

如图 4-12 所示为同步 JK 触发器的波形图。在波形图中,CP、J、K 的波形是给定的,触发器的初始状态为 0,可以给定,未给定时可以假设。这种反映时钟脉冲 CP、输入信号取值和触发器状态之间在时间上对应关系的波形图又叫做时序图。

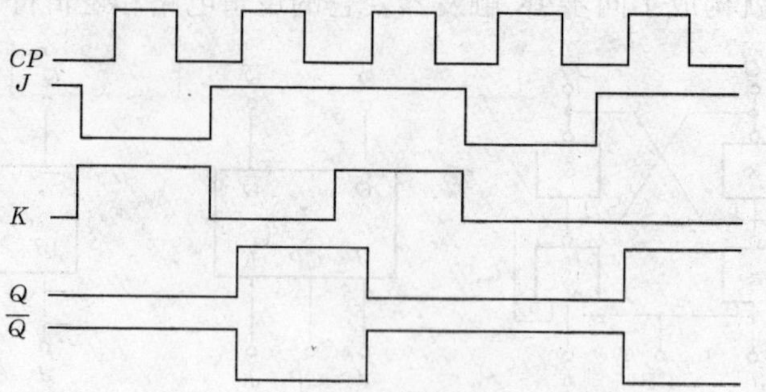

图 4-12　同步 JK 触发器的波形图

4.3.1.2　主从 JK 触发器

如图 4-13(a)所示是主从 JK 触发器的逻辑电路。它是在主从 RS 触发器的基础上，把 $\overline{Q}$ 引回到门 G_7 的输入端，把 Q 引回到门 G_8 的输入端，同时将输入端 S 改成 J，R 改成 K 构成的。主从 JK 触发器在 CP 上升沿时刻就把输入信号接收进去，但是直到 CP 下降沿到来时，输出端 Q 和 $\overline{Q}$ 才会改变状态。它的逻辑符号如图 4-13(b)、(c)所示。

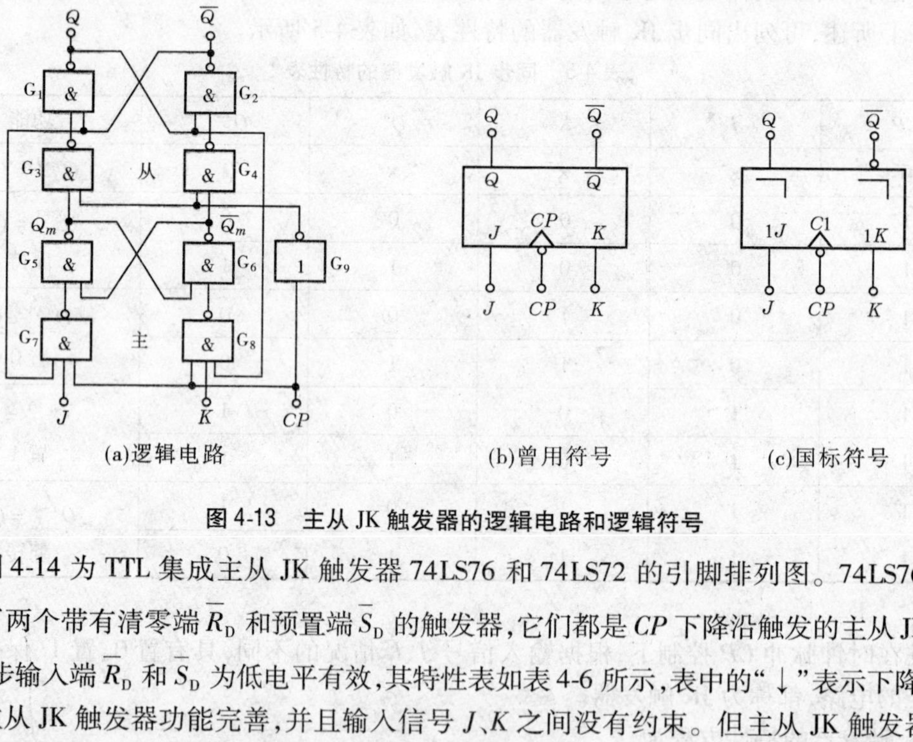

图 4-13　主从 JK 触发器的逻辑电路和逻辑符号

图 4-14 为 TTL 集成主从 JK 触发器 74LS76 和 74LS72 的引脚排列图。74LS76 内部集成了两个带有清零端 $\overline{R}_D$ 和预置端 $\overline{S}_D$ 的触发器，它们都是 CP 下降沿触发的主从 JK 触发器，异步输入端 $\overline{R}_D$ 和 $\overline{S}_D$ 为低电平有效，其特性表如表 4-6 所示，表中的"↓"表示下降沿。

主从 JK 触发器功能完善，并且输入信号 J、K 之间没有约束。但主从 JK 触发器还存在着一次变化问题，即主从 JK 触发器中的主触发器在 $CP=1$ 期间，其状态能且只能变化一次，这种变化可以是由 J、K 变化引起的，也可以是由干扰脉冲引起的，因此其抗干扰能力尚需进一步提高。

如果由干扰信号引起一次变化，则该变化结果在 CP 下降沿到来时被送入从触发器，从而造成错误的输出。为了避免 J、K 变化而引起一次变化，一般都要求主从 JK 触发器

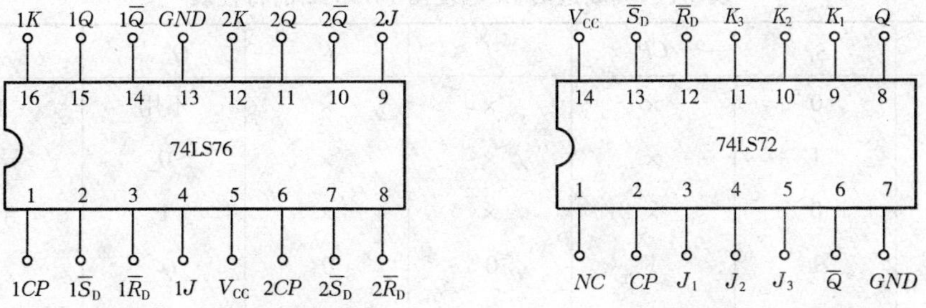

(a)74LS76的引脚排列图　　(b)74LS72的引脚排列图

图 4-14　TTL 集成主从 JK 触发器 74LS76 和 74LS72 的引脚排列图

在 $CP=1$ 期间 J、K 的取值保持不变。

表 4-6　集成主从 JK 触发器 74LS76 的特性表

$\overline{R}_D$	$\overline{S}_D$	CP	J	K	Q^{n+1}	功能
0	0	×	×	×	不用	不允许
0	1	×	×	×	0	置 0
1	0	×	×	×	1	置 1
1	1	↓	0	0	Q^n	保持
1	1	↓	0	1	0	置 0
1	1	↓	1	0	1	置 1
1	1	↓	1	1	$\overline{Q}^n$	翻转

4.3.1.3　边沿 JK 触发器

常用的集成芯片型号有 74LS112(下降沿触发的双 JK 触发器)、CC4027(上升沿触发的双 JK 触发器)和 74LS276(四 JK 触发器,共用置 1 端、置 0 端)等。74LS112 双 JK 触发器每片集成芯片包含两个具有复位、置位端的下降沿触发的 JK 触发器,通常用于缓冲触发器、计数器和移位寄存器电路中。74LS112 和 CC4027 双 JK 触发器的引脚排列如图 4-15所示,74LS112 的特性表如表 4-7 所示,输出波形如图 4-16 所示。

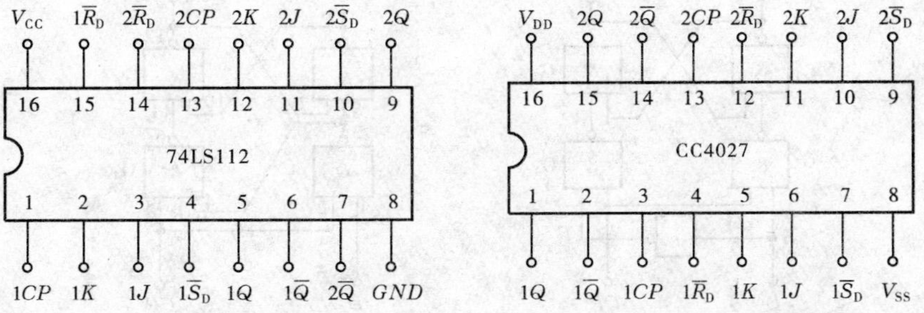

(a)74LS112的引脚排列图　　(b)CC4027的引脚排列图

图 4-15　集成边沿 JK 触发器 74LS112 和 CC4027 的引脚排列图

表 4-7 集成边沿 JK 触发器 74LS112 的特性表

$\overline{R}_D$	$\overline{S}_D$	CP	J	K	Q^{n+1}	功能
0	0	×	×	×	不用	不允许
0	1	×	×	×	0	异步置 0
1	0	×	×	×	1	异步置 1
1	1	↓	0	0	Q^n	保持
1	1	↓	0	1	0	置 0
1	1	↓	1	0	1	置 1
1	1	↓	1	1	$\overline{Q^n}$	翻转
1	1	1	×	×	Q^n	保持

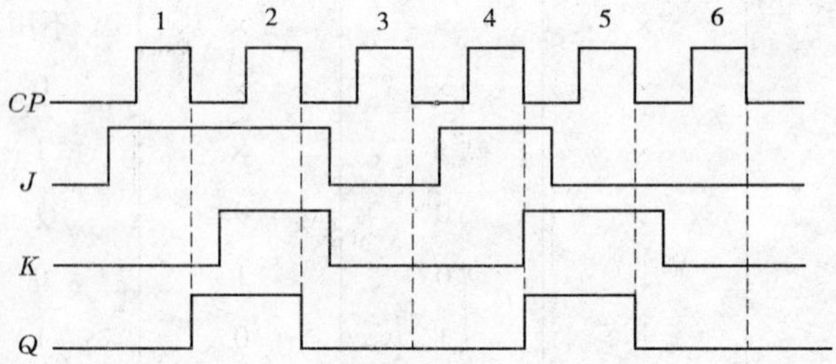

图 4-16 边沿 JK 触发器波形图

4.3.2 集成 D 触发器

4.3.2.1 同步 D 触发器

为了克服同步 RS 触发器输入 R、S 同时为 1 时所出现的状态不确定的缺点，可增加一个反相器，通过反相器把加在 S 端的 D 信号反相之后再送到 R 端，即接成如图 4-17 所示的形式，这样便构成了只有单输入端的同步 D 触发器。同步 D 触发器的逻辑功能比较

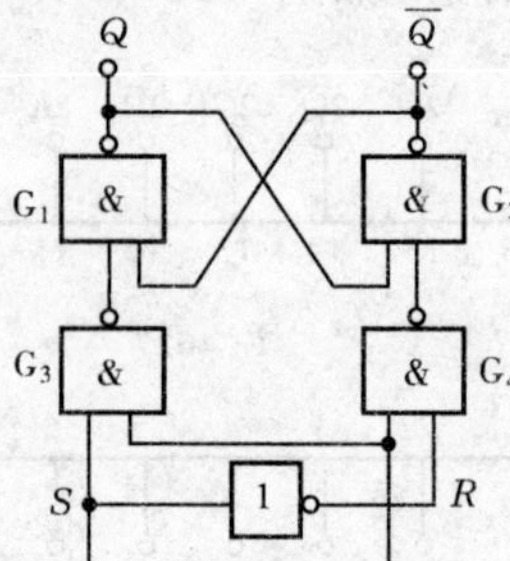

(a)D触发器的构成

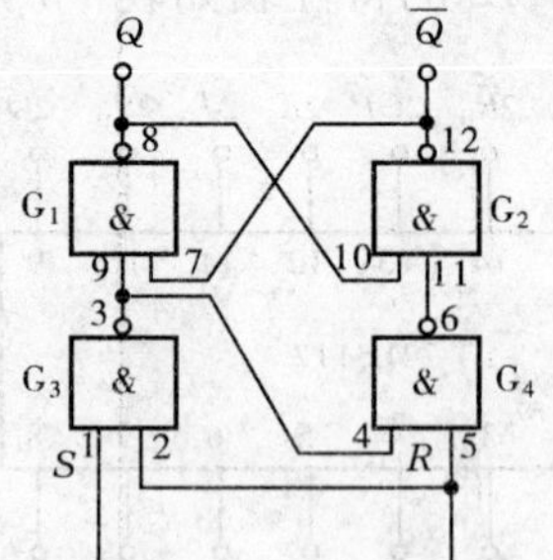

(b)D触发器的简化电路

图 4-17 同步 D 触发器的结构图

简单:$CP=0$ 时,触发器状态保持不变;$CP=1$ 时,如果 $D=0$ 则触发器置 0,如果 $D=1$ 则触发器置 1。

其特性方程为

$$Q^{n+1}=D \quad (CP=1 \text{ 期间有效})$$

代入同步 RS 触发器的特性方程即可得到

$$Q^{n+1}=S+\overline{R}Q^{n}=D+\overline{\overline{D}}Q^{n}=D \tag{4-5}$$

如图 4-18 所示为 D 触发器的波形图,CP 和 D 的波形是给定的,触发器的初始状态为 0。在数字电路中,凡在时钟脉冲 CP 控制下,根据输入信号 D 取值的不同,具有置 0 和置 1 功能的电路,都称为 D 触发器。

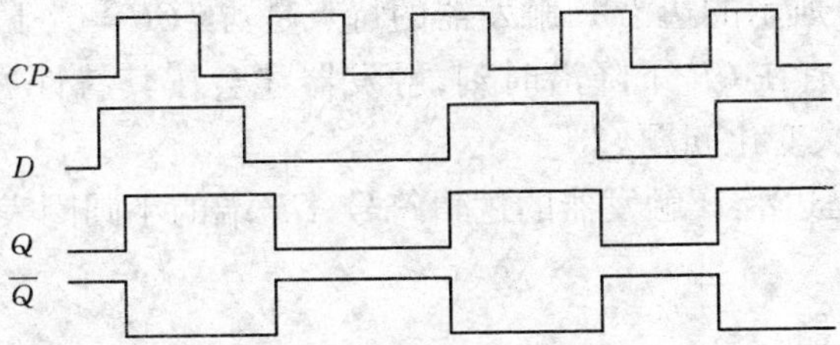

图 4-18 D 触发器的波形图

4.3.2.2 边沿 D 触发器

如图 4-19 所示是用两个同步 D 触发器级联起来构成的边沿 D 触发器,它虽然具有主从结构形式,但却是边沿控制的电路。电路的工作原理如下:

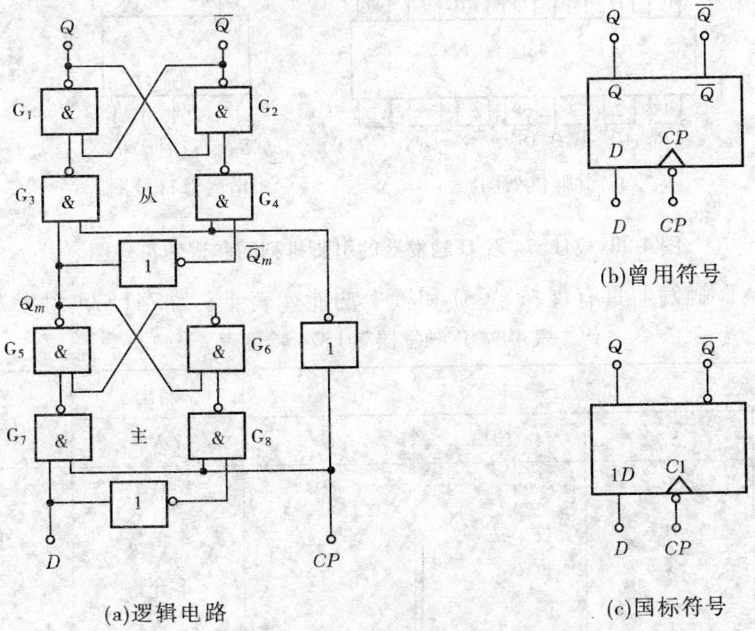

图 4-19 边沿 D 触发器的逻辑电路和逻辑符号

(1)$CP=0$ 时,门 G_7、G_8 被封锁,门 G_3、G_4 打开,从触发器的状态取决于主触发器,输

入信号 D 不起作用。

(2) $CP=1$ 时，门 G_7、G_8 打开，门 G_3、G_4 被封锁，从触发器状态不变，主触发器的状态随输入信号 D 的变化而变化，即在 $CP=1$ 期间，始终都有输出等于 D。

(3) CP 下降沿到来时，将封锁门 G_7、G_8，打开门 G_3、G_4，主触发器锁存 CP 下降沿时刻 D 的值，即输出等于 D，随后将该值送入从触发器，使 $Q=D$、$\overline{Q}=\overline{D}$。

(4) CP 下降沿过后，主触发器锁存的 CP 下降沿时刻 D 的值被保存下来，而从触发器的状态也将保持不变。

综上所述，边沿 D 触发器的特性方程为

$$Q^{n+1}=D \quad (CP\text{ 下降沿时刻有效}) \tag{4-6}$$

可见如图 4-19(a)所示的边沿 D 触发器的特点是：在 $CP=0$、上升沿、$CP=1$ 期间，输入信号都不起作用，只有在 CP 下降沿时刻，触发器才会按其特性方程改变状态。因此，边沿 D 触发器没有一次变化问题。

图 4-19(b)、(c)是边沿 D 触发器的逻辑符号，CP 端的小圆圈表示电路是下降沿触发的边沿 D 触发器。

4.3.2.3 集成 D 触发器

目前，国内生产的集成 D 触发器主要是维持阻塞型。这种 D 触发器都是在时钟脉冲的上升沿触发翻转。常用的集成电路有 74LS74 双 D 触发器、74LS175 四 D 触发器和 74LS76 六 D 触发器等。74LS74 双 D 触发器的引脚排列和逻辑符号如图 4-20 所示。

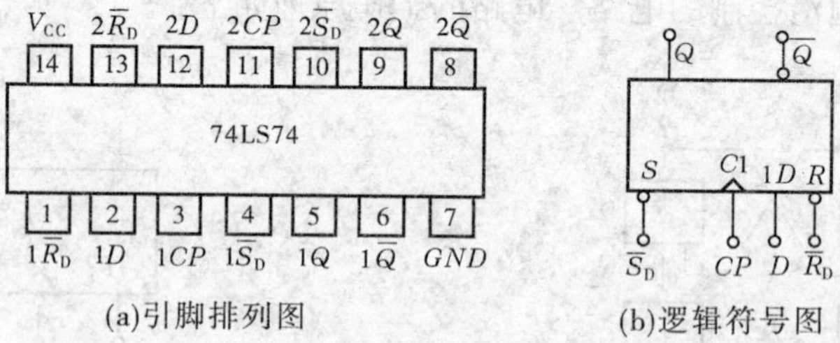

图 4-20 74LS74 双 D 触发器的引脚排列图和逻辑符号图

逻辑功能：D 触发器具有保持、置 0 和置 1 功能。表 4-8 为 74LS74 触发器的特性表。

表 4-8 D 触发器 74LS74 特性表

输入				输出	功能说明
$\overline{R}_D$	$\overline{S}_D$	CP	D	Q^{n+1}	
0	1	×	×	0	异步置 0
1	0	×	×	1	异步置 1
0	0	×	×	不允许	不允许
1	1	↑	1	1	置 1
1	1	↑	0	0	置 0
1	1	↓	×	Q^n	保持

74LS175 四 D 触发器包含 4 个上升沿触发的 D 触发器，其逻辑功能与 74LS74 一样，引脚排列如图 4-21 所示。$\overline{CR}$为清零端，低电平有效。

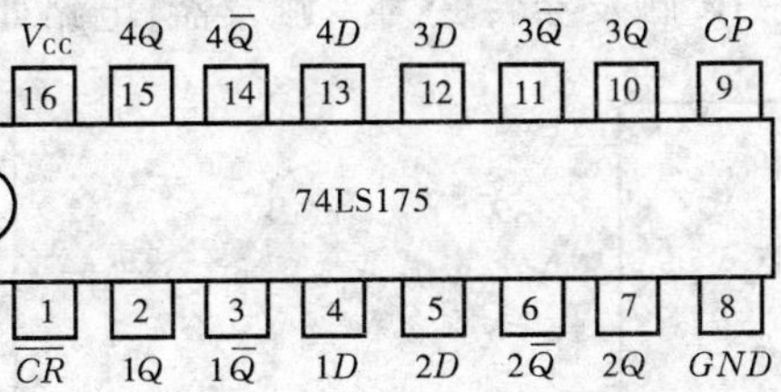

图 4-21　74LS175 四 D 触发器的引脚排列图

【例 4-2】　已知 D 触发器(见图 4-22)输入 CP、D 的波形。可画出 Q 端的波形(设初态 $Q=0$)，如图 4-23 所示。

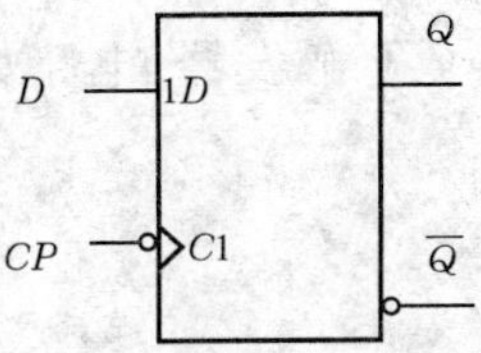

图 4-22　D 触发器的逻辑符号

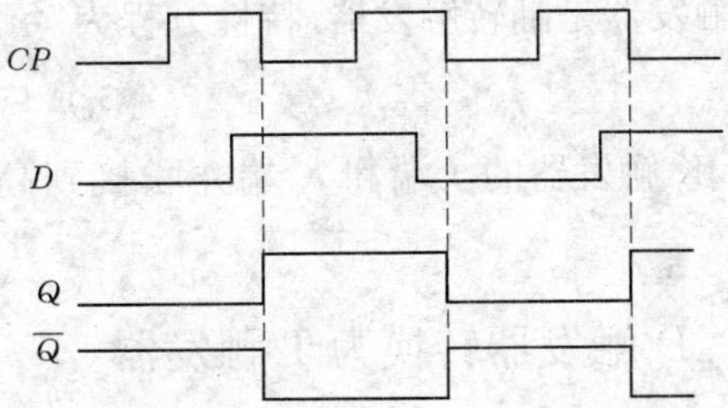

图 4-23　D 触发器的波形图

4.4　相关知识 3——触发器的转换

常用的触发器按逻辑功能分为 5 种：RS 触发器、JK 触发器、D 触发器、T 触发器和 T′触发器。实际上没有形成全部集成电路产品，但我们可通过触发器转换的方法，达到各种触发器相互转换的目的。

4.4.1　JK 触发器转换为 D 触发器

JK 触发器是功能最齐全的触发器，把现有的 JK 触发器稍加改动便可转换为 D 触发器。将 JK 触发器的特性方程 $Q^{n+1}=J\overline{Q}^n+\overline{K}Q^n$ 与 D 触发器的特性方程 $Q^{n+1}=D$ 作比较，如果令 $J=D,\overline{K}=D(K=\overline{D})$，则 JK 触发器的特性方程变为：$Q^{n+1}=D\overline{Q}^n+DQ^n=D$。

将 JK 触发器的 J 端接到 D，K 端接到$\overline{D}$，就可将 JK 触发器转变为 D 触发器，电路如图 4-24所示。

4.4.2　JK 触发器转换为 T 触发器和 T′触发器

4.4.2.1　JK 触发器转换为 T 触发器

T 触发器是具有保持和翻转功能的触发器，特性方程为

$$Q^{n+1} = T\overline{Q^n} + \overline{T}Q^n \tag{4-7}$$

要把 JK 触发器转换为 T 触发器，则令 $J=T,K=T$，也就是把 JK 触发器的 J 端和 K 端相连作为 T 输入端，就可将 JK 触发器转变为 T 触发器，电路如图 4-25 所示。

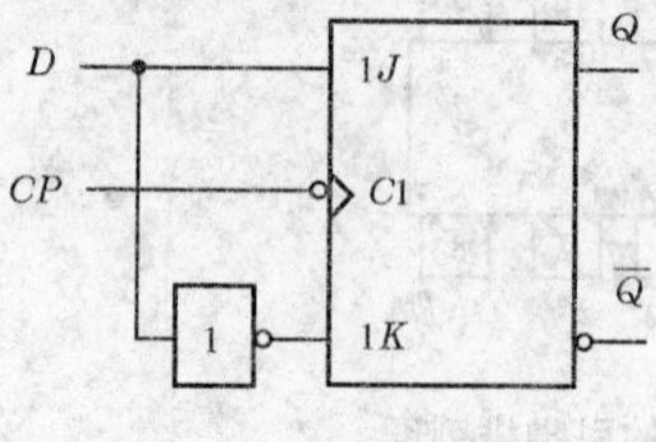

图 4-24　JK 触发器转换为 D 触发器

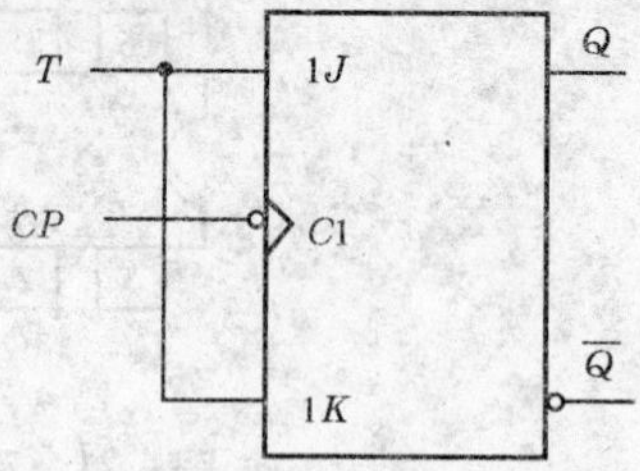

图 4-25　JK 触发器转换为 T 触发器

4.4.2.2　JK 触发器转换为 T′触发器

T′触发器是翻转触发器，特性方程为

$$Q^{n+1} = \overline{Q^n} \tag{4-8}$$

将 JK 触发器的 J 端和 K 端并联接到高电平 1，就构成了 T′触发器，电路如图 4-26 所示。

4.4.3　D 触发器转换为 T 触发器

比较 D 触发器的特性方程 $Q^{n+1}=D$ 与 T 触发器的特性方程 $Q^{n+1}=T\overline{Q^n}+\overline{T}Q^n$，只需 $D=T\overline{Q^n}+\overline{T}Q^n$ 即可，电路如图 4-27 所示。

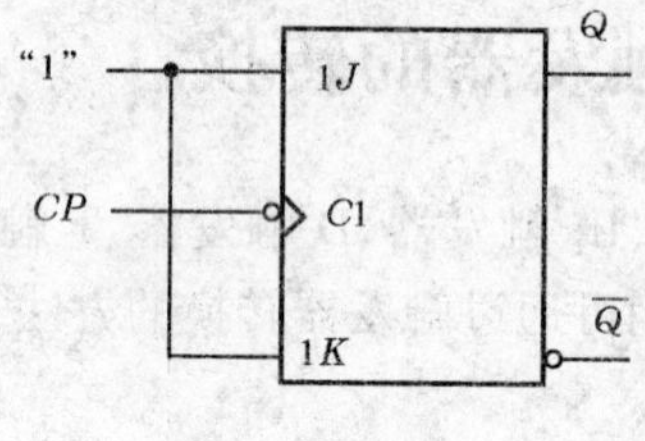

图 4-26　JK 触发器转换为 T′触发器

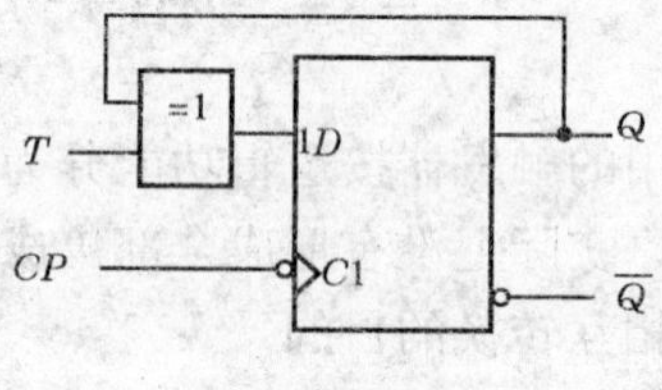

图 4-27　D 触发器转换为 T 触发器

4.5　任务实现——抢答器的设计与制作

4.5.1　简易抢答器

4.5.1.1　电路功能介绍

如图 4-28 所示电路可作为抢答信号的接收、保持和输出的基本电路。S 为手动清零控制按钮，$S_1 \sim S_3$ 为抢答按钮。

该电路具有如下功能：

（1）按钮 S 为总清零及允许抢答控制按钮（可由主持人控制）。当按钮被按下时抢答电路清零,松开后则允许抢答。由抢答按钮 $S_1 \sim S_3$ 实现抢答信号的输入。

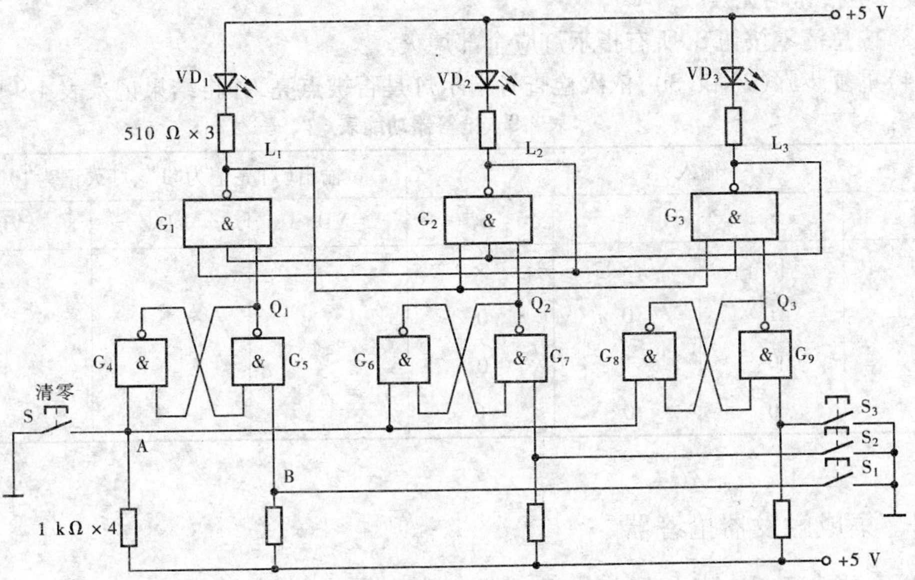

图 4-28　抢答器电路

(2)若有抢答信号输入(按钮 $S_1 \sim S_3$ 中的任何一个被按下),与之对应的指示灯被点亮。此时再按其他任何一个抢答按钮均无效,指示灯仍保持第一个按钮按下时所对应的状态不变。

4.5.1.2　**电路连接调试**

1. 电路连接

检测所用的器件(74LS00 ×2、74LS20 ×2、1 kΩ ×4、510 Ω ×3、LED ×3、按钮 ×4、+5 V 电源 ×1、面包板 ×1、连接导线若干),按图 4-28 连接电路,先在电路板上插接好 IC 器件。在插接器件时,要注意 IC 芯片的豁口方向(都朝左侧),同时要保证 IC 管脚与插座接触良好,管脚不能弯曲或折断,指示灯的正、负极不能接反。在通电前,先用万用表检查各 IC 器件的电源接线是否正确。

2. 电路调试

首先按抢答器功能进行操作,若电路满足要求,说明电路没有故障;若某些功能不能实现,就要设法查找并排除故障。排除故障可按信息流程的正向(由输入到输出)查找,也可按信息流程的逆向(由输出到输入)查找。

例如,当有抢答信号输入时,观察对应指示灯是否点亮,若不亮,可用万用表(逻辑笔)分别测量相关与非门输入端、输出端电平状态是否正确,由此检查线路的连接及芯片的好坏。

若抢答按钮按下时指示灯亮,松开时又灭掉,说明电路不能保持,此时应检查与非门相互间的连接是否正确,直至排除全部故障。

3. 电路功能试验

(1)按下清零按钮 S 后,所有指示灯灭。

(2)按下 $S_1 \sim S_3$ 中的任何一个按钮(如 S_1),与之对应的指示灯(VD_1)应被点亮,此时再按其他按钮均无效。

(3)按总清零按钮 S,所有指示灯应全部熄灭。

(4)重复步骤(2)和(3),依次检查各指示灯是否被点亮,并将结果记入表 4-9 中。

表 4-9　抢答器功能表

输入				输出(灯亮记为"1"、灯灭记为"0")		
S	S_1	S_2	S_3	VD_1	VD_2	VD_3
0	×	×	×			
1	1	0	0			
1	0	1	0			
1	0	0	1			

4.5.2　集成触发器抢答器

设计一个八路定时抢答器,可以同时供 8 位选手参加比赛,8 位选手的抢答按钮分别为 $S_0 \sim S_7$,主持人控制按钮为 S_8。具体技术要求如下:

(1)可同时供 8 名选手进行比赛。

(2)主持人可以对整个抢答过程进行控制。即不论抢答器处于何种状态,主持人可以通过控制按钮 S_8 使其进入到开始抢答的初始状态。

(3)具有锁存与显示功能。即当第一位抢答选手按下抢答按钮后,系统能将其抢答状态锁存并使 LED 七段数码管显示该选手编号,同时有声音提示,此后即使其他选手再按下抢答按钮,系统也不会再有反应。

(4)抢答限时功能。主持人允许抢答后,系统即以倒计时的形式显示抢答有效时间,抢答时有效时间到后选手再按抢答按钮无效,只能由主持人复位后才能再次重新进行抢答。抢答有效时间可以设定,范围为 0 ~ 99 s。

4.5.2.1　各功能模块作用

输入模块由 $S_0 \sim S_7$ 八个按钮、8 个 10 kΩ 的限流电阻、集成八 D 锁存器 74LS373、集成优先编码器 74LS148 和集成基本 RS 触发器 74LS279 组成,主要完成选手抢答信号的输入、编码、锁存任务。为避免优先编码器造成的抢答不平等,特别在 74LS148 和选手输入按钮之间增加了一片集成八 D 锁存器电路 74LS373,其作用是形成各输入信号之间的排斥关系,任何一个选手按下抢答按钮后即封锁输入电路,避免了编码器对输入优先权的划分,使所有选手能进行公平的竞争。

控制模块由主持人控制按钮 S_8、一个 10 kΩ 的限流电阻、反相器 G_1 和 G_2、与非门 $G_3 \sim G_5$ 和与门 G_6 组成,完成对其他模块的工作状态控制。

定时模块由秒信号发生器、两片可预置十进制双时钟式可逆计数器 74LS192 组成,完成对抢答限定时间的倒计时,可预置时间为 1 ~ 99 s。

显示模块由三块集成显示译码器 74LS48 和三个 LED 七段显示数码管组成,用于显示抢答选手的号码和剩余时间，其中与 74LS279 相连的一组用于显示抢答选手的号码，与 74LS192 相连的两组用于显示剩余时间。

声音提示模块电路由音乐集成电路、音频功放和扬声器组成，其主要功能是根据抢答器的工作状态发出相应的声音提示。当“抢答”或“计时停”信号到来时分别产生不同的提示声音。本部分电路在此略去，读者可自行参考有关电路进行设计。

4.5.2.2 **电路工作过程**

声光显示定时抢答器电路如图 4-29 所示。S_0 ~ S_7 是 8 位参赛选手的抢答按钮，S_8 为主持人控制按钮。当 S_8 处于“复位”位置时，一方面使 74LS279 的所有触发器的复位端都接收到一个低电平信号而使触发器复位，其 $4Q$ 端输出一个低电平信号到 74LS48 的 $\overline{BI}/\overline{RBO}$ 端，使显示选手号码的数码管熄灭，另外向两片 74LS192 的 $\overline{LD}$ 端送入一个低电平信号，使之锁定而不能计数。此时，整个抢答器处于禁止状态，任何选手按下抢答按钮均不会产生反应。在禁止状态下，主持人可以通过定时数据输入端设定抢答时间，设定的范围在 1 ~ 99 s。

当主持人将按钮 S_8 拨到“开始”位置时，74LS279 的所有触发器的复位端将由低电平变成高电平，“复位”信号失效，使抢答器处于等待输入状态。同时，由两片 74LS192 组成的计数器也开始按预先设定的数值开始倒计时。

当 8 位参赛选手中的某一位抢先按下了抢答按钮时，则 74LS373 的对应输入端产生一个低电平信号，其相应的 Q 端输出为低电平，通过门 G_4 和 G_5 的作用，使 74LS373 的 CP 端变成低电平，从而封锁其他按钮的输入信号；74LS373 的输出信号传送到 74LS148 的输入端，使之产生相应的编码输出；编码信号经 74LS279 输出到 74LS48 的输入端，推动 LED 数码管显示出抢答选手的号码；同时 74LS148 的 $\overline{Y}_{EX}$ 端输出一个低电平信号，使 74LS279 的 $4Q$ 输出端产生一个高电平“抢答”信号，将之输入 74LS48 的 $\overline{BI}/\overline{RBO}$ 端，显示抢答选手的号码，并将该“抢答”信号传送到声音提示模块，使声音提示电路发出声响，提示已有选手抢答。另外，“抢答”信号经反相器 G_2 反相后，一方面通过 G_3 输出高电平锁定 74LS148，使其他选手的抢答按钮失效，另一方面关闭与门 G_6，切断秒信号，使倒计时计数器停止计数。

如果在设定的抢答时间内无人抢答，则 74LS192 将计数至零，并从 $\overline{B}$ 输出端输出一个低电平“计时停”信号。该信号同时完成三项任务：一是经 G_3 门输出锁定 74LS148，使选手不能超时抢答；二是关闭与门 G_6，切断秒信号，使倒计时计数器停止计数；三是经非门 G_1 向声音提示模块送入“计时停”信号，以不同的声音提示选手和主持人规定的抢答时间已过。

当主持人将控制按钮 S_8 拨到“复位”后，电路复位，整个电路重新进入禁止状态，等待下一个 “开始”信号。

本抢答器电路中的“秒信号发生器”未画出实际电路，在应用中可以引用“数字电子钟”电路中的“秒信号发生器电路”；如果对定时的准确性要求不高，也可以用 555 电路做成一个输出频率为 1 Hz 的多谐振荡器来代替。

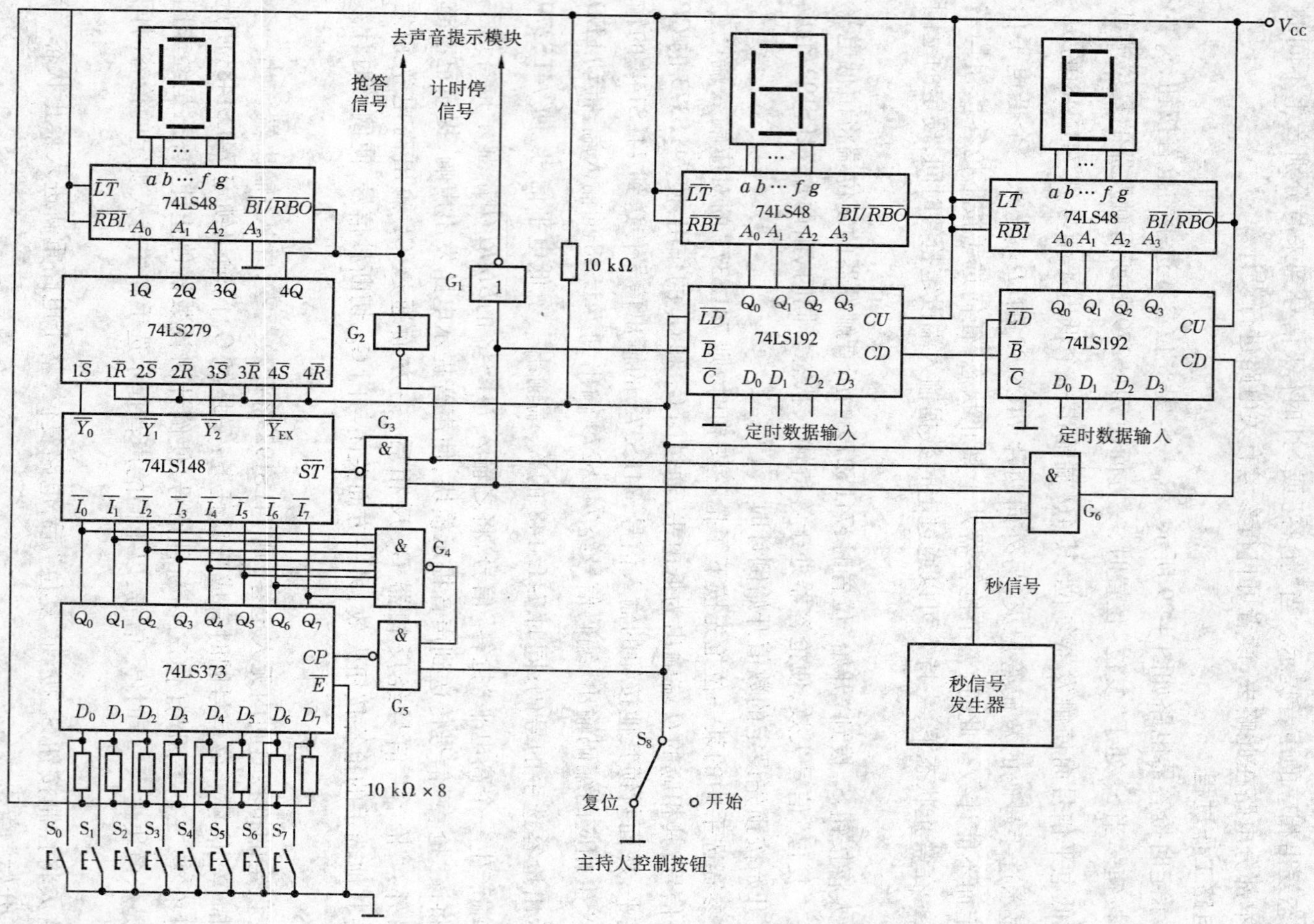

图 4-29　声光显示定时抢答器电路

4.5.2.3 工作任务

(1)制订工作计划。

(2)抢答器电路图,明确元器件连接和电路连线。

(3)画出布线图。

(4)完成电路所需元器件的购买与检测。

(5)根据布线图制作抢答器电路。

(6)完成抢答器电路的功能检测和故障排除。

(7)通过小组讨论,完成电路的详细分析及编写项目实训报告。

项目小结

1. 触发器是一个具有记忆功能的二进制信息存储器件,是构成多种时序逻辑电路的最基本的逻辑单元,应用广泛。

2. 触发器具有两种稳定状态,即0状态和1状态,在一定的外界信号作用下,可以从一种稳定状态翻转到另一种稳定状态。

3. 触发器的种类较多,按照电路结构形式的不同,触发器可分为基本触发器、时钟触发器,其中时钟触发器有同步触发器、主从触发器、边沿触发器。

4. 根据逻辑功能的不同,触发器可分为RS触发器、JK触发器、D触发器、T触发器和T′触发器,且它们之间可以相互转换。

思考与练习题

1. 电路如图4-30所示,$Q^{n+1}=\overline{Q}^{n}+A$ 的电路为______________。

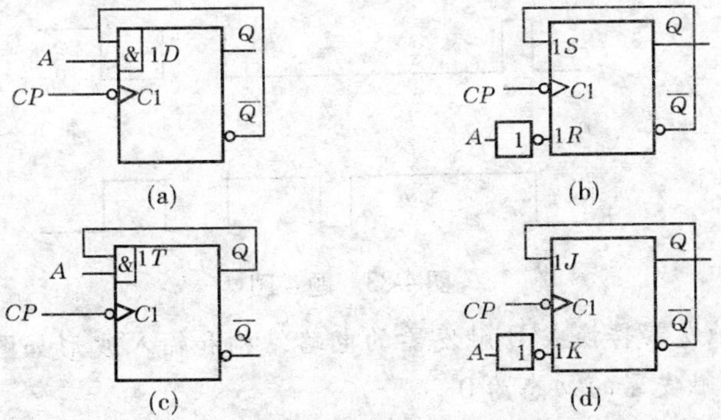

图4-30　题1图

2. TTL主从JK触发器电路如图4-31(a)所示,初态为0,已知 CP、A、B 和 $\overline{S}$ 的波形,请判断 Q 的波形,它为(A)、(B)、(C)、(D)中的______________。

3. 主从JK触发器的输入波形如图4-32所示。试画出输出端 Q、$\overline{Q}$ 的波形,设触发器初态为0。

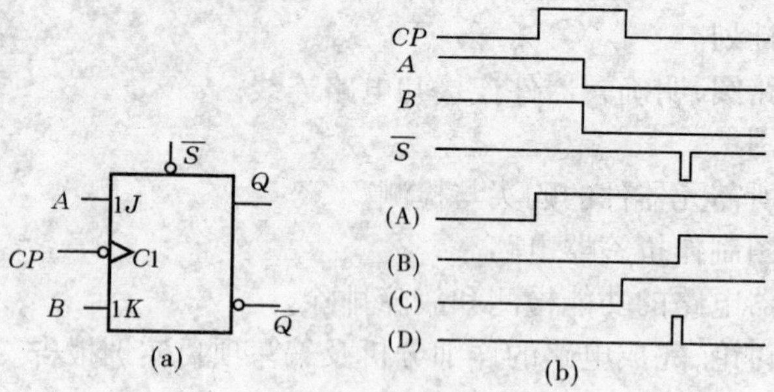

图 4-31　题 2 图

图 4-32　题 3 图

4. 试分别画出在如图 4-33 所示输入波形的作用下，上升沿和下降沿 JK 触发器的输出波形。设触发器的初态为 0。

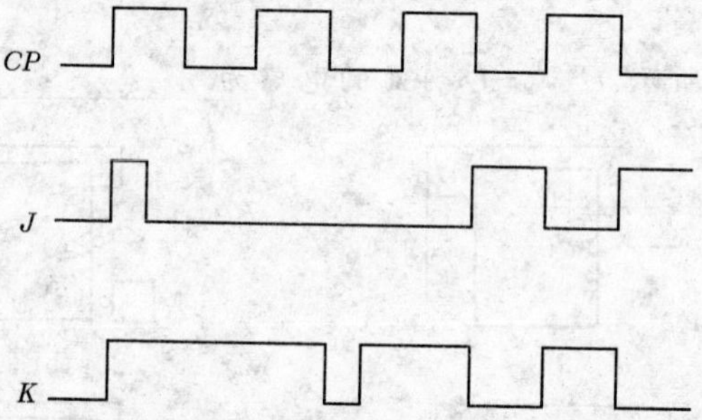

图 4-33　题 4 图

5. 将主从 JK 触发器转换成 D 触发器的电路结构和输入波形如图 4-34 所示。试画出输出 Q 的波形。设触发器的初态为 0。

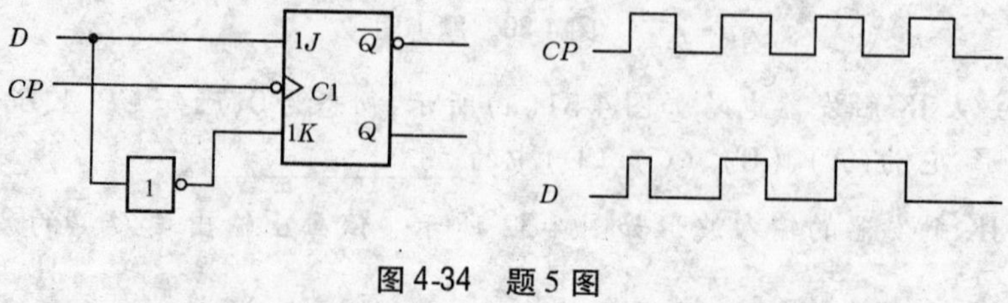

图 4-34　题 5 图

6. 设下降沿 JK 触发器的初始状态为 0，已知输入 J、K 的波形图如图 4-35 所示，画出输出 Q 的波形图。

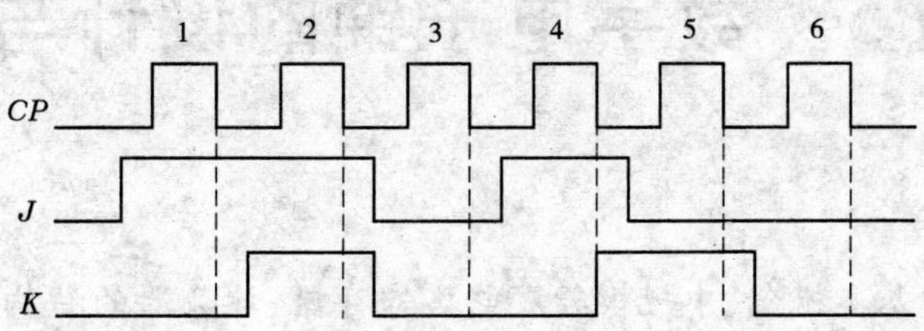

图 4-35　题 6 图

项目5 数字电子钟的设计与制作

知识目标

了解计数器的基本概念，中规模集成电路寄存器、计数器的结构，掌握常用二进制计数器和十进制计数器集成电路的功能及其应用，掌握各种时序逻辑电路的分析方法与时序逻辑电路的特点，掌握任意进制的计数器的设计方法，理解寄存器、移位寄存器的逻辑功能和使用方法，掌握数字电子钟的电路组成与工作原理。

能力目标

能分析时序逻辑电路的逻辑功能，进行相关计数器、移位寄存器、寄存器的时序逻辑电路设计，能熟练完成数字电子钟的设计与制作；能正确识别与选用常用电子元器件并判别元器件的好坏，能使用万用表、示波器、信号发生器等常用仪器仪表对常见电路进行测量和调试；能熟练进行电路的制作以及技术文件的编写、资料整理等，能合理利用网络、图书等资料辅助设计，具有严谨的设计思维与良好的设计习惯以及团队协作的精神。

引　言

日常生活中，各种各样的钟表使我们的生活、工作、学习更加有序。通过本项目的学习，我们以数字电子技术为基础，学会一种数字电子钟的设计与制作。

本项目以数字电子钟的设计与制作为基础，学习时序逻辑电路的基本特点及分析方法，同时讨论了寄存器、移位寄存器、计数器的基本结构和逻辑功能。本项目的难点在于时序逻辑电路的分析与设计，重点是寄存器、计数器的逻辑功能分析及使用。

学习链接

【1】http://www.cndzz.com
【2】http://www.21ic.com/
【3】http://www.datasheet5.com/
【4】http://www.xie-gang.com/
【5】http://www.sydzdiy.com/
【6】http://www.wxdzz.com/
【7】http://www.56dz.com/
【8】http://www.ednchina.com/

5.1 任务提出与分析

5.1.1 任务提出

数字电子钟是一种用数字显示“秒”、“分”、“时”、“日”的计时装置，与传统的机械钟相比，它具有走时准确、显示直观、无机械传动装置等优点，因而得到了广泛的应用。本项目的任务是设计一个数字电子钟，并在万能电路板或制作的电路板上焊接、组装、调试，形成最终产品。要求如下：

(1)时钟具有显示功能，能够以十进制显示“时”、“分”、“秒”。

(2)具有校准“时”、“分”的功能。

(3)具有整点自动报时功能。在整点时，便自动发出鸣叫声。

(4)电路功耗低、成本低且易于安装、调试。

(5)写出该产品的设计报告，主要包括电路原理图、主要参数的分析计算、元器件的选择检测、电路板的PCB图、产品的安装焊接过程、调试记录、使用说明等。

5.1.2 任务分析

数字电子钟在日常生活中随处可见，家庭、银行、车站等场合一般都有设置。数字电子钟的实现方法有多种，其中较简单的一种方法就是采用数字电路中的时序逻辑电路进行设计，其实质是一个对标准脉冲(1 Hz)进行计数的计数电路。它由振荡器、分频器、计数器、译码器和显示器电路组成。振荡器产生的时钟信号经过分频器形成秒脉冲信号，秒脉冲信号输入计数器进行计数，并把累计结果以“时”、“分”、“秒”的数字显示出来。秒计数器电路计满60后触发分计数器电路，分计数器电路计满60后触发时计数器电路，当计满24 h后又开始下一轮的循环计数。

通过校时电路可以对“分”、“时”进行校准，且计时过程具有报时功能，当时间到达整点前10 s开始，蜂鸣器1 s响、1 s停地响5次。

下面重点就以上内容及与本任务相关的知识进行讲解。

5.2 相关知识1——时序逻辑电路分析

时序逻辑电路简称时序电路，是数字系统中非常重要的一类逻辑电路。时序逻辑电路是指电路某时刻的输出不仅与电路此刻的输入组合有关，还与前一时刻的输出状态有关的电路。常见的时序电路有触发器、计数器、寄存器、顺序脉冲(序列信号)发生器等。

5.2.1 时序逻辑电路概述

5.2.1.1 时序逻辑电路的结构与特点

1. 时序逻辑电路的构成

时序逻辑电路一般由组合逻辑电路和存储电路(反馈电路)两部分组成。存储电路可以由触发器构成，也可以由其他记忆器件构成。时序逻辑电路的结构框图如图5-1所示。其中，$X_1 \sim X_i$代表时序逻辑电路输入信号，$Y_1 \sim Y_j$代表时序逻辑电路输出信号，$W_1 \sim W_m$代表存储电路输入信号，$Q_1 \sim Q_n$代表存储电路输出信号，$X_1 \sim X_i$和$Q_1 \sim Q_n$共同决定时序逻辑电路输出状态$Y_1 \sim Y_j$。

2. 时序逻辑电路的特点

(1)从结构上看：第一，包含组合逻辑电路和存储电路两部分。由于它要记忆以前的

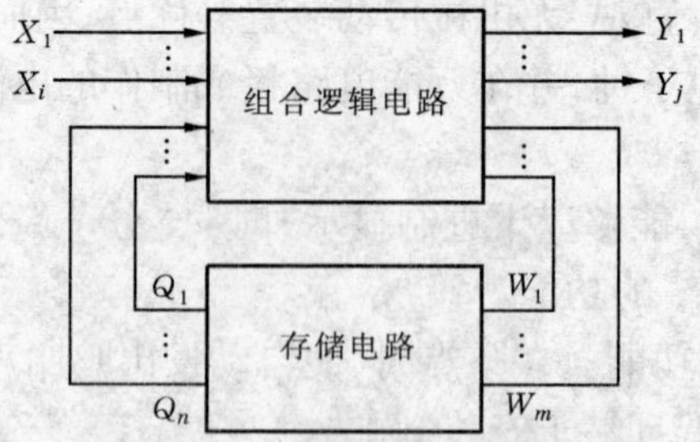

图 5-1　时序逻辑电路的结构框图

输入信号和输出信号,所以存储电路必不可少。第二,组合逻辑电路至少有一个输出反馈到存储电路的输入端,存储电路的输出至少有一个作为组合逻辑电路的输入,与其他输入信号共同决定时序逻辑电路的输出。

(2)从功能上看:由于时序逻辑电路中含有存储电路,具有记忆功能,因此电路在任一时刻的稳定输出不仅取决于该时刻的输入,而且还与电路原来的状态有关。

5.2.1.2　时序电路逻辑功能的表示方法

时序电路逻辑功能的表示方法有逻辑方程式、状态表、状态图、时序图四种。

1. 逻辑方程式

逻辑方程式是表示时序电路各组成部分之间关系的代数表达式,包括时钟方程、驱动方程、输出方程、状态方程。

(1)时钟方程:触发器的时钟信号表达式,反映各触发器 CP 脉冲的逻辑关系。

(2)驱动方程:各触发器输入端的逻辑表达式。它反映了触发器输入端变量与时序电路的输入信号和电路状态之间的关系。

(3)输出方程:时序电路的输出逻辑表达式,反映了时序电路的输出端变量与输入信号和电路状态之间的逻辑关系。它通常为现态的函数。

(4)状态方程:将驱动方程代入相应触发器的特性方程中即可求得状态方程。它反映了时序电路的次态与输入信号和现态之间的逻辑关系。因此,状态方程又称为次态方程。

2. 状态表

状态表是反映时序电路输出 Y、次态 Q^{n+1} 和输入信号 X、现态 Q^n 之间对应取值关系的表格。将电路输入信号和触发器现态的所有取值组合代入相应的状态方程和输出方程中进行计算,求出次态和输出,列表即可。

3. 状态图

状态图是反映时序电路状态转换规律及相应输入、输出取值情况的几何图形。它以图形的方式表示时序电路状态的转换规律,是电路由现态转换到次态的示意图。

4. 时序图

时序图即工作波形图。它反映输入信号、电路状态和输出信号等的取值在时间上的对应关系。

以上四种方法从不同侧面反映了时序电路的逻辑功能和特点,但它们本质上是相通的,可以互相转换。

5.2.1.3 时序逻辑电路的种类

时序逻辑电路按触发信号（*CP* 脉冲）输入方式的不同，即电路状态转换情况的不同，可分为同步时序电路和异步时序电路两大类。

1. 同步时序电路

对于同步时序电路来说，存储电路中所有存储单元（各触发器）状态的变化受同一时钟脉冲控制。即所有触发器的时钟输入端都连在一起，在同一时钟脉冲 *CP* 作用下，凡是具备翻转条件的触发器在同一时刻发生状态翻转。也就是说，触发器状态的更新和时钟脉冲 *CP* 是同步的。正因为如此，在分析同步时序电路时，往往可以不考虑时钟条件，即不用写出时钟方程。

2. 异步时序电路

各触发器状态的变化不受同一时钟脉冲控制。时钟脉冲只触发部分触发器，其余触发器则是由电路内部信号触发的。因此，凡具备翻转条件的触发器状态的翻转有先有后，并不都和时钟脉冲 *CP* 同步。也正因为如此，在分析异步时序电路时，必须要写出各个触发器的时钟方程，这是绝对不能省略的。

顺便说明一下，在以后讨论时序逻辑电路时，所讲的计数脉冲实际上就是时钟脉冲 *CP*，两者是一致的。

5.2.2 时序逻辑电路的分析方法

5.2.2.1 时序逻辑电路分析的基本步骤

分析时序逻辑电路的目的，就是要求出已知时序逻辑电路的逻辑功能和工作特点。因此，时序逻辑电路的分析过程就是根据已知的时序逻辑电路，采用时序逻辑电路逻辑功能的表示方法，求出电路所实现的逻辑功能，从而了解它的用途的过程。其具体分析步骤如下。

1. 分析时序逻辑电路的组成

确定输入和输出，区分其两个组成部分，确定是同步时序电路还是异步时序电路。

2. 写相关方程式

根据给定的逻辑电路图，写出存储电路的驱动方程和时序电路的输出方程，若为异步时序电路还需要写出时钟方程。

3. 求各个触发器的状态方程

把驱动方程代入相应触发器的特性方程中，即可求得状态方程，也就是各个触发器的次态方程。

4. 列状态转换真值表（状态表）

首先列出输入信号和存储电路现态的所有可能取值组合，然后代入状态方程和输出方程中进行计算，但需注意有效的时钟条件，如果不满足条件，触发器状态保持不变。也就是说，只有触发器的时钟条件满足后，才需要代入状态方程和输出方程中进行计算求次态和输出。

5. 画状态图或时序图

根据状态表可画出电路由现态转换到次态的示意图和在时钟脉冲 *CP* 作用下，各触发器状态变化的波形图。

6. 描述(说明)电路的逻辑功能

归纳总结分析结果,确定电路功能。

5.2.2.2 时序电路分析举例

【例 5-1】 分析如图 5-2 所示时序电路的逻辑功能。

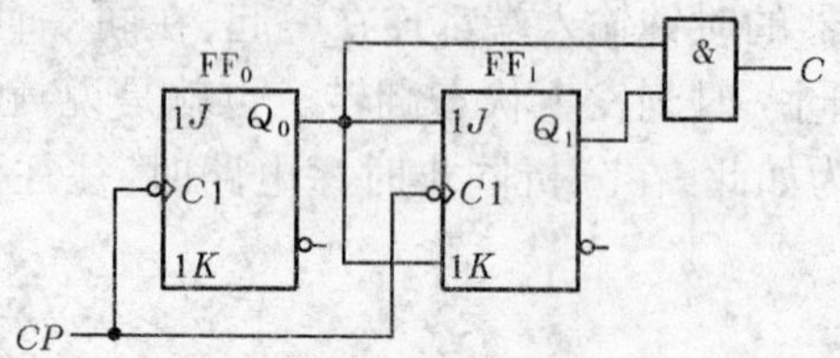

图 5-2 例 5-1 时序电路

解 (1)分析电路组成。

该电路由两个 JK 触发器 FF_0、FF_1 构成存储电路部分,组合器件是一个与门。无外加输入信号,输出信号为 C,是一个同步时序电路。

(2)写相关方程式。

由于是同步时序电路,故时钟方程可省略。现只需写出驱动方程和输出方程。

驱动方程:$J_0=1, K_0=1; J_1=Q_0^n, K_1=Q_0^n$。

输出方程:$C=Q_0^nQ_1^n$。

(3)求各触发器的状态方程。

将以上驱动方程代入 JK 触发器的特性方程 $Q^{n+1}=J\overline{Q^n}+\overline{K}Q^n$ 中,进行化简变换可得状态方程:

$$Q_0^{n+1}=J_0\overline{Q_0^n}+\overline{K_0}Q_0^n=\overline{Q_0^n}$$

$$Q_1^{n+1}=J_1\overline{Q_1^n}+\overline{K_1}Q_1^n=Q_0^n\overline{Q_1^n}+\overline{Q_0^n}Q_1^n=Q_0^n\oplus Q_1^n$$

(4)列状态转换真值表。

将现态的各种取值组合代入状态方程得到次态,代入输出方程得到输出,列成状态表如表 5-1 所示。

表 5-1 例 5-1 的状态表

CP	Q_1^n	Q_0^n	Q_1^{n+1}	Q_0^{n+1}	C
1	0	0	0	1	0
2	0	1	1	0	0
3	1	0	1	1	0
4	1	1	0	0	1

(5)画状态图和时序图。

根据表 5-1 可画出如图 5-3(a)所示的状态图,如图 5-3(b)所示的时序图。

图 5-3(a)中的 00、01、10、11 分别表示电路的四个状态,箭头表示电路状态的转换方

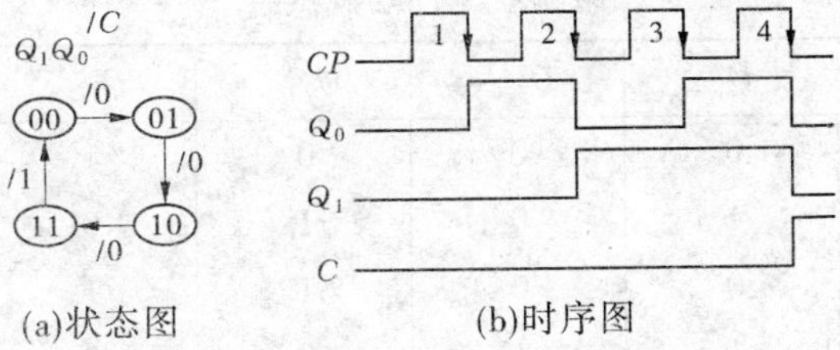

(a)状态图　　(b)时序图

图 5-3　例 5-1 的状态图和时序图

向。箭头上方标注的/C 为输出值。

(6)归纳总结,确定逻辑功能。

显然,随着 CP 脉冲的输入,电路在四个状态之间循环递增变化。若初始状态为 00,则当第 4 个 CP 脉冲下降沿到来之后,时序电路又返回初态 00,同时输出端 $C=1$。且在 Q_1Q_0 变化一个循环过程中,$C=1$ 只出现一次,故 C 为进位输出信号。因此得到结论:该电路为带进位输出的同步四进制加法计数器电路。

【例 5-2】　分析如图 5-4 所示异步时序电路的逻辑功能。

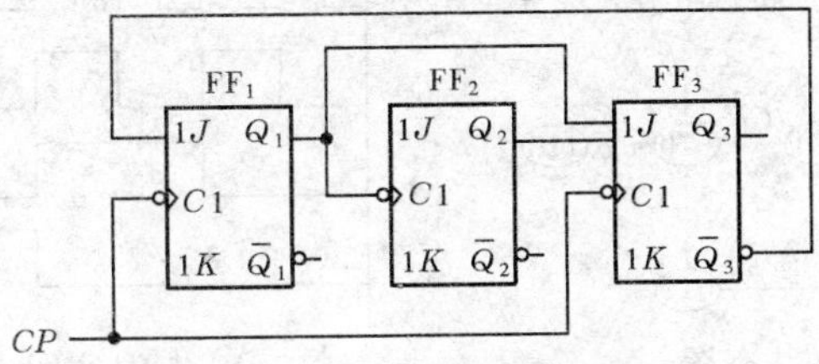

图 5-4　例 5-2 时序逻辑电路图

解　(1)分析电路组成。

该电路的存储器件是三个 JK 触发器,无组合电路部分,无输入信号,也无输出信号,是异步时序电路。

(2)写相关方程式。

由于是异步时序电路,故需要写出时钟方程和驱动方程。

时钟方程:$CP_1=CP_3=CP$;$CP_2=Q_1$。

驱动方程:$J_1=\overline{Q_3^n}$,$K_1=1$;$J_2=1$,$K_2=1$;$J_3=Q_2^nQ_1^n$,$K_3=1$。

(3)求状态方程。

因为 JK 触发器的特性方程为 $Q^{n+1}=J\overline{Q^n}+\overline{K}Q^n$,将对应驱动方程分别代入特性方程中,进行化简变换可得状态方程:

$$Q_1^{n+1}=J_1\overline{Q_1^n}+\overline{K_1}Q_1^n=\overline{Q_3^n}\,\overline{Q_1^n}\quad(CP\text{ 下降沿有效})$$

$$Q_2^{n+1}=J_2\overline{Q_2^n}+\overline{K_2}Q_2^n=\overline{Q_2^n}\quad(Q_1\text{ 下降沿有效})$$

$$Q_3^{n+1}=J_3\overline{Q_3^n}+\overline{K_3}Q_3^n=Q_1^nQ_2^n\overline{Q_3^n}\quad(CP\text{ 下降沿有效})$$

(4)列状态转换真值表。

列出触发器现态的所有取值组合,代入以上相应的状态方程中进行计算,求得次态,即可列出状态表,如表 5-2 所示。

表 5-2 例 5-2 状态表

Q_3^n	Q_2^n	Q_1^n	Q_3^{n+1}	Q_2^{n+1}	Q_1^{n+1}	时钟条件
0	0	0	0	0	1	$CP_3\downarrow$ $CP_1\downarrow$
0	0	1	0	1	0	$CP_3\downarrow CP_2\downarrow CP_1\downarrow$
0	1	0	0	1	1	$CP_3\downarrow$ $CP_1\downarrow$
0	1	1	1	0	0	$CP_3\downarrow CP_2\downarrow CP_1\downarrow$
1	0	0	0	0	0	$CP_3\downarrow$ $CP_1\downarrow$
1	0	1	0	1	0	$CP_3\downarrow CP_2\downarrow CP_1\downarrow$
1	1	0	0	1	0	$CP_3\downarrow$ $CP_1\downarrow$
1	1	1	0	0	0	$CP_3\downarrow CP_2\downarrow CP_1\downarrow$

(5)画状态图和时序图。

根据表 5-2 可画出图 5-4 所示电路的状态图和时序图,如图 5-5 所示。

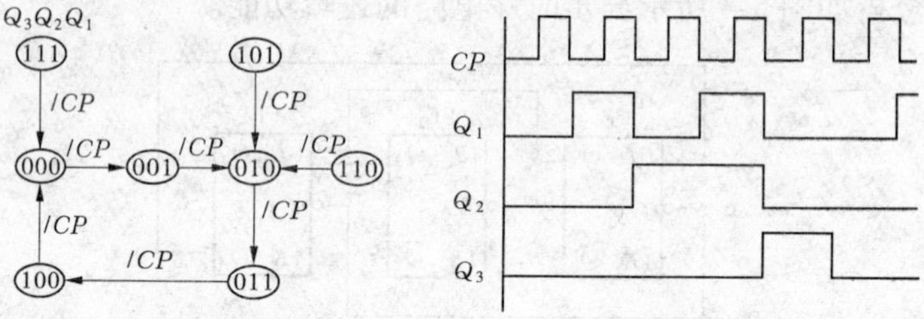

(a)状态图 (b)时序图

图 5-5 例 5-2 的状态图和时序图

(6)描述逻辑功能。

从表 5-2 可知:电路输出 $Q_3Q_2Q_1$ 应有 $2^3=8$ 个工作状态 000 ~ 111。由图 5-5(a)可看出,它只有 5 个状态被利用了,这 5 个状态称为有效状态,还有 101、110、111 这 3 个状态没有被利用,称为无效状态。随着 CP 脉冲的递增,触发器输出 $Q_3Q_2Q_1$ 会进入包含 5 个有效状态的循环过程,如果从 000 开始计数,经过 5 个 CP 脉冲后会重新返回到初态 000。即使该电路由于某种原因进入无效工作状态,在 CP 脉冲的作用下,触发器输出的状态也能进入有效循环圈内。也就是说,随着 CP 脉冲的输入,电路能够从无效状态自动返回到有效状态中,我们称这种情况为"电路能够自启动"。反之,如果电路进入某一个无效状态,经过有限个 CP 脉冲后仍不能返回到有效循环内,则称电路不能自启动。综合以上分析,可得到结论:该电路是一个能够自启动的五进制加法计数器。

5.3 相关知识 2——计数器

计数器是数字系统中能累计输入脉冲个数的时序电路。它是由一系列具有存储信息功能的各类触发器和一些控制门组成的。计数器是数字系统中应用最广泛的时序逻辑部件之一,除计数外,还可以实现计时、定时、分频和自动控制、信号产生等功能,应用十分广泛。

计数器的种类很多,特点各异,按 CP 脉冲的输入方式(即计数器中触发器翻转是否同步),可分为同步计数器和异步计数器;按计数过程中计数器数值的增减,可分为加法计数器、减法计数器和可逆计数器;按计数进制,可分二进制计数器、十进制计数器和 N 进制计数器。N 进制计数器是指二进制和十进制计数器之外的其他进制计数器,如三进制计数器、六进制计数器、五十进制计数器等。

5.3.1 同步计数器

同步计数器是指计数脉冲同时加到所有触发器的时钟信号输入端,使应翻转的触发器同时翻转的计数器。

5.3.1.1 同步二进制计数器

同步二进制计数器一般由 JK 触发器接成的 T 触发器构成。1 个触发器能计 1 位二进制数,n 个触发器就可以组成 n 位二进制计数器,它可以累计 $M=2^n$ 个脉冲数。若 $n=1,2,3,\cdots$,则 $M=2,4,8,\cdots$,相应的计数器称为模 2 计数器、模 4 计数器、模 8 计数器、…。

同步 3 位二进制加法计数器的电路如图 5-6 所示。电路由 3 个接成 T 触发器的 JK 触发器和门电路组成,CP 是计数脉冲输入端,$Q_0 \sim Q_2$ 是输出端,$\overline{R}_D$ 是异步清零端。

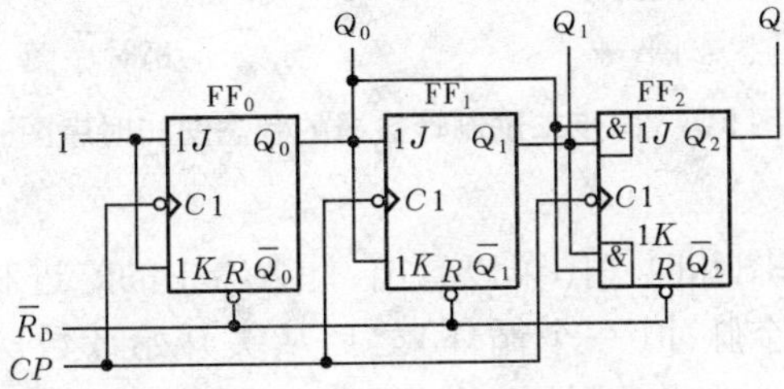

图 5-6 同步 3 位二进制加法计数器

电路功能分析如下:

1. 写方程式

驱动方程:$J_0=K_0=1$;$J_1=K_1=Q_0^n$;$J_2=K_2=Q_0^nQ_1^n$。

2. 求状态方程

将驱动方程代入 JK 触发器的特性方程 $Q^{n+1}=J\overline{Q^n}+\overline{K}Q^n$ 中,经化简变换得到状态方程:

$$Q_0^{n+1}=J_0\overline{Q_0^n}+\overline{K_0}Q_0^n=\overline{Q_0^n}\quad(CP\text{ 下降沿有效})$$

$$Q_1^{n+1}=J_1\overline{Q_1^n}+\overline{K_1}Q_1^n=Q_0^n\overline{Q_1^n}+\overline{Q_0^n}Q_1^n\quad(CP\text{ 下降沿有效})$$

$$Q_2^{n+1}=J_2\overline{Q_2^n}+\overline{K_2}Q_2^n=Q_0^nQ_1^n\overline{Q_2^n}+\overline{Q_0^n}\,\overline{Q_1^n}Q_2^n\quad(CP\text{ 下降沿有效})$$

3. 列状态转换真值表

3 位二进制计数器共有 $2^3=8$ 种取值组合,将每一种取值代入以上各状态方程中计算,求出次态,列状态表如表 5-3 所示。

4. 画出状态图和时序图

根据表 5-3 画出同步二进制计数器的状态图和时序图如图 5-7 所示。

表 5-3　3 位二进制加法计数器状态表

计数脉冲 CP	Q_2^n	Q_1^n	Q_0^n	Q_2^{n+1}	Q_1^{n+1}	Q_0^{n+1}
1	0	0	0	0	0	1
2	0	0	1	0	1	0
3	0	1	0	0	1	1
4	0	1	1	1	0	0
5	1	0	0	1	0	1
6	1	0	1	1	1	0
7	1	1	0	1	1	1
8	1	1	1	0	0	0

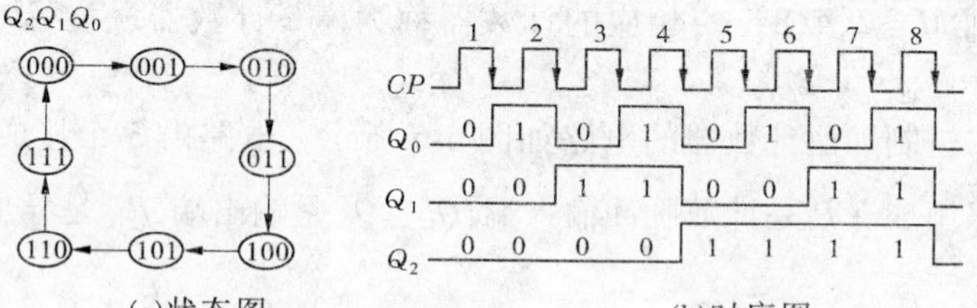

图 5-7　同步二进制计数器的状态图和时序图

5. 确定逻辑功能

从图 5-7 所示的状态图和时序图可以看出，计数器中的二进制数随 CP 脉冲个数递增而进行累加，并在计满 8 个脉冲(一个循环)之后从头开始计数，符合二进制累加计数规律，因此该电路是一个同步的二进制加法计数器。该计数器通常又称为模 8 计数器。

如图 5-8 所示为同步 3 位二进制减法计数器的逻辑电路。与图 5-6 比较可知，它是将图 5-6 中所有触发器的 Q 端连线改接到各触发器的 $\overline{Q}$ 端构成的，其分析过程请读者自行完成。

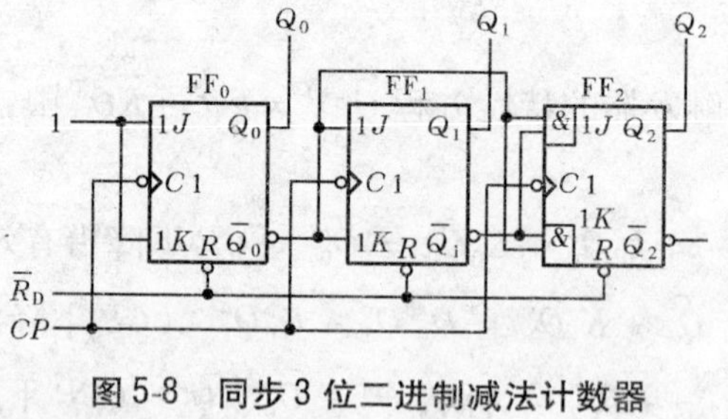

图 5-8　同步 3 位二进制减法计数器

5.3.1.2　集成同步计数器

74LS161 和 74LS192 是常用的集成同步计数器，其中 74LS161 是集成 4 位二进制同步加法计数器，74LS192 是一个同步十进制可逆计数器。

1. 集成同步计数器 74LS161

74LS161 的引脚图和逻辑符号如图 5-9 所示。其各端功能简述如下：

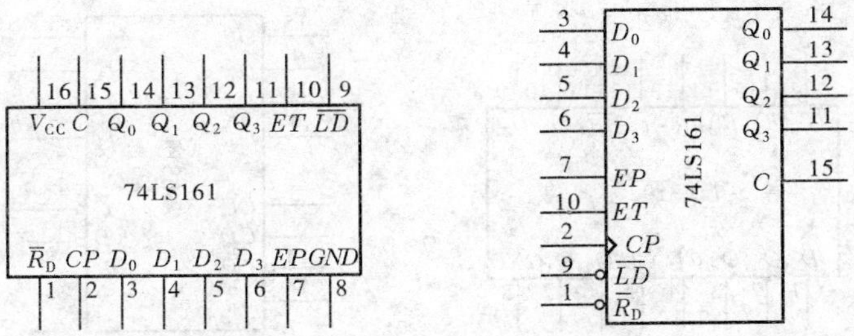

(a)引脚图　　(b)逻辑符号

图 5-9　74LS161 引脚图和逻辑符号

$\overline{R}_D$:复位端,也叫清零端,实现异步清零功能。当$\overline{R}_D=0$时,输出$Q_3Q_2Q_1Q_0=0000$。

$\overline{LD}$:预置数控制端,实现同步预置数功能。当$\overline{R}_D=1$,$\overline{LD}=0$,且$CP\uparrow$到来时,$Q_3Q_2Q_1Q_0=D_3D_2D_1D_0$。

ET、EP:使能端,也叫计数控制端。

当$\overline{R}_D=\overline{LD}=1$,$ET\cdot EP=1$时,计数器处于计数工作状态,即$CP\uparrow$到来时,进行加法计数;当$\overline{R}_D=\overline{LD}=1$,$ET\cdot EP=0$时,计数器保持原态,即输出$Q_3Q_2Q_1Q_0$保持不变。

$D_0\sim D_3$:并行数据输入端。

$Q_0\sim Q_3$:数据输出端。

CP:时钟输入端,上升沿有效。

C:进位输出端,高电平有效。

74LS161 功能表见表 5-4 所示。

表 5-4　74LS161 功能表

输入									输出			
$\overline{R}_D$	$\overline{LD}$	ET	EP	CP	D_3	D_2	D_1	D_0	Q_3	Q_2	Q_1	Q_0
0	×	×	×	×	×	×	×	×	0	0	0	0
1	0	×	×	↑	d_3	d_2	d_1	d_0	d_3	d_2	d_1	d_0
1	1	1	1	↑	×	×	×	×	计数			
1	1	0	×	×	×	×	×	×	保持			
1	1	×	0	×	×	×	×	×	保持			

2. 集成同步计数器 74LS192

74LS192 是一个同步十进制可逆计数器,其引脚排列图及逻辑符号如图 5-10 所示。

其各端功能简述如下:

R_D:异步置 0 端,高电平有效。即当$R_D=1$时,计数器复位。

$\overline{LD}$:预置数控制端,低电平有效。即当$\overline{LD}=0$,$R_D=0$时,将数据$D_3D_2D_1D_0$置入计数器中,此时$Q_3Q_2Q_1Q_0=D_3D_2D_1D_0$。

CD、CU:加、减计数脉冲输入端。即:

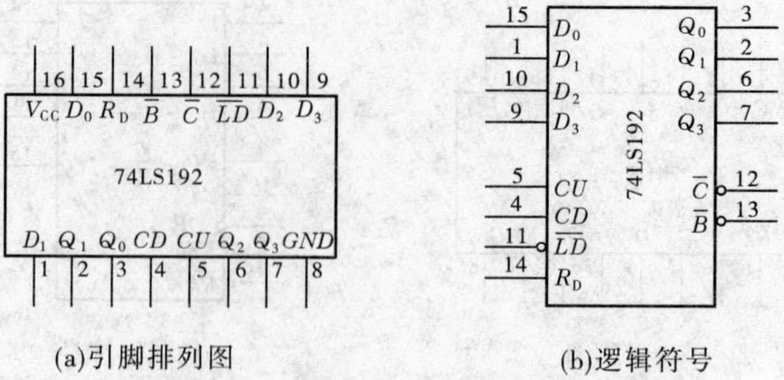

图 5-10　集成同步计数器 74LS192

当$\overline{LD}=1, R_D=0, CD=1$ 时，计数脉冲从 CU 端输入做加法计数。

当$\overline{LD}=1, R_D=0, CU=1$ 时，计数脉冲从 CD 端输入做减法计数。

Q_3、Q_2、Q_1、Q_0：计数输出端。

$\overline{C}$：进位输出端。做加法计数时，在 CU 端第 9 个输入脉冲上升沿作用后，计数器状态为 1001，当其下降沿到来时，$\overline{C}$产生一个负的进位脉冲。

$\overline{B}$：借位输出端。做十进制减法计数时，当一个计数循环结束后，$\overline{B}$端会产生一个负的借位脉冲。

74LS192 功能表如表 5-5 所示。

表 5-5　74LS192 功能表

输入								输出			
$\overline{LD}$	R_D	CU	CD	D_0	D_1	D_2	D_3	Q_0	Q_1	Q_2	Q_3
0	0	×	×	d_0	d_1	d_2	d_3	d_0	d_1	d_2	d_3
1	0	↑	1	×	×	×	×	加法计数			
1	0	1	↑	×	×	×	×	减法计数			
1	0	1	1	×	×	×	×	保持			
×	1	×	×	×	×	×	×	0	0	0	0

5.3.2　异步计数器

异步计数器是指计数脉冲只加到部分触发器的时钟输入端，而其他触发器的触发信号则由电路内部提供，使应翻转的触发器状态更新有先有后的计数器。

5.3.2.1　异步二进制计数器

异步二进制计数器一般均由 JK 触发器接成的 T′触发器构成，电路结构简单。

如图 5-11 所示为由 JK 触发器组成的 3 位异步二进制加法计数器的逻辑电路图。图中 JK 触发器都接成 T′触发器，即 $J=K=1$，用计数脉冲 CP 的下降沿触发。

现按照时序电路的分析步骤，简单分析该电路的逻辑功能。

1. 分析电路组成

电路由三级 JK 触发器组成。

2. 写相关方程式

时钟方程：$CP_0 = CP, CP_1 = Q_0, CP_2 = Q_1$。

驱动方程：$J_0 = K_0 = 1, J_1 = K_1 = 1, J_2 = K_2 = 1$。

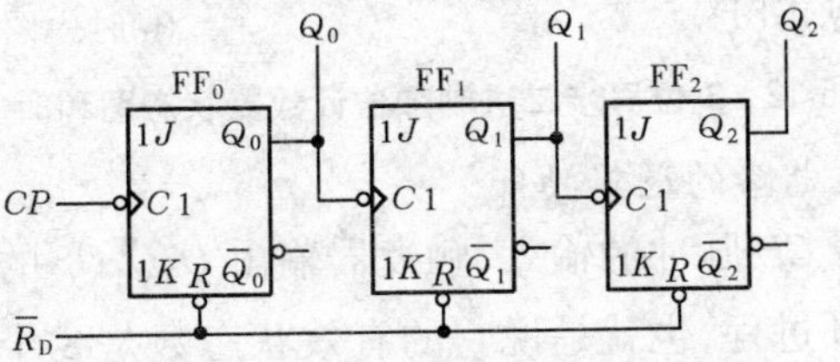

图 5-11　3 位异步二进制加法计数器

3. 求各个触发器的状态方程

由于 $J = K = 1$ 的 JK 触发器实际上就是 T′触发器，而 T′触发器的特性方程为 $Q^{n+1} = \overline{Q^n}$，将对应的驱动方程代入特性方程中得到状态方程：

$$Q_0^{n+1} = J_0\overline{Q_0^n} + \overline{K_0}Q_0^n = \overline{Q_0^n} \quad (CP\downarrow)$$

$$Q_1^{n+1} = J_1\overline{Q_1^n} + \overline{K_1}Q_1^n = \overline{Q_1^n} \quad (Q_0\downarrow)$$

$$Q_2^{n+1} = J_2\overline{Q_2^n} + \overline{K_2}Q_2^n = \overline{Q_2^n} \quad (Q_1\downarrow)$$

4. 列状态表

由于 T′触发器只具有翻转功能，因此当时钟脉冲 CP 的下降沿到来时，触发器状态将会在 0 和 1 之间变化。但应同时注意到，该计数器为异步时序电路，各触发器有效的时钟条件不同，故状态翻转是不同的。现列出异步二进制加法计数器的状态表如表 5-6 所示。

5. 画出状态图和时序图

由表 5-6 所示状态表画出状态图如图 5-12(a)所示，时序图如图 5-12(b)所示。

表 5-6　异步二进制加法计数器的状态表

Q_2^n	Q_1^n	Q_0^n	Q_2^{n+1}	Q_1^{n+1}	Q_0^{n+1}	时钟条件
0	0	0	0	0	1	$CP_0\downarrow$
0	0	1	0	1	0	$CP_0\downarrow CP_1\downarrow$
0	1	0	0	1	1	$CP_0\downarrow$
0	1	1	1	0	0	$CP_0\downarrow CP_1\downarrow CP_2\downarrow$
1	0	0	1	0	1	$CP_0\downarrow$
1	0	1	1	1	0	$CP_0\downarrow CP_1\downarrow$
1	1	0	1	1	1	$CP_0\downarrow$
1	1	1	0	0	0	$CP_0\downarrow CP_1\downarrow CP_2\downarrow$

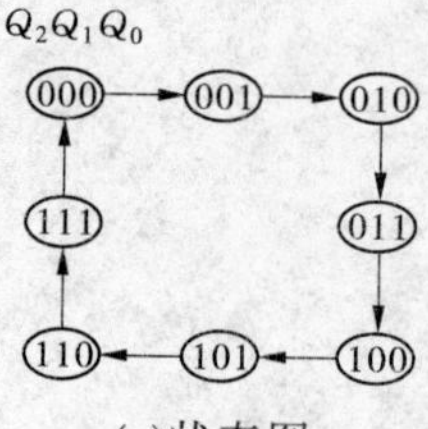

(a)状态图

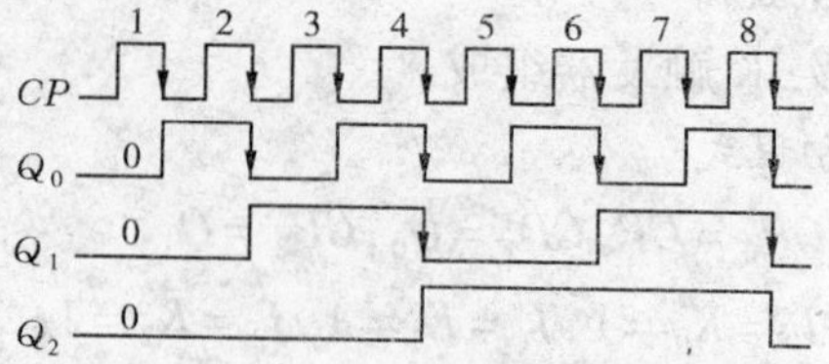

(b)时序图

图 5-12　3 位异步二进制加法计数器状态图和时序图

6. 归纳总结,确定该电路的逻辑功能

从状态图可知,随着 CP 脉冲的输入,触发器输出 $Q_2Q_1Q_0$ 的值是递增计数的,经过 8 个 CP 脉冲完成一个循环过程,也就是说它的有效状态数是 8 个。因此,该电路是一个 3 位异步二进制(八进制)加法计数器。

图 5-13 所示为 3 位异步二进制减法计数器。与图 5-11 比较可知,只是将加法计数器中各触发器的输出由 Q 端改为 $\overline{Q}$端,接到高位触发器的时钟输入 $C1$ 端,则加法计数器便成为减法计数器了,其分析过程请读者自行完成。

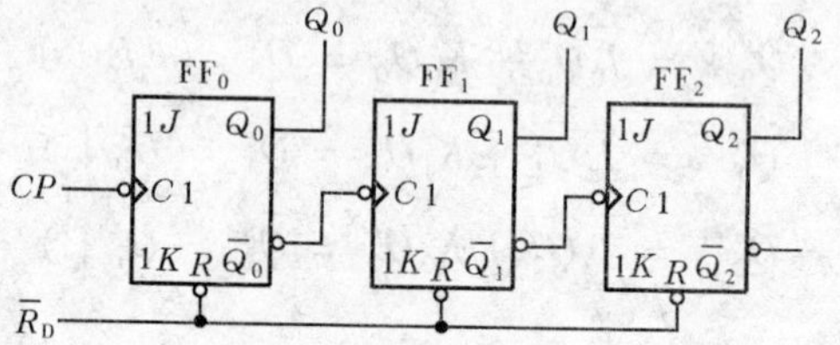

图 5-13　由 JK 触发器组成的 3 位异步二进制减法计数

5.3.2.2　集成异步计数器

常见的集成异步计数器的型号有 74LS90、74LS290、74LS191、74LS293 等,它们的功能和应用方法基本相同,区别在于其具体的管脚排列顺序不同和具体参数存在差异。

下面以集成异步计数器 74LS290 为例介绍其功能。

74LS290 是集成异步二－五－十进制计数器,其管脚排列如图 5-14 所示,结构框图和逻辑符号分别如图 5-15(a)、(b)所示。

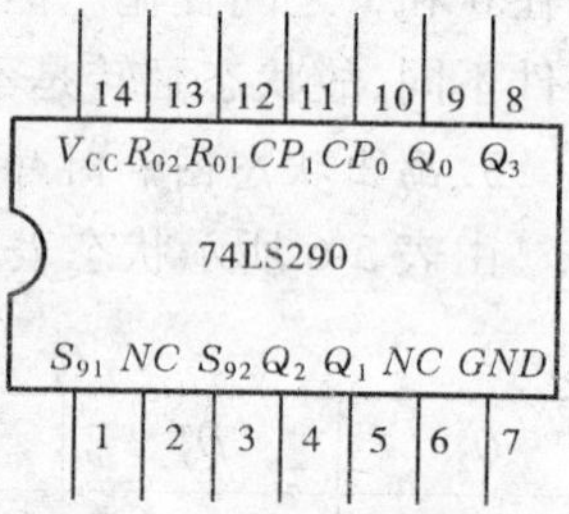

图 5-14　74LS290 管脚排列图

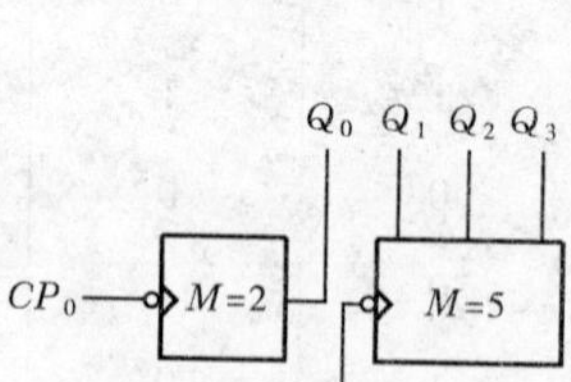

(a)结构框图

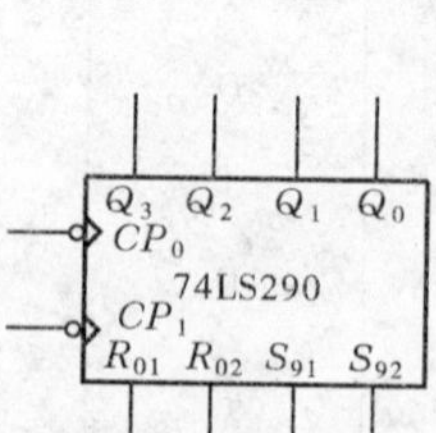

(b)逻辑符号

图 5-15　74LS290 结构框图和逻辑符号

1. 引脚功能

R_{01}、R_{02}:异步置0端,高电平有效。

S_{91}、S_{92}:异步置9端,高电平有效。

CP_0、CP_1:时钟信号输入端,下降沿有效。

$Q_3 \sim Q_0$:输出端。

2. 逻辑功能

1)异步置0功能(复位功能)

当 $R_0 = R_{01} \cdot R_{02} = 1, S_9 = S_{91} \cdot S_{92} = 0$ 时,计数器置0,即 $Q_3Q_2Q_1Q_0 = 0000$,因此 R_0 端也称为异步置0端。

2)异步置9功能(异步置数功能)

当 $R_0 = R_{01} \cdot R_{02} = 0, S_9 = S_{91} \cdot S_{92} = 1$ 时,计数器置9,即 $Q_3Q_2Q_1Q_0 = 1001$,因此 R_9 端也称为异步置9端。

3)计数功能

当 $R_0 = 0, S_9 = 0$ 时,处于计数工作状态:

如计数脉冲由 CP_0 端输入,从 Q_0 端输出,则构成一位二进制计数器;

如计数脉冲由 CP_1 端输入,输出为 $Q_3Q_2Q_1$,则构成异步五进制计数器;

如将 Q_0 端与 CP_1 连接,计数脉冲由 CP_0 端输入,输出为 $Q_3Q_2Q_1Q_0$,则构成8421码异步十进制计数器;

如将 Q_3 端与 CP_0 相连,计数脉冲由 CP_1 端输入,从高位到低位输出为 $Q_0Q_3Q_2Q_1$,则构成5421码的异步十进制加法计数器。74LS290的功能表如表5-7所示。

表5-7　74LS290功能表

输入			输出				说明
$R_{01} \cdot R_{02}$	$S_{91} \cdot S_{92}$	CP	Q_3	Q_2	Q_1	Q_0	
1	0	×	0	0	0	0	置0
0	1	×	1	0	0	1	置9
0	0	↓	按不同的连接方式正常计数				计数

5.3.3　由集成计数器构成 N 进制计数器方法

5.3.3.1　概述

所谓 N 进制计数器,是指计数长度既非 2^n,又非10的计数器,如五进制、七进制、十二进制、二十四进制、三十六进制等。利用集成计数器芯片构成 N 进制计数器的方法有反馈归零法、预置数法和级联法。

1. 反馈归零法(复位法)

反馈归零法(复位法)是利用计数器清零端的清零作用,截取计数过程中的 S_{N-1} 或 S_N

的状态控制清零端，使计数器由此状态返回到零重新开始计数，从而把模数大的计数器改成模数小的计数器。

使用反馈归零法构成 N 进制计数器的步骤是：

(1)写出 S_{N-1}(同步清零方式)或 S_N(异步清零方式)的状态译码表达式；

(2)根据归零状态的二进制代码写出归零逻辑，即根据芯片控制端的要求写出相应的逻辑表达式；

(3)画出连线图。

注意：清零信号的选择与芯片的清零方式有关。异步清零方式以 S_N 作为清零信号或反馈识别码，其有效循环状态为 $S_0 \sim S_{N-1}$；同步清零方式以 S_{N-1} 作为反馈识别码，其有效循环状态为 $S_0 \sim S_{N-1}$。还要注意清零端的有效电平，以确定用与门还是与非门来引导。

2. 预置数法(置位法)

预置数法是利用具有置数功能的计数器，截取从 S_a 到 S_b 之间的 N 个有效状态构成 N 进制计数器。其方法是：当计数器的状态循环到 S_b 时，由 S_b 构成的反馈信号提供置数指令，由于事先将并行置数数据输入端置成了 S_a 的状态，所以置数指令到来时，计数器输出端被置成 S_a，再来计数脉冲时，计数器在 S_a 的基础上继续计数直至 S_b，又进行新一轮置数、计数。

使用预置数法构成 N 进制计数器的步骤如下：

(1)根据芯片的置数方式选定置数状态 S_N 或 S_{N-1}，同步置数方式选 S_{N-1}，异步置数方式选 S_N；

(2)根据置数状态的二进制代码写出置数逻辑，即根据芯片控制端的要求写出相应的逻辑表达式；

(3)根据指定的有效循环的起始状态设定预置数的值；

(4)画连线图。

注意：反馈识别码的确定与芯片的置数方式有关。异步置数方式以 $S_b = S_a + N$ 作为反馈识别码，其有效循环状态为 $S_a \sim S_b$；同步置数方式以 $S_b = S_a + N - 1$ 作为反馈识别码，其有效循环状态为 $S_a \sim S_b$。还要注意置数端的有效电平，以确定用与门还是与非门来引导。

3. 级联法

级联法是一种扩展容量的简单方法，如果一片集成计数器的计数容量(长度)不够，可以用若干片集成计数器串联，这时计数总容量为各片计数器容量的乘积。

集成同步计数器与集成异步计数器在使用级联法构成新计数器时的具体连接方式上各有特点。使用同步计数器时，时钟脉冲同时连接到各集成计数器的时钟输入端，低位片的进位输出端作为高位片的片选信号或计数脉冲的输入选通信号；而使用异步计数器时，计数脉冲只加到低位片上，低位片的进位输出端作为高位片的时钟计数输入脉冲。

5.3.3.2 用 74LS161 构成任意进制计数器

利用集成二进制计数器，可采用不同方法方便地构成任意(N)进制计数器。

1. 反馈归零法(复位法)

反馈归零法可利用集成芯片的复位端 $\overline{R}_D$ 和与非门实现。具体做法是：写出 S_N 所对应的二进制代码，将代码中等于1的输出端接至与非门的输入端，将与非门的输出反馈至集成芯片的复位端 $\overline{R}_D$。利用74LS161采用反馈归零法构成十进制计数器如图5-16所示。

2. 预置数法(置位法)

预置数法可利用集成芯片的预置数控制端$\overline{LD}$和预置输入端 D_3、D_2、D_1、D_0 实现。因$\overline{LD}$是同步预置数端，所以只能采用 $N-1$ 值反馈法。具体做法是：写出 S_{N-1}所对应的二进制代码；将代码中等于1的输出端接至与非门的输入端，将与非门的输出接至$\overline{LD}$，使$\overline{LD}=0$。此时，当下一个 CP 脉冲的上升沿到来时，计数器状态进行同步预置，使 $Q_3Q_2Q_1Q_0=D_3D_2D_1D_0=0000$。随即$\overline{LD}=1$，计数器又开始随 CP 脉冲的输入正常计数。采用预置数法将74LS161构成十进制计数器如图5-17所示。

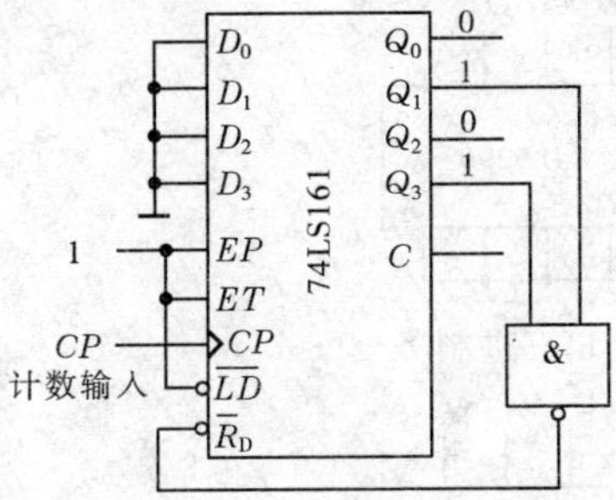

图5-16 用74LS161和反馈归零法构成十进制计数器

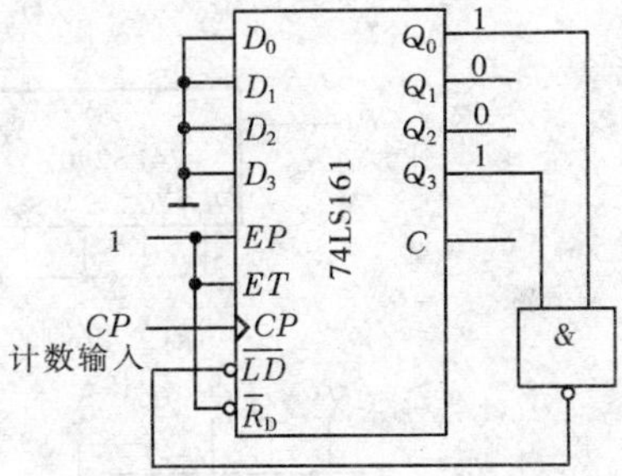

图5-17 用74LS161和预置数法构成十进制计数器

3. 级联法

利用一片74LS161可构成从二进制到十六进制之间任意进制的计数器，利用两片74LS161就可构成从二进制到二百五十六进制之间任意进制的计数器。

用级联法构成 N 进制计数器的具体方法主要有如下两种。

1）整体置零法

要构成二十四进制计数器，即 $N=24$，需要两片74LS161。整体置零方式与前面介绍的反馈归零法类似，首先写出 N 对应的8位二进制代码，即 $N=24=(00011000)_2$，然后确定其中一片作为高4位，另一片为低4位。将低4位的 C 端和高4位的 EP（或 ET）端直接相连，外部计数脉冲同时从每一片的 CP 端输入，完成电路的连接，连接电路如图5-18所示。

2）整体置数法

整体置数法与前面所介绍的预置数法类似，将 $23=(00010111)_2$ 译码产生$\overline{LD}=0$，同时加到两片74LS161的$\overline{LD}$上，在下一个计数脉冲（第24个输入脉冲）到达时，将0000同时置入两片74LS161中，从而得到二十四进制计数器。逻辑电路图由读者自行画出。

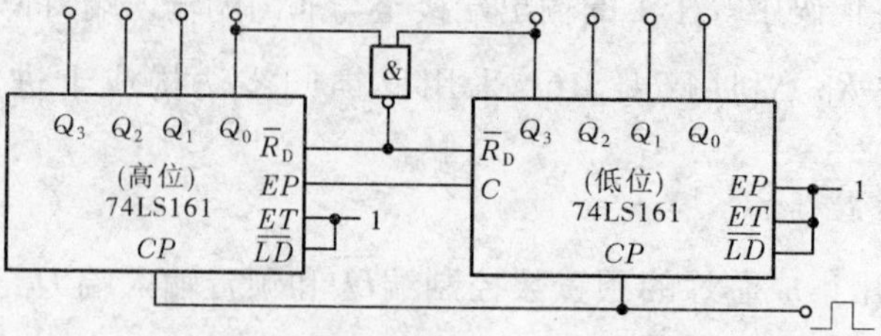

图 5-18　用 74LS161 芯片构成二十四进制计数器

5.3.3.3　用 74LS290 构成任意进制计数器

1. 构成十进制以内任意进制计数器

利用一片 74LS290 集成计数器芯片，可构成从二进制到十进制之间任意进制的计数器，如图 5-19 所示。

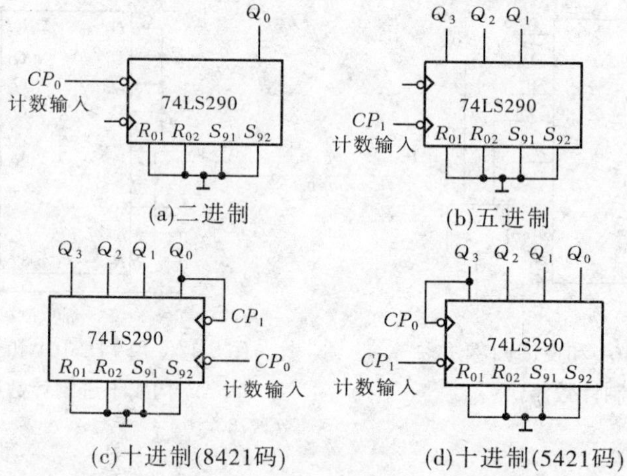

图 5-19　用 74LS290 构成二进制、五进制和十进制计数器

二进制计数器：CP 由 CP_0 端输入，Q_0 端输出，如图 5-19(a)所示。

五进制计数器：CP 由 CP_1 端输入，Q_3、Q_2、Q_1 端输出，如图 5-19(b)所示。

十进制计数器(8421 码)：Q_0 与 CP_1 相连，以 CP_0 为计数脉冲输入端，Q_3、Q_2、Q_1、Q_0 端输出，如图 5-19(c)所示。

十进制计数器(5421 码)：Q_3 与 CP_0 相连，以 CP_1 为计数脉冲输入端，Q_0、Q_1、Q_2、Q_3 端输出，如图 5-19(d)所示。

若构成十进制以内其他进制，可以采用直接清零法(复位法)。其余进制计数器请读者自行分析。

2. 构成多位任意进制计数器

构成计数器的进制数与需要使用的芯片片数要相适应。例如，用 74LS290 芯片构成二十四进制计数器，就需要两片 74LS290，此时应先将每块 74LS290 连接成 8421 码十进制计数器，再确定高位(十位)片和低位(个位)片，将低位片的输出端 Q_3 接至高位片的输入端 CP_0，然后将低位片的 Q_2 和高位片的 Q_1 共同接至与门的输入端。这样，当第 24 个计数脉冲到来后，计数器复位，实现二十四进制计数。其电路如图 5-20 所示。

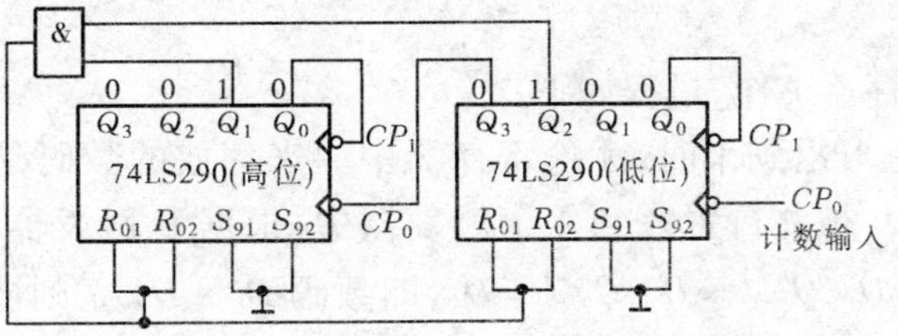

图 5-20 8421BCD 码二十四进制计数器

5.4 相关知识 3——寄存器和移位寄存器

寄存器是存放数码、运算结果或指令的电路,移位寄存器不但可存放数码,而且在移位脉冲的作用下,寄存器中的数码可根据需要向左或向右移位。它们是数字系统和计算机中常用的基本逻辑部件,应用很广。

1 个触发器可以存放 1 位二进制数码,n 个触发器可存放 n 位二进制数码。因此,触发器是寄存器的重要组成部分。寄存器电路中除触发器外,还有起控制作用的门电路,以保证电路在执行存数、移位等命令时完成相应的功能。

寄存器按功能可分为数码(数据)寄存器和移位寄存器两大类。

5.4.1 数码寄存器

用以存放二进制数码的电路称为数码寄存器。它又称为数据缓冲器或数据锁存器,其功能是接收、存储和输出数据,主要是由具有存储功能的触发器组合起来构成的。

5.4.1.1 电路组成

由边沿 D 触发器组成的 4 位数码(数据)寄存器电路如图 5-21 所示。图中,$\overline{CR}$为置 0(清 0)输入端,CP 是控制时钟脉冲端,$D_0 \sim D_3$ 为并行数码输入端,$Q_0 \sim Q_3$ 为并行数码输出端。

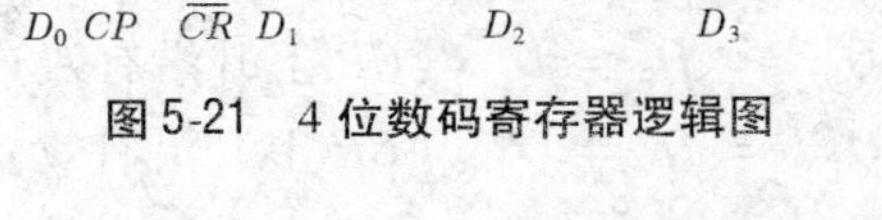

图 5-21 4 位数码寄存器逻辑图

5.4.1.2 工作原理

1. 清零

当$\overline{CR}=0$时,异步清零,触发器 $FF_0 \sim FF_3$ 同时被置 0,即 4 个边沿 D 触发器都复位到 0 状态。

2. 工作过程

当$\overline{CR}=1$时，寄存器工作，过程如下：

(1)送数。CP上升沿到来时，无论寄存器中原来存放的数码是什么，加在并行数据输入端的数码$D_0 \sim D_3$被并行置入到4个触发器中，根据D触发器的特征方程$Q^{n+1}=D$得，$Q_0^{n+1}=D_0$，$Q_1^{n+1}=D_1$，$Q_2^{n+1}=D_2$，$Q_3^{n+1}=D_3$，即数码$D_0 \sim D_3$立刻被送入寄存器中，此时$Q_3Q_2Q_1Q_0=D_3D_2D_1D_0$。

(2)保持。当$CP=0$时，寄存器中的数码会保持不变。

5.4.2 移位寄存器

具有存放数码和使数码逐位右移或左移的寄存器称为移位寄存器。也就是说，移位寄存器除具有存放数码的功能外，还具有移位功能，即寄存器所存放的数码能够在移位脉冲的作用下依次向左移动或向右移动。

移位寄存器有单向移位寄存器和双向移位寄存器之分。

5.4.2.1 单向移位寄存器

仅具有单向移位功能的寄存器称为单向移位寄存器，它只能将寄存的数据在相邻位之间单方向移动。按移动方向分为左移位寄存器和右移位寄存器两种类型。如图5-22所示为由4个D触发器组成的4位右移位寄存器。这4个D触发器共用一个时钟脉冲信号，因此为同步时序逻辑电路。数码由FF_0的D_i端串行输入，由FF_3的Q_3端串行输出。现按照时序电路的分析方法分析该电路的逻辑功能。

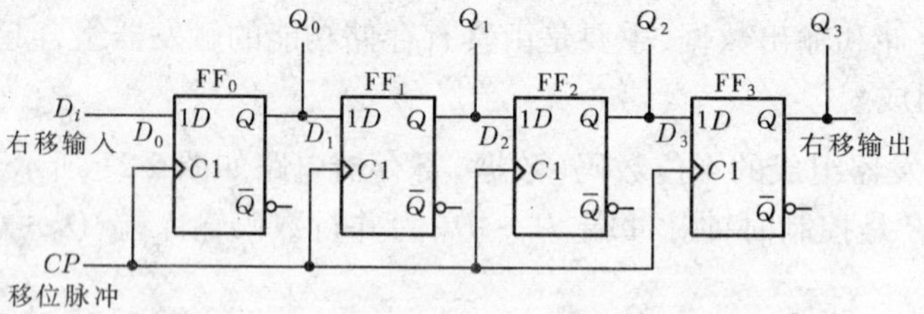

图5-22 由D触发器组成的4位右移位寄存器

1. 写相关方程式

驱动方程：$D_0=D_i$，$D_1=Q_0^n$，$D_2=Q_1^n$，$D_3=Q_2^n$。

2. 求状态方程

D触发器的特征方程为$Q^{n+1}=D$(CP上升沿有效)，将各驱动方程分别代入D触发器的特征方程中，并进行化简变换可得状态方程：

$$Q_0^{n+1}=D_0=D_i \quad (CP\text{上升沿有效})$$
$$Q_1^{n+1}=D_1=Q_0^n \quad (CP\text{上升沿有效})$$
$$Q_2^{n+1}=D_2=Q_1^n \quad (CP\text{上升沿有效})$$
$$Q_3^{n+1}=D_3=Q_2^n \quad (CP\text{上升沿有效})$$

3. 列状态表

假设电路初始状态为零，现依次串行输入数码$D_i=1011$，即电路输入数据D_i在第1、

2、3、4 个 CP 脉冲时依次为 1、0、1、1，由此可列出右移位寄存器的状态表如表 5-8 所示。

表 5-8　右移位寄存器的状态表

CP	输入数据 D_i	右移位寄存器输出			
		Q_0	Q_1	Q_2	Q_3
0	0	0	0	0	0
1	1	1	0	0	0
2	0	0	1	0	0
3	1	1	0	1	0
4	1	1	1	0	1

4. 画出时序图

根据表 5-8 可画出右移位寄存器的时序图，如图 5-23 所示。

5. 确定电路逻辑功能

由表 5-8 和图 5-23 可知：在如图 5-22 所示的右移位寄存器电路中，随着 CP 脉冲的递增，触发器输入端依次输入数据 D_i，称为串行输入，输入一个 CP 脉冲，数据向右移动一位。这样，在 4 个移位脉冲的作用下，输入的 4 位串行数码 1011 将全部存入寄存器中。移位寄存器中的数码可由 Q_3、Q_2、Q_1、Q_0 端同时输出，称并行输出，也可以从最右端 Q_3 依次输出，称串行输出，但这时需要继续输入 4 个移位脉冲才能从寄存器中取出存放的 4 位数码 1011。也就是说，串行输出需要经过 8 个 CP 脉冲才能将输入的 4 个数据全部输出，而并行输出只需要 4 个 CP 脉冲。

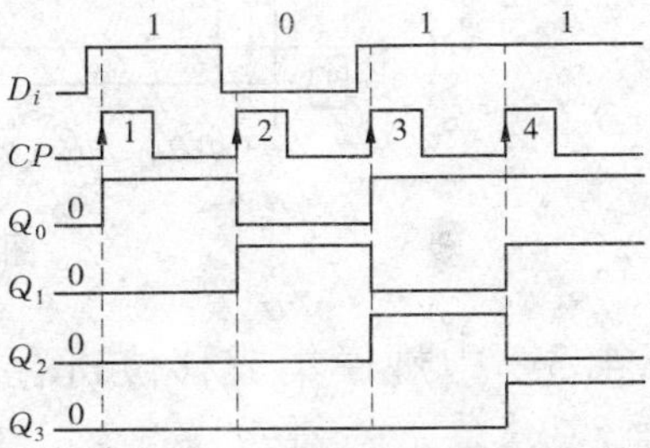

图 5-23　右移位寄存器的时序图

由 4 个 D 触发器组成的 4 位左移位寄存器电路如图 5-24 所示。其工作原理跟右移位寄存器相似，请读者自行分析，这里就不再重述了。

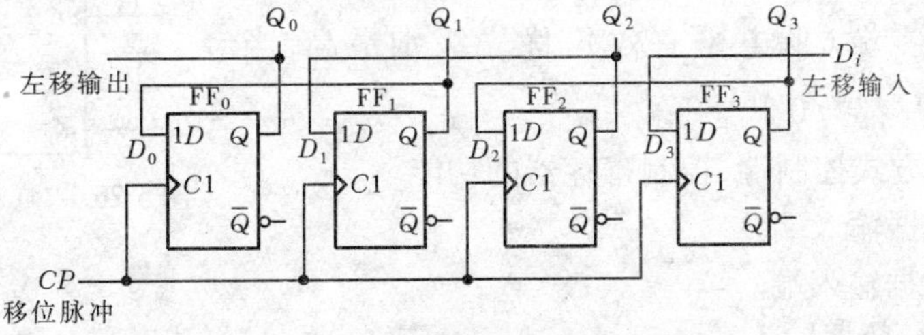

图 5-24　由 D 触发器组成的 4 位左移位寄存器

5.4.2.2　双向移位寄存器

既可将数据左移，又可将数据右移的寄存器称为双向移位寄存器。由以上讨论的单向移位寄存器的工作原理可知，右移位寄存器和左移位寄存器的电路结构基本相同，若适当加入一些控制门和控制信号，就可将两者结合在一起，构成双向移位寄存器。图 5-25 是由 4 个 D 触发器和 4 个与或非门组成的 4 位双向移位寄存器。M 是工作方式控制端，也称左移、右移控制端，当 $M=1$ 时，实现数据右移寄存功能；当 $M=0$ 时，实现数据左移寄存功能。$\overline{S}_L$ 为左移串行输入端，$\overline{S}_R$ 为右移串行输入端。注意，图 5-25 中 $\overline{S}_L$、$\overline{S}_R$ 均采用了反码输入，如果在这两端分别接入一个非门，即可实现原码输入。具体的双向移位功能，请读者根据前面讲过的单向移位寄存器的工作原理自行分析。

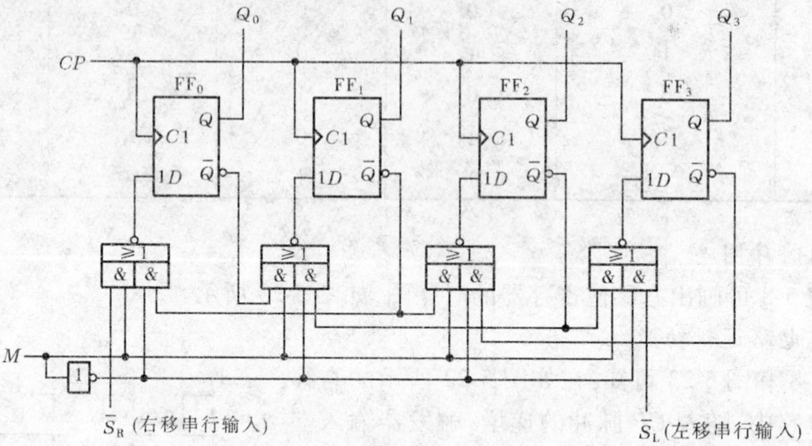

图 5-25　4 位双向移位寄存器

5.4.3　中规模集成移位寄存器

集成移位寄存器从结构上可分为 TTL 型和 CMOS 型；按寄存数据位数可分为 4 位、8 位、16 位等；按移位方向可分为单向和双向两种。

5.4.3.1　移位寄存器 74LS194

74LS194 是 4 位双向 TTL 型集成移位寄存器，具有双向移位、并行输入、保持数据和清除数据等功能。其逻辑符号如图 5-26所示。

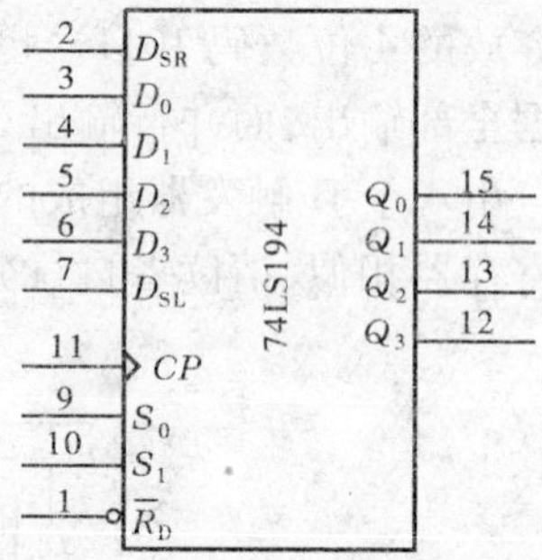

图 5-26　74LS194 的逻辑符号

其引脚功能如下：

$\overline{R}_D$：异步清零端（低电平有效），优先级别最高，当 $\overline{R}_D=0$ 时，$Q_0 \sim Q_3$ 都为 0 状态。

S_0、S_1：工作方式控制端，控制寄存器的功能。

D_{SL}：左移数据输入端。

D_{SR}：右移数据输入端。

$D_0 \sim D_3$：并行数据输入端。

$Q_0 \sim Q_3$：数据输出端。

CP：时钟输入端（上升沿有效）。

74LS194 的逻辑功能如表 5-9 所示。

5.4.3.2　移位寄存器的应用

作为一种重要的逻辑部件，寄存器的应用是多方面的，下面仅以由寄存器构成的顺序脉冲发生器为例，介绍寄存器在数字电路中的典型应用。

表 5-9　74LS194 的逻辑功能表

$\overline{R}_D$	S_1	S_0	CP	$D_0D_1D_2D_3$	$Q_0Q_1Q_2Q_3$	功能
0	×	×	×	××××	0000	清零
1	0	0	×	××××	$Q_0^nQ_1^nQ_2^nQ_3^n$	保持
1	0	1	↑	××××	$D_{SR}Q_0^nQ_1^nQ_2^n$	右移
1	1	0	↑	××××	$Q_1^nQ_2^nQ_3^nD_{SL}$	左移
1	1	1	↑	$d_0d_1d_2d_3$	$d_0d_1d_2d_3$	并行输入

顺序脉冲是指在每个循环周期内，在时间上按一定先后顺序排列的脉冲信号。产生顺序脉冲信号的电路称为顺序脉冲发生器，在数字系统中常用来控制某些设备按照事先规定的顺序进行运算或操作。

如图 5-27(a)所示为由双向移位寄存器 74LS194 构成的顺序脉冲发生器。在时钟脉冲的作用下，其输出波形如图 5-27(b)所示。

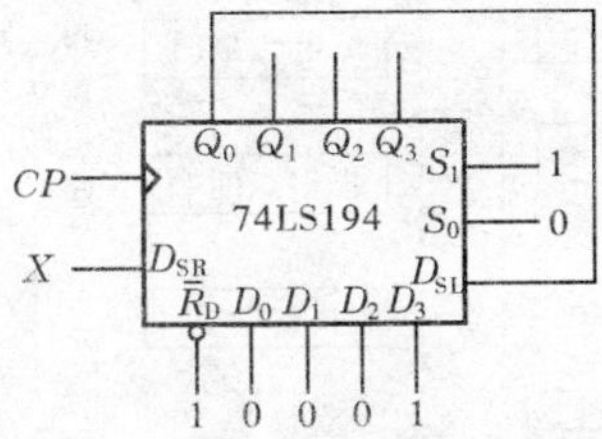

(a)顺序脉冲发生器

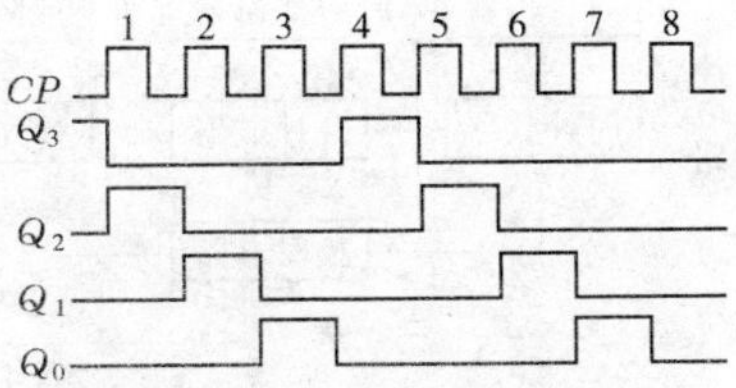

(b)输出波形

图 5-27　由 74LS194 构成的顺序脉冲发生器和工作波形

1. 电路构成

74LS194 接成左移方式，其左移串行输入信号取自 D_0，异步清零端 $\overline{R}_D$ 接高电平 1，使 $D_0D_1D_2D_3=0001$，$S_1S_0=11$。

2. 工作原理

工作开始前，因为 $D_0D_1D_2D_3=0001$，$S_1S_0=11$，故当 CP↑到来时，电路执行并行送数功能，使电路初始状态为 $Q_0Q_1Q_2Q_3=D_0D_1D_2D_3=0001$。然后将 S_0 改接低电平 0，使 $S_1S_0=10$，电路执行左移操作。此时，随着移位脉冲 CP 的输入，数据以 $Q_3 \to Q_2 \to Q_1 \to Q_0$ 的方式左移，由 $Q_3 \sim Q_0$ 依次输出顺序脉冲，如图 5-27(b)所示。顺序脉冲的宽度为 CP 的一个周期。

5.5　任务实现——数字电子钟的设计与制作

数字电子钟从原理上讲是一种典型的数字电路，其中包括了组合逻辑电路和时序逻辑电路，通过它可以进一步学习与掌握各种组合逻辑电路与时序逻辑电路的原理与使用方法。

5.5.1 设计思路

要想构成数字电子钟,首先应选择一个脉冲源——能自动地产生稳定的标准时间脉冲信号。而一般脉冲源产生的脉冲信号频率较高,因此需要进行分频,使得高频脉冲信号变成适合于计时的低频脉冲信号,即秒脉冲信号(频率为1 Hz)。经过分频器输出的秒脉冲信号到计数器中进行计数。由于计时的规律是:60 s = 1 min,60 min = 1 h,24 h = 1 d,就需要分别设计六十进制计数器、二十四进制计数器,并发出驱动信号。各计数器输出信号经译码器、驱动器到数字显示器,使“时”、“分”、“秒”以数字形式显示出来。

值得注意的是:任何记时装置都有误差,因此应考虑校时电路。

5.5.2 数字电子钟组成框图

数字电子钟的组成框图如图5-28所示,由晶体振荡器电路、分频器电路、时间计数器电路、译码驱动电路和显示电路组成。

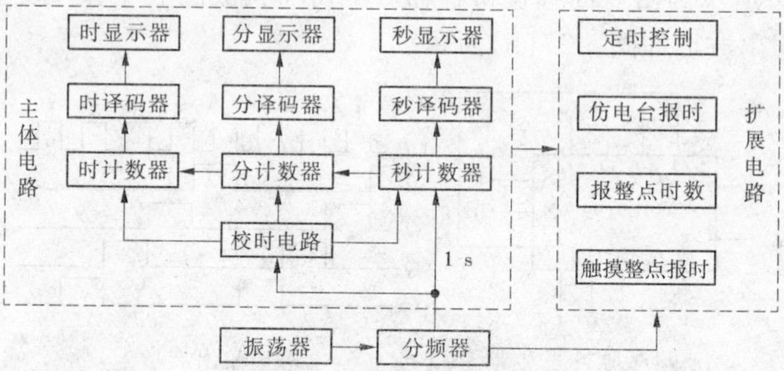

图5-28 数字电子钟框图

5.5.2.1 晶体振荡器电路

晶体振荡器电路给数字电子钟提供一个频率稳定、准确的32 768 Hz的方波信号,可保证数字电子钟的走时准确及稳定。不管是指针式的电子钟还是数字显示式的电子钟都使用了晶体振荡器电路。

5.5.2.2 分频器电路

分频器电路将32 768 Hz的高频方波信号经32 768(2^{15})次分频后得到1 Hz的方波信号供秒计数器进行计数。分频器实际上也就是计数器。

5.5.2.3 时间计数器电路

时间计数器电路由秒个位和秒十位计数器电路、分个位和分十位计数器电路以及时个位和时十位计数器电路构成,其中秒个位和秒十位计数器、分个位和分十位计数器为六十进制计数器,而根据设计要求,时个位和时十位计数器为二十四进制计数器。

5.5.2.4 译码驱动电路

译码驱动电路将计数器输出的8421BCD码转换为数码管需要的逻辑状态,并且为保证数码管正常工作提供足够的工作电流。

5.5.2.5 显示电路

数码管通常包括发光二极管(LED)数码管和液晶(LCD)数码管,本设计使用的是

LED 数码管。

5.5.3 单元电路设计

5.5.3.1 晶体振荡器电路设计

晶体振荡器是构成数字式时钟的核心，它保证了时钟的走时准确及稳定。图 5-29 所示电路为由 CMOS 非门构成的输出为方波的数字式晶体振荡电路，在这个电路中，CMOS 非门 U_1 与晶振、电容和电阻构成晶振振荡器电路。U_2 实现整形功能，将振荡器输出的近似于正弦波的波形转换为较理想的方波。输出反馈电阻 R_1 为非门提供偏置，使电路工作于放大区域，即非门的功能近似于一个高增益的反相放大器。电容 C_1、C_2 与晶振构成一个谐振型网络，完成对振荡频率的控制功能，同时提供一个 180°相移，从而和非门构成一个正反馈网络，实现了振荡器的功能。由于晶振具有较高的频率稳定性及准确性，从而保证了输出频率的稳定和准确。

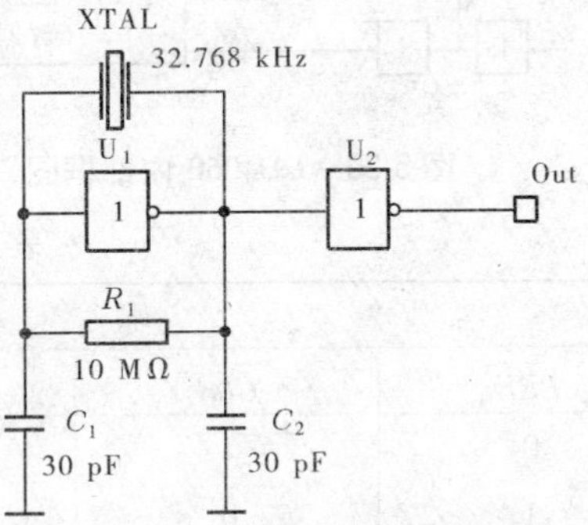

图 5-29　COMS 晶体振荡器

晶振 XTAL 的频率选为 32 768 Hz。该元件专为数字钟电路而设计，其频率相对较低，有利于减少分频器级数。C_1、C_2 均为 30 pF。当要求频率准确度和稳定度更高时，还可接入校正电容，并采取温度补偿措施。由于 CMOS 电路的输入阻抗极高，因此反馈电阻 R_1 可选用 10 MΩ。较高的反馈电阻有利于提高振荡频率的稳定性，非门电路可选 74HC00。

5.5.3.2 分频器电路设计

通常，数字电子钟的晶振振荡器的输出频率较高，为了得到 1 Hz 的秒信号输入，需要对振荡器的输出信号进行分频。

通常实现分频的电路是计数器电路，一般采用多级二进制计数器来实现。例如，将 32 768 Hz 的振荡信号分频为 1 Hz 的分频倍数为 32 768(2^{15})，即实现该分频功能的计数器相当于 15 级二进制计数器。常用的二进制计数器有 74HC393 等。本实训中采用 CD4060(见图 5-30)来构成分频电路。CD4060 在数字集成电路中可实现的分频次数最高(14 分频)，而且 CD4060 还包含振荡电路所需的非门，使用更为方便。

CD4060 为 14 级二进制计数器，可以将 32 768 Hz 经 14 分频为 2 Hz 信号，然后经过数字集成 D 触发器 74HC74(见图 5-31)再进行一次 2 分频，即可得到 1 Hz 的秒信号。具体做法是：将 32 768 Hz 信号 14 分频得到的 2 Hz 信号作为 74HC74 的时钟信号输入，将 74HC74 的输出端 $\overline{Q}$ 与输入端 D 接在一起，置 1 端$\overline{PRE}$和清零端$\overline{CLR}$接高电平，则输出 Q 就是输入时钟信号的 2 分频，即 1 Hz 信号。74HC74 的功能表如表 5-10 所示。

5.5.3.3 显示译码电路设计

译码过程通过 LED 数码管和 7448 配合完成，如图 5-32 所示。

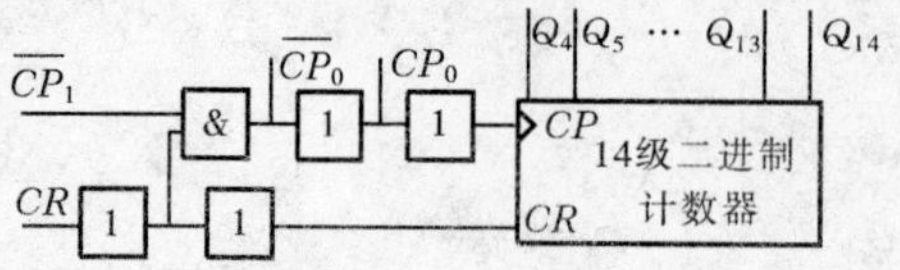

图 5-30　CD4060 内部框图

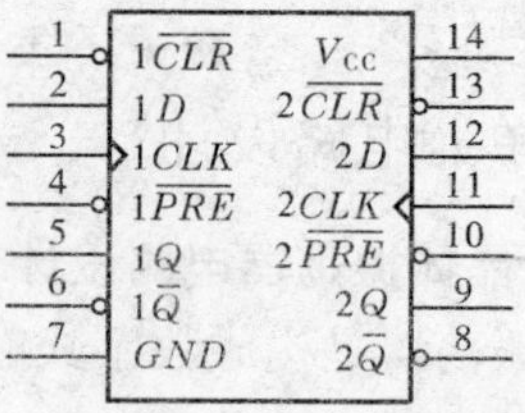

图 5-31　74HC74 管脚图

表 5-10　74HC74 功能表

输入				输出	
$\overline{PRE}$	$\overline{CLR}$	CP	D	Q	$\overline{Q}$
0	1	×	×	1	0
1	0	×	×	0	1
0	0	×	×	1	1
1	1	↑	0	0	1
1	1	↑	1	1	0

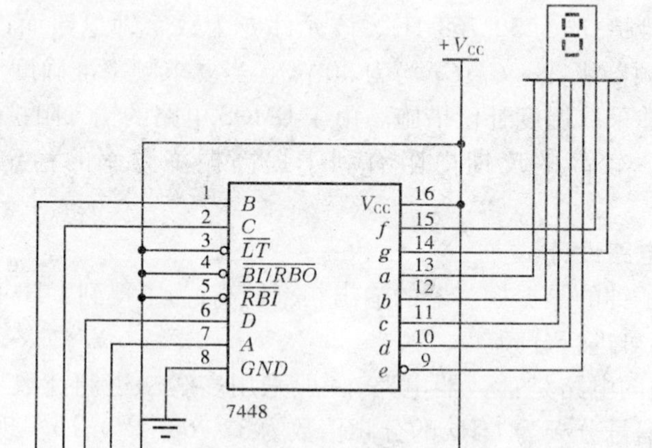

图 5-32　译码显示电路

LED 内部接法有两种，即共阳极接法和共阴极接法。要使其对应段发亮，共阳极接法应使相应极为高电平，共阴极接法应使相应极为低电平。LED 每一段均为发光二极管，所以只要加上适当的正向电压，该段即可发光。

7448 是一种与共阴极数字显示器配合使用的集成译码器。当 7448 实现显示译码功能时，$\overline{LT}$、$\overline{BI/RBO}$、$\overline{RBI}$端均接高电平；其输出端 a、b、c、d、e f、g 端分别和共阴极数码管的 a、b、c、d、e f、g 端相连；输入端 A、B、C、D 端分别与 74160 的输出端 QA、QB、QC、QD 端相连；V_{CC}接高电平，GND 接地。通过数字显示译码器，可以将 8421BCD 码变成十进制数字，并在数码管上显示出来。如图 5-32 所示为 EWB 仿真图，为使仿真图易于理解，振荡电路采用标准 1 Hz 脉冲代替。

5.5.3.4　**计数器电路设计**

将十位的 QB 端和 QC 端取反，接入清零端，74160 本身就是一个十进制同步加法计数器，故个位不需要进行清零，即清零端接高电平。

秒（分）计数器的十位主要是利用一个与非门实现 6 清零，将十位上的 74160 的 QB 端和 QC 端相连接入一个与非门，输出后接入该 74160 的清零端，使十位实现六进制。再将其他线路连好，秒（分）计数器即可实现六十进制计数。

秒（分）计数器电路如图 5-33 所示，为使电路简单易懂，仿真时简化 7448 驱动电路，具体训练时直接在数码管和 74160 之间加上 7448 即可。

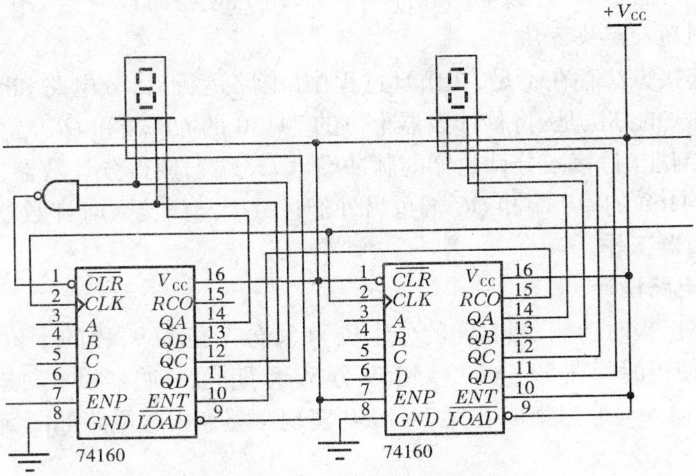

图 5-33　秒（分）计数器电路

时计数器主要是利用一个与非门实现 24 清零，分别将十位 74160 的 QB 端和个位 74160 的 QC 端相连接入一个与非门，输出后分别接入两个 74160 的十位和个位的清零端。再将其他线路连好，即可实现二十四进制计数。

时计数器电路如图 5-34 所示，为使电路简单易懂，仿真时简化 7448 驱动电路，具体训练时直接在数码管和 74160 之间加上 7448 即可。

5.5.3.5　**分、秒、时计数电路的连接**

1. 电路连接方法

将时、分、秒计数器电路连接到一起时，秒计数器十位、个位的计数脉冲端接秒脉冲，而时计数器和分计数器的十位、个位的计数脉冲端不同。具体方法是：将秒计数器十位的 74160 的清零端（$\overline{CLR}$端）引出，再接一个非门，即 QB 端与 QC 端的"与"接入分计数器的

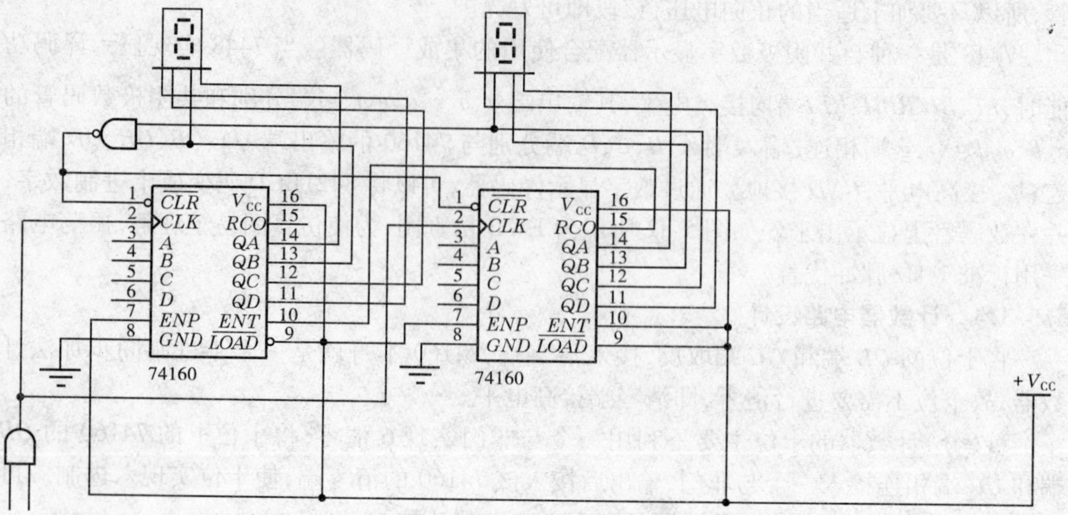

图 5-34　时计数器电路

脉冲端（*CLK* 端），使得分计数器工作；同理，将分计数器十位的 74160 的清零端（$\overline{CLR}$端）引出，再经一个非门接入时计数器的脉冲端（*CLK* 端），使得时计数器工作。

2. 出现的问题及解决方法

但是上述连接方法存在不足，在仿真过程中，电路运行后，分电路和时电路的个位开始时就置 1。解决的办法是：将秒计数器十位的 74160 的 *QB* 端和 *QC* 端另外经过一个与门（即经过两个与非门）接入分计数器的脉冲端（*CLK* 端），使得分计数器工作；同理，将分计数器十位的 74160 的 *QB* 端和 *QC* 端也另外经过一个与门接入时计数器的脉冲端（*CLK* 端），使得时计数器工作。

5.5.3.6　报时电路设计

为了达到整点报时功能，当时间的分十位为 5，分个位为 9，秒的十位为 5 时，利用与门的相与功能，使得时间在 59 分 50 秒到 59 分 59 秒期间，蜂鸣器以 1 s 响 1 s 停的方式响 5 次。可采用 8 输入与非门集成芯片 74HC30 实现。整点报时电路如图 5-35 所示。

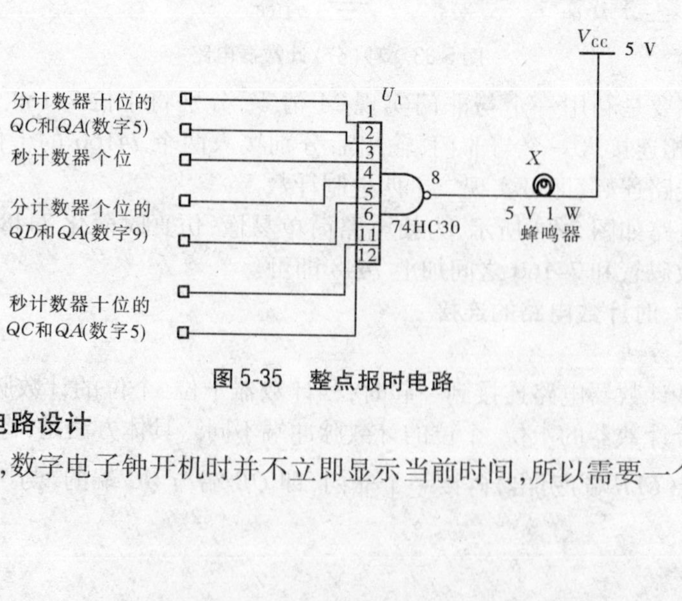

图 5-35　整点报时电路

5.5.3.7　校时电路设计

一般情况下，数字电子钟开机时并不立即显示当前时间，所以需要一个校时电路来调整，以此获得所需要的时间，自动实现对时和分的校正。为了使校时不干扰计时，在校时电路中还可加入消抖电路（加触发器即可），用于消除输入脉冲的不稳定性，确保校时和计时的稳定与准确。其主要原理是：先截断正常的计数通路，然后将频率为 2 Hz 的方波信号加到需要校正的计数单元的输入端，校正好后，再转入正常计时状态。

根据要求，数字电子钟应具有自动分校正和时校正功能，因此应截断分个位和时个位的直接计数通路，并将正常计时信号与校正信号可以随时切换的电路接入其中。

5.5.4 安装和调试

(1) 画出整个系统的电路图，进行仿真，并列出所需元器件清单。

(2) 领取元器件，并按电路图接线，认真检查电路是否正确，“悬空端”、“清零端”、“置 1 端”正确处理。

(3) 调试振荡器电路，用示波器观察振荡器输出信号的波形和频率。

(4) 将振荡输出频率送入分频器，观察其输出频率是否符合设计要求。

(5) 检查各级计数器的工作情况是否正常：将秒脉冲信号分别送入时、分、秒计数器，用显示器检查计数器的工作情况，看计数器是否按照设计的进制计数。

(6) 当分频器和计数器均能正常工作后，将各级电路相连，观察数字钟能否准确正常工作。

(7) 观察校时电路和报时电路的功能是否满足设计要求。

(8) 思考星期、月等其他功能扩展。

5.5.5 主要元器件

在数字电子钟的设计与制作过程中，所涉及的主要元器件如表 5-11 所示。

表 5-11 主要元器件

元器件名称	元器件型号	元器件数量	元器件名称	元器件型号	元器件数量
振荡器	CD4060	1 个	七段数码管译码器	74LS48	6 个
分频器（D 触发器）	74HC74	1 个	二输入与非门	7400	3 个
十进制计数器	74160	6 个	七段数码管显示器	共阴极 NES－5011AS	6 个
晶振	32 768 Hz	1 个	导线、开关、面包板		若干
电容	10 pF 30 pF	各 1 个	电阻	22 MΩ	1 个
八输入与非门	74HC30	1 个			

5.5.6 整体参考电路图

数字电子钟的整体参考电路如图 5-36 所示。

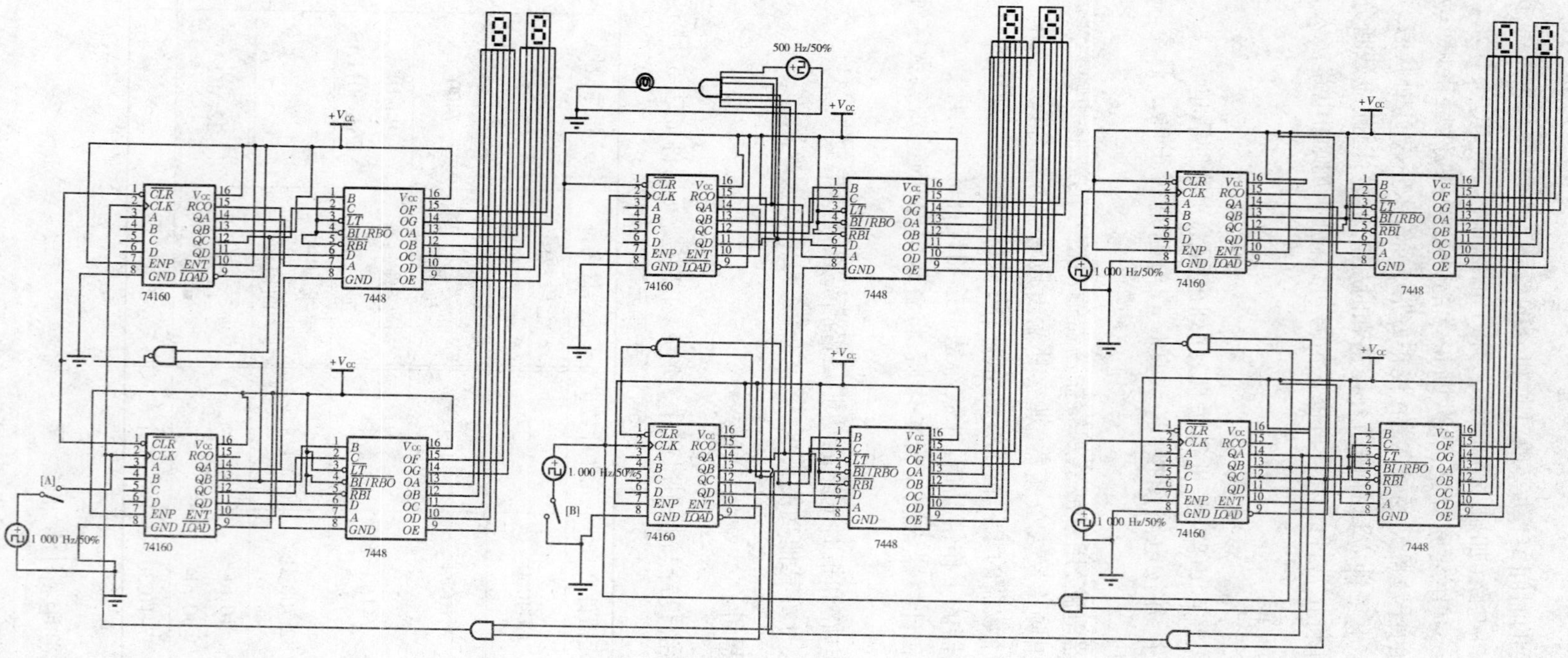

图 5-36　数字电子钟的整体参考电路

说明:为使电路结构简单易于仿真,脉冲产生电路用多个脉冲源代替,实际做时用一个即可。

项目小结

1. 时序逻辑电路是数字系统中非常重要的逻辑电路,与组合逻辑电路既有联系,又有区别。它在电路结构上的特点是:时序逻辑电路包含组合逻辑电路和存储电路两部分,其中存储电路必不可少。它在逻辑功能上的特点是:电路任意时刻的输出信号,不仅与该时刻的输入信号有关,还与电路原来所处的状态有关。

2. 时序逻辑电路的分析方法一般有六个步骤:①分析时序逻辑电路组成;②写相关方程式;③求状态方程;④列状态转换真值表;⑤画状态图或时序图;⑥描述逻辑功能。

3. 时序逻辑电路种类繁多,特点各异,本项目仅就两种常用的时序逻辑电路——寄存器和计数器为例,对时序逻辑电路的共同特点和分析方法进行了较为详细的讨论。

4. 寄存器是数字电路系统中应用最多的逻辑器件之一。其基本原理是利用触发器来接收、存储和输出数据。一个触发器可以构成一个最基本的寄存一位数据的逻辑单元。

5. 寄存器按功能可分为数据寄存器和移位寄存器,移位寄存器除能接收、存储数据外,还能将寄存的数据按一定方向移动传输。移位寄存器有串行输入和并行输入及串行输出和并行输出两种不同的输入输出形式,具有加载数据、左移位、右移位等多种功能。其中,中规模集成双向移位寄存器74LS194应用较多。

6. 计数器种类繁多,但就其工作方式而言,只有同步计数器和异步计数器两种。它的功能是累计输入脉冲的个数。

7. 计数器根据计数进制不同又可以分为二进制计数器、十进制计数器和任意进制计数器。前两种有许多集成电路产品可供选择,而任意进制计数器则可由二进制计数器或十进制计数器通过引入适当的反馈控制信号来实现。

8. 集成计数器的功能表较为全面地反映了计数器的功能,看懂功能表是正确使用计数器的第一步。应不断加强训练,以提高学习能力。

思考与练习题

1. 时序逻辑电路的特点是什么?它与组合逻辑电路的主要区别在哪里?

2. 时序逻辑电路分析的基本任务是什么?简述时序逻辑电路的分析步骤。

3. 用基本RS触发器能构成移位寄存器吗?为什么?

4. 何谓二进制计数器?它的有效状态数与构成它的触发器的个数有什么关系?

5. 十进制计数器与二进制计数器有何不同?它的有效状态数和无效状态数分别是多少?

6. 分析如图5-37所示时序电路的逻辑功能。

7. 时序电路如图5-38所示,分析其逻辑功能,并画出其状态图和时序图,说明能否自启动。

8. 分析如图 5-39 所示异步时序电路的逻辑功能。

9. 分析如图 5-40 所示的时序电路，填写如表 5-12 所示的状态转换表，画出输出波形，说明电路的功能。

10. 根据集成四位二进制同步计数器 74LS161 的功能，分析如图 5-41 所示电路是几进制计数器？

11. 采用反馈归零法，用 74LS161 构成六十进制计数器，画出逻辑图。

12. 采用整体置数法，用 74LS161 构成六十进制计数器，画出逻辑图。

13. 采用反馈归零法，用 74LS290 构成三进制计数器和九进制计数器，画出逻辑图。

14. 采用级联法，用集成计数器 74LS290 构成三十六进制计数器，画出逻辑图。

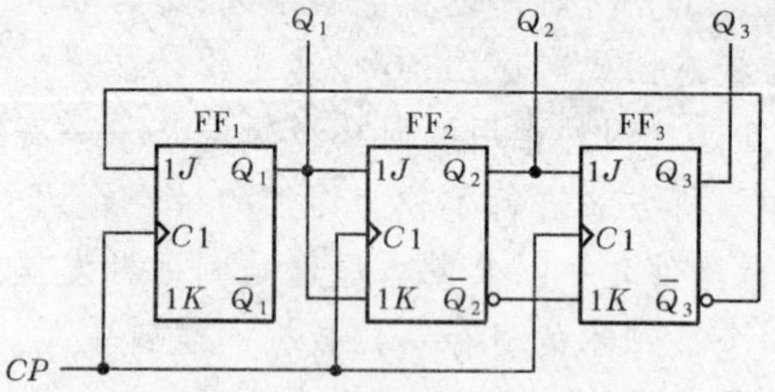

图 5-37　题 6 图

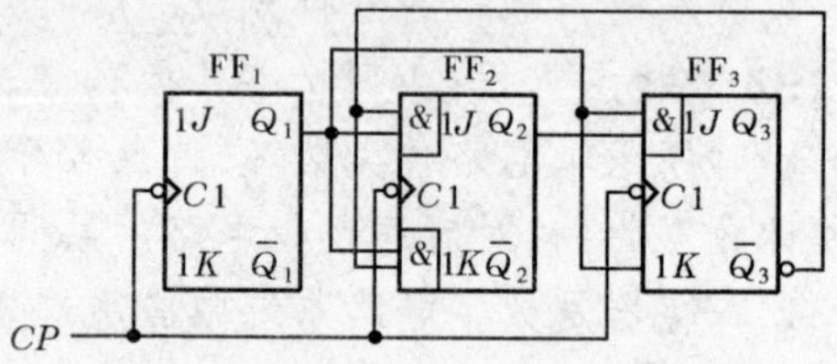

图 5-38　题 7 图

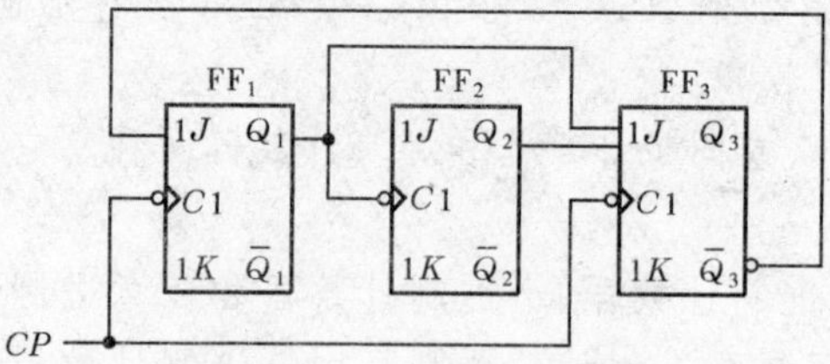

图 5-39　题 8 图

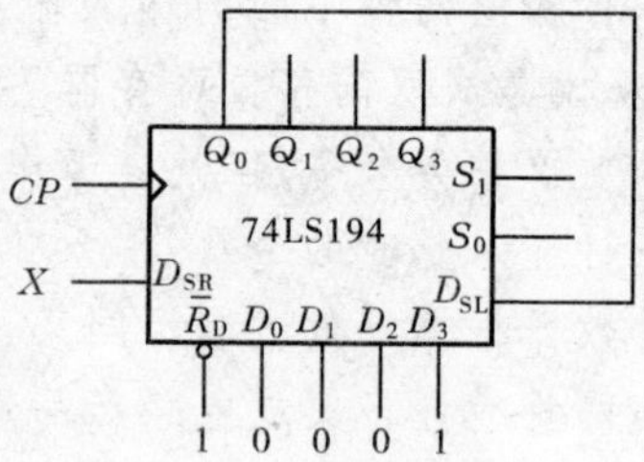

图 5-40　题 9 图

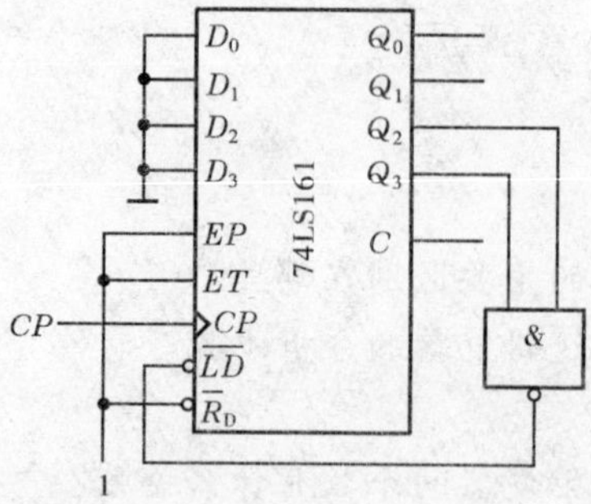

图 5-41　题 10 图

表 5-12　状态转换表

CP	S_1	S_0	Q_0	Q_1	Q_2	Q_3
↑	1	1				
↑	0	1				
↑	0	1				
↑	0	1				
↑	0	1				

项目 6　双音门铃的设计与制作

知识目标

掌握脉冲信号的产生电路及整形过程,掌握 555 定时器的结构、工作过程及其组成的单稳态触发器、施密特触发器和多谐振荡器的电路结构及工作原理;理解集成单稳态触发器的逻辑功能和由门电路组成的多谐振荡器的工作原理;了解由门电路组成的单稳态触发器、施密特触发器的电路结构,了解脉冲电路的基本分析方法。

知识目标

能分析脉冲产生电路的特点,能对电路参数进行分析和计算并设计出正确的电路原理图,能正确识别与选用常用电子元器件并判别元器件的好坏,能使用万用表、示波器、信号发生器等常用仪器仪表对双音门铃电路进行测量和调试,熟练掌握电子元器件的安装和焊接工艺以及技术文件的编写、资料整理等,培养耐心细致、精益求精以及团队协作的精神。

引　言

在数字电路或系统中,常常需要各种脉冲波形,例如时钟脉冲、控制过程的定时信号等。这些脉冲波形的获取,通常采用两种方法:一种是利用脉冲信号产生器直接产生;另一种则是通过对已有信号进行变换,使之满足系统的要求。

本项目以双音门铃的设计与制作为基础,以中规模集成电路 555 定时器为典型电路,主要讨论了施密特触发器、单稳态触发器、多谐振荡器以及 555 定时器的电路结构、工作原理和典型应用。

学习链接

【1】http://www.cndzz.com/
【2】http://www.21ic.com/
【3】http://www.datasheet5.com/
【4】http://www.xie-gang.com/
【5】http://www.sydzdiy.com/
【6】http://www.56dz.com/
【7】http://www.ednchina.com/

6.1　任务提出与分析

6.1.1　任务提出

设计一个"叮咚"双音门铃,并在万能电路板或制作的电路板上焊接、组装、调试,形成最终产品。要求如下：

(1)门铃主要由直流电源、振荡电路、喇叭驱动电路等部分组成。

(2)当按下门铃按钮时发出“叮”的声音，松开门铃按钮时发出“咚”的声音。

(3)电路功耗低、成本低且易于安装调试。

(4)写出该产品的设计报告，主要包括电路原理图、主要参数的分析计算、元器件的选择检测、电路板的 PCB 图、产品的安装焊接过程、调试记录、使用说明等。

6.1.2 任务分析

该任务中的产品“叮咚”双音门铃是一款比较常用、也比较实用的家用电子产品。完成该任务的重点是不同情况下“叮咚”声的发出。我们知道，不同声音和声调主要是由发声体的不同振荡频率来决定的，“叮咚”声就是靠给扬声器不同振荡频率的信号来发出的。所以，完成该任务的关键就是设计在不同情况下产生“叮咚”声的两种不同振荡频率的脉冲电路，并驱动扬声器发声。

振荡电路是一种无稳态电路，在电子技术领域，产生脉冲振荡信号的方法主要有两种：一种是直接由相关电路产生，一种是先由电路产生其他形式的振荡信号，如正弦波，再经过整形电路整形得到。另外，在实际应用中，还经常用到延时和定时电路。下面重点就以上问题及与本任务相关的知识进行讲解。

6.2 相关知识 1——单稳态触发器

在项目 4 中介绍的触发器均存在两种稳定的状态，故又称为双稳态电路，而单稳态触发器电路只存在一种稳定的工作状态，故称为单稳态触发器。它有以下特点：

(1)电路在无外加触发信号作用时，处于一种稳定的工作状态，称为稳态。

(2)当输入端有外加触发脉冲信号的上升沿或下降沿(由电路结构决定)作用时，输出状态立即发生跳变。此后，电路进入暂时的稳定状态，称为暂稳态。

(3)过一段时间后，电路自动恢复到原先的稳态。其暂稳态的时间与触发脉冲的宽度和幅度无关，仅取决于电路本身的参数，如电路的阈值电压，外接 R、C 参数等。

单稳态触发器在数字系统和装置中一般用于定时(产生一定宽度的脉冲)、整形(把不规则的波形转换成等宽、等幅的脉冲)以及延时(将输入信号延迟一定的时间之后输出)等。

单稳态触发器可以由 TTL 或 CMOS 门电路与外接 RC 电路组成，也可以通过单片集成单稳态电路外接 RC 电路来实现。下面分别加以介绍。

6.2.1 由门电路组成的单稳态触发器

由门电路组成的单稳态触发器根据 RC 电路的不同接法有微分型和积分型两大类。

6.2.1.1 由 CMOS 门电路构成的微分型单稳态触发器

1. 电路组成

由 CMOS 或非门构成的微分型单稳态触发器如图 6-1 所示。

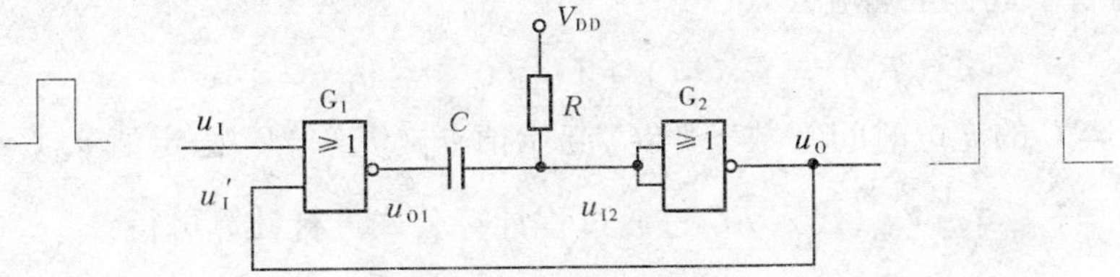

图 6-1　微分型单稳态触发器

2. 工作原理

此电路用负脉冲触发无效，只有在正的窄脉冲触发时，电路才有响应。

接通电源 V_{DD}，不触发时，$u_I=0$，而 $u_{I2}=V_{DD}=1$，所以 $u_O=0$。故有自然稳态：$u_O=0$。这时 $u_I'=0$，$u_{O1}=1\approx V_{DD}$。所以，自然稳态时，电容 C 两端电压均为 V_{DD}，C 中无电荷，是稳态的标志。

触发时，$u_I=1$，$u_{O1}=0$，由于电容 C 两端的电压在触发瞬间不能突变，所以 $u_{I2}=0$，使 $u_O=1$。故有暂态：$u_O=1$。

接下来，C 充电，充电回路为：$V_{DD}\to R\to C\to u_{O1}$，随着充电过程的进行，$u_{I2}$ 逐渐升高。当 u_{I2} 增大到等于 G_2 门的阈值电平 U_{TH}（一般 $U_{TH}=1/2V_{DD}$）时，u_O 突跳为 0，电路返回到自然稳态：$u_O=0$。

当 $u_O=0$ 时，$u_I'=0$，$u_I=0$（因为触发高电平已经消失），所以 u_{O1} 从 0 突跳为 1（即上升了 V_{DD}）。由于电容 C 两端的电压瞬间不能突变，所以 u_{I2} 也应该从 U_{TH} 突跳为 $U_{TH}+V_{DD}$。但实际上由于 G_2 门输入端内部有钳位二极管保护，所以 u_{I2} 实为 $V_{DD}+0.7$。

接下来，电容 C 通过电阻 R、门 G_1 的导通管及门 G_2 的输入保护电路向 V_{DD} 放电，放电使 u_{I2} 减小，当 u_{I2} 减小到等于 V_{DD} 时（此时，C 两端均为 V_{DD}，C 中无电荷），电路稳定，保证 $u_O=0$。

根据以上的分析，即可画出电路中各点的电压波形，如图 6-2 所示。

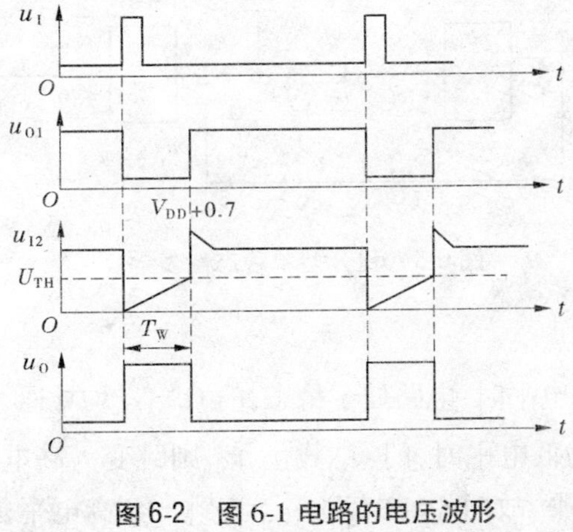

图 6-2　图 6-1 电路的电压波形

3. 参数计算

1）输出脉宽 T_W

由图 6-2 可知，T_W 等于 u_{I2} 从 0 上升到 U_{TH} 所对应的时间，也即电容器 C 的充电时间，

根据 RC 电路暂态过程全响应公式

$$u_{I2}(T_W) = u_{I2}(\infty) + [u_{I2}(0^+) - u_{I2}(\infty)]e^{-\frac{t}{\tau}} \tag{6-1}$$

这里，电容 C 的充电时间常数 $\tau = RC$，起始值 $u_{I2}(0^+) = 0$，稳定值 $u_{I2}(\infty) = V_{DD}$，转换值 $u_{I2}(T_W) = U_{TH} = \frac{1}{2}V_{DD}$，代入 RC 过渡过程计算公式进行计算可得：

$$T_W = \tau \ln \frac{u_{I2}(\infty) - u_{I2}(0^+)}{u_{I2}(\infty) - u_{I2}(T_W)} = 0.69RC \tag{6-2}$$

2）恢复时间 T_{re}

从暂态结束到电路恢复到稳态初始值所需的时间，即电容 C 放电所需要的时间，为

$$T_{re} \approx (3 \sim 5)\tau_d = (3 \sim 5)R_{ON}C \tag{6-3}$$

式中 τ_d——电容 C 放电过程的时间常数；

R_{ON}——门 G_1 输出高电平时的输出电阻。

3）最高工作频率 f_{max}

为保证单稳态电路能正常工作，在第一个触发脉冲作用后，必须等待电路恢复到稳态初始值才能输入第二个触发脉冲。因此，触发脉冲工作最小周期 $T_{min} > T_W + T_{re}$，则电路的最高工作频率为

$$f_{max} = \frac{1}{T_{min}} < \frac{1}{T_W + T_{re}} \tag{6-4}$$

6.2.1.2 由 CMOS 门电路构成的积分型单稳态触发器

1. 电路组成

积分型单稳态触发器如图 6-3 所示，是由两个 CMOS 或非门组成的。门 G_1 和门 G_2 采用 RC 积分电路耦合，u_I、u_{I2}加至门 G_1 和门 G_2 的输入端。

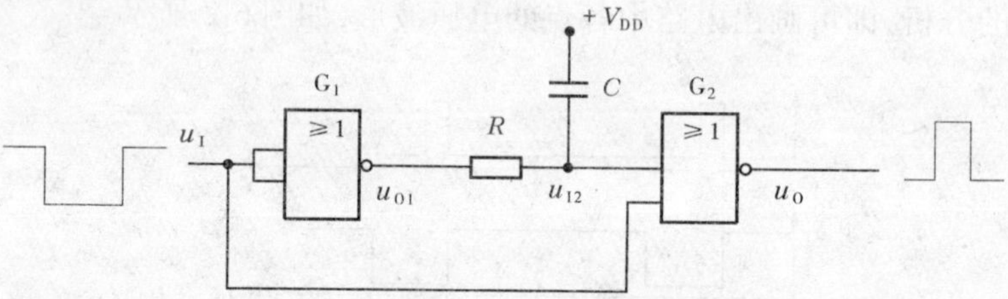

图 6-3 积分型单稳态触发器

2. 工作原理

当电路的输入 u_I 为高电平时，电路处于稳态，门 G_1、G_2 均导通，u_{O1}、u_{I2}、u_O 均为低电平。

当输入信号 u_I 下跳为低电平时，门 G_1 截止，u_{O1}则跳变为高电平，但由于电容 C 上电压不能突变，u_{I2}仍为低电平，故门 G_2 亦截止，u_O 正跳变到高电平，电路进入暂稳态。

当门 G_1、门 G_2 截止时，由于电阻 R 两端电位不等，电容 C 通过门 G_1 的输出电阻和 R 放电，u_{I2}逐渐上升，当升高到该门的阀值电压 U_{TH}时（假定 u_I 仍为低电平），门 G_2 导通，u_O 变为低电平。

当 u_I 回到高电平后，门 G_1 导通，u_O 为低电平，此时电容充电，电路恢复到原来的稳定状态。

电路各点的工作波形如图 6-4 所示。

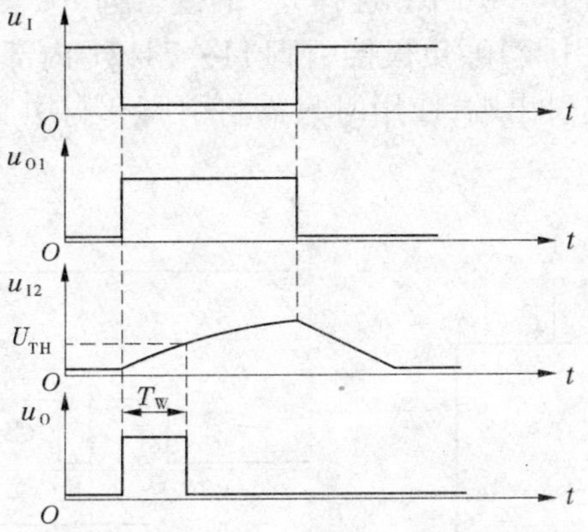

图 6-4　CMOS 积分型单稳态电路工作波形

3. 参数计算

1）脉冲宽度 T_W

T_W 的估算公式和微分型电路相同，即

$$T_W = RC\ln\frac{V_{DD}}{V_{DD}-U_{TH}} = 0.69RC \tag{6-5}$$

这种电路要求输入信号 u_I 的脉冲宽度（低电平时间）应大于输出脉宽 T_W。

2）恢复时间 T_{re}

T_{re}的估算公式为

$$T_{re} \approx (3 \sim 5)(R + R_{ON})C \tag{6-6}$$

微分型单稳态触发器要求窄脉冲触发，具有扩展脉冲宽度的作用，而积分型单稳态触发器则相反，需要宽脉冲触发，输出窄脉冲，故有压缩脉冲宽度的作用。

在积分型单稳态触发电路中，由于电容 C 对高频干扰信号具有旁路滤波作用，故与微分型电路相比，抗干扰能力较强。

6.2.2　集成单稳态触发器

由于单稳态触发器在数字系统中的应用日益广泛，所以有很多集成单稳态触发器产品。同上面介绍的 CMOS 单稳态电路一样，在其正常工作时，需外接阻容元件。下面以 TTL 集成单稳态触发器 74121 为例进行介绍。

6.2.2.1　TTL 集成单稳态触发器 74121 的逻辑功能和使用方法

图 6-5（a）是 TTL 集成单稳态触发器 74121 的逻辑符号，图 6-5（b）是其工作波形图。该器件是在普通微分型单稳态触发器的基础上附加输入控制电路和输出缓冲电路而形成的。

它有两种触发方式：下降沿触发和上升沿触发。A_1 和 A_2 是两个下降沿有效的触发信号输入端,B 是上升沿有效的触发信号输入端。

Q 和 $\overline{Q}$ 是两个状态互补的输出端。R_{ext}/C_{ext}、C_{ext}是外接定时电阻和电容的连接端,外接定时电阻 R_{ext}(阻值可在 1.4 ~40 kΩ 选择)应一端接 V_{CC}(引脚 14),另一端接引脚 11。外接定时电容 C(一般在 10 pF ~10 μF 选择)一端接引脚 10,另一端接引脚 11 即可。若 C 是电解电容,则其正极接引脚 10,负极接引脚 11。74121 内部已经设置了一个 2 kΩ 的定时电阻,R_{int}(引脚 9)是其引出端,使用时只需将引脚 9 与引脚 14 连接起来即可,不用时则应让引脚 9 悬空。

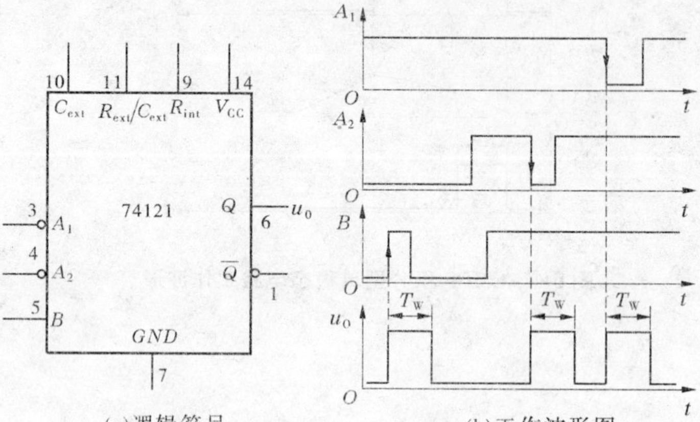

(a)逻辑符号　　(b)工作波形图

图 6-5　TTL 集成单稳态触发器 74121 的逻辑符号和工作波形图

表 6-1 是 TTL 集成单稳态触发器 74121 的功能表,表中 1 表示高电平,0 表示低电平。

表 6-1　74121 的功能表

输入			输出		工作特征
A_1	A_2	B	Q	$\overline{Q}$	
0	×	1	0	1	保持稳态
×	0	1	0	1	
×	×	0	0	1	
1	1	×	0	1	
1	↓	1	⊓	⊔	下降沿触发
↓	1	1	⊓	⊔	
↓	↓	1	⊓	⊔	
0	×	↑	⊓	⊔	上升沿触发
×	0	↑	⊓	⊔	

集成单稳态触发器 74121 的外部元件连接方法见图 6-6,图 6-6(a)使用外部电阻 R_{ext} 且电路为下降沿触发连接方式,图 6-6(b)使用内部电阻 R_{int} 且电路为上升沿触发连接方式(R_{int} =2 kΩ)。

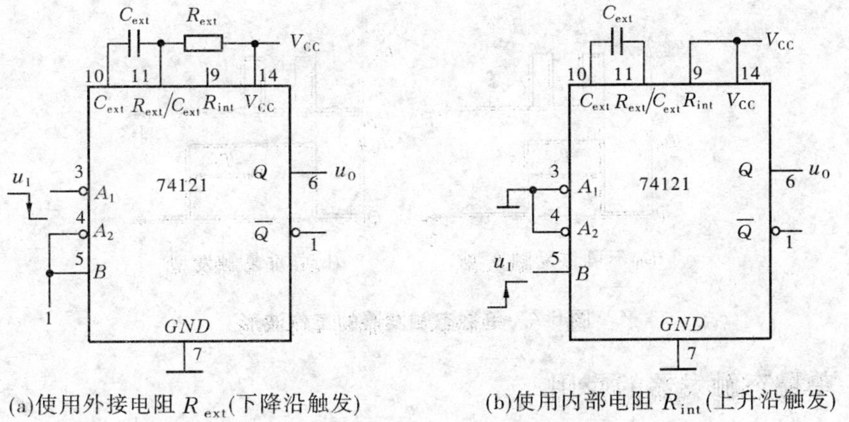

图 6-6　集成单稳态触发器 74121 的外部元件连接方法

6.2.2.2　主要参数

1. 输出脉冲宽度 T_W

$$T_W = RC\ln 2 \approx 0.69RC \tag{6-7}$$

使用外接电阻时　　$T_W \approx 0.69R_{ext}C$

使用内部电阻时　　$T_W \approx 0.69R_{int}C$

2. 输入触发脉冲最小周期 T_{min}

$$T_{min} = T_W + T_{re} \quad (T_{re}\text{ 是恢复时间}) \tag{6-8}$$

3. 周期性输入触发脉冲占空比 q

定义：$q = T_W/T$。式中 T 是输入触发脉冲的重复周期，T_W 是单稳态触发器的输出脉冲宽度。则最大占空比为

$$q_{max} = T_W/T_{min} = \frac{T_W}{T_W + T_{re}} \tag{6-9}$$

74121 的最大占空比 q_{max}，当 $R=2\ \text{k}\Omega$ 时为 67%；当 $R=40\ \text{k}\Omega$ 时可达 90%。不难理解，若 $R=2\ \text{k}\Omega$ 且输入触发脉冲重复周期 $T=1.5\ \mu\text{s}$，则恢复时间 $T_{re}=0.5\ \mu\text{s}$，这是 74121 恢复到稳态所必需的时间。如果占空比超过最大允许值，电路虽然仍可被触发，但 T_W 将不稳定，也就是说 74121 不能正常工作，这也是使用 74121 时应该注意的一个问题。

6.2.2.3　关于集成单稳态触发器的重复触发问题

集成单稳态触发器有不可重复触发型和可重复触发型两种。不可重复触发型的单稳态触发器一旦被触发进入暂稳态，再加入触发脉冲不会影响电路的工作过程，必须在暂稳态结束以后，它才能接收下一个触发脉冲而转入下一个暂稳态，如图 6-7(a)所示。而可重复触发型单稳态触发器在电路被触发而进入暂稳态以后，如果再次加入触发脉冲，电路将重新被触发，使输出脉冲再继续维持一个 T_W 宽度，如图 6-7(b)所示。

74121、74LS121、74221、74LS221 都是不可重复触发型单稳态触发器。属于可重复触发型的单稳态触发器有 74122、74LS122、74123、74LS123 等。

有些集成单稳态触发器上还设有复位端(例如 74221、74122、74123 等)。复位端加入有效电平信号后能立即终止暂稳态过程，使输出返回到稳定状态。

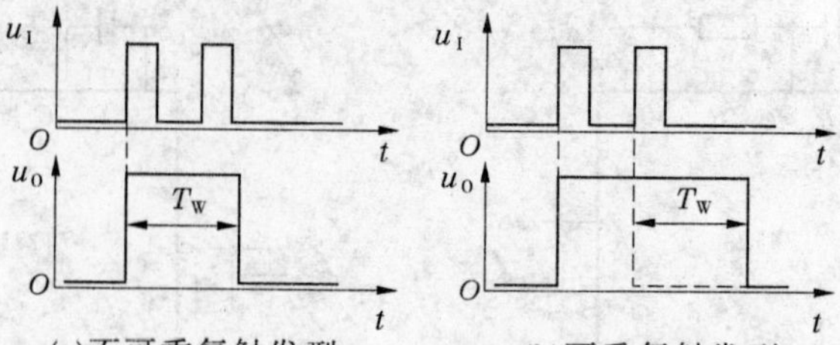

(a)不可重复触发型　　(b)可重复触发型

图 6-7　单稳态触发器的工作波形

6.2.3　单稳态触发器的应用

6.2.3.1　**延时与定时**

1. 延时

在图 6-8 中，u_O'的下降沿比 u_I 的下降沿滞后了时间 T_W，即延迟了时间 T_W。单稳态触发器的这种将脉冲延时的作用常应用于时序控制中。

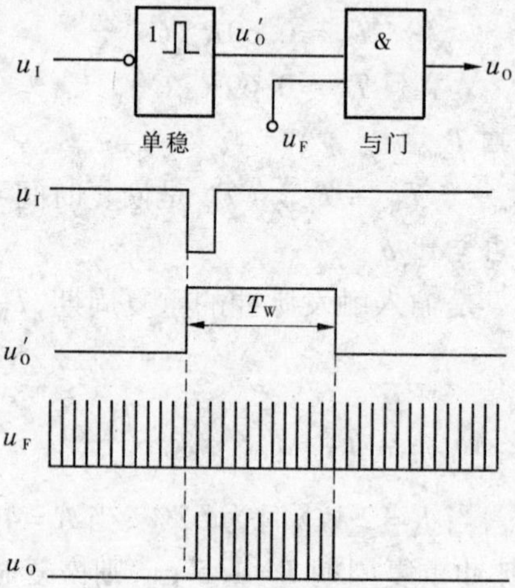

图 6-8　单稳态触发器用于延时与定时

2. 定时

在图 6-8 中，单稳态触发器的输出电压 u_O' 用做与门的输入定时控制信号，当 u_O' 为高电平时，与门打开，$u_O = u_F$，当 u_O' 为低电平时，与门关闭，u_O 为低电平，这体现了单稳态触发器的定时选通作用。显然，与门打开的时间是恒定不变的，即单稳态触发器输出脉冲 u_O' 的宽度 T_W。

6.2.3.2　**整形**

单稳态触发器还能够把不规则的输入信号 u_I 整形成幅度和宽度都相同的标准矩形脉冲 u_O。u_O 的幅度取决于单稳态电路输出的高、低电平，u_O 的宽度 T_W 取决于暂稳态时间。图 6-9 是单稳态触发器用于波形整形的一个简单例子。

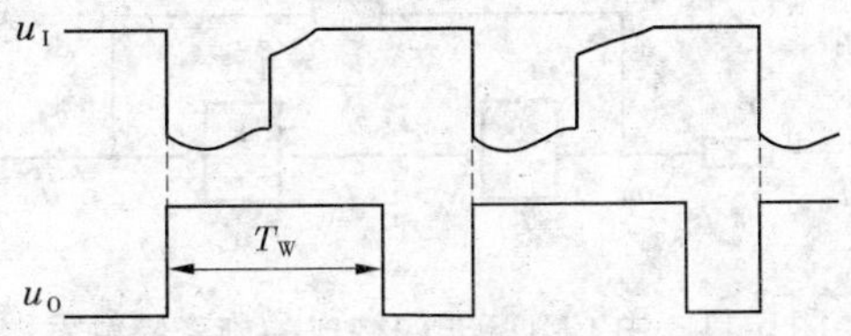

图 6-9　单稳态触发器用于波形整形

6.3　相关知识 2——施密特触发器

施密特触发器是一种双稳态触发电路，输出有两种稳定的状态，但与一般触发器不同的是：施密特触发器属于电平触发；对于正向增加和减小的输入信号，电路有不同的阈值电压 U_{T+} 和 U_{T-}，也就是引起输出电平两次翻转（1→0 和 0→1）的输入电压不同，具有如图 6-10 所示的滞后电压传输特性，此特性又称回差特性。此特性意味着对于施密特触发器而言，其输入信号 u_I 从低电平上升过程中，电路状态转换时对应的输入电平，与 u_I 从高电平下降过程中不同。

施密特触发器有同相输出（见图 6-10（a））和反相输出（见图 6-10（b））两种类型。同相输出的施密特触发器是当输入信号正向增加到 U_{T+} 时，输出由 0 态翻转到 1 态，而当输入信号正向减小到 U_{T-} 时，输出由 1 态翻转到 0 态。反相输出只是输出状态转换时与上述相反。U_{T+} 是 u_I 上升过程中电路状态发生转换时对应的输入电平，称为正向阈值电平；U_{T-} 是 u_I 下降过程中电路状态发生转换时对应的输入电平，称为负向阈值电平。

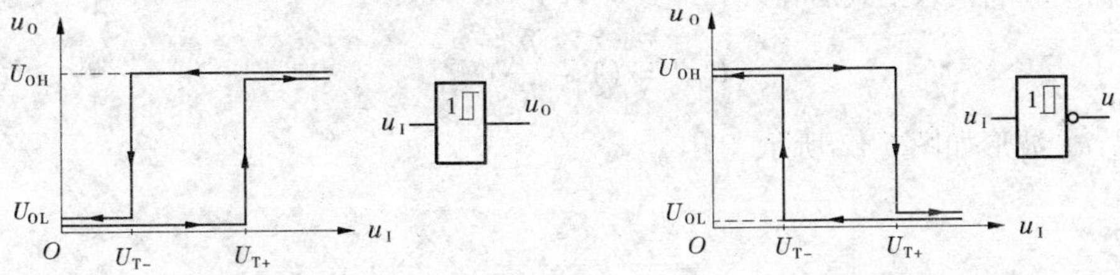

(a)同相传输特性　　(b)反相传输特性

图 6-10　施密特触发器的电压传输特性和逻辑符号

6.3.1　由门电路组成的施密特触发器

6.3.1.1　电路组成

由 CMOS 非门构成的施密特触发器如图 6-11 所示。

6.3.1.2　工作过程

设 u_I 是变化缓慢的三角波，其工作过程为：

（1）$u_I=0$ 时，$u_I'=0$，$u_{O1}=1$，所以 $u_O=U_{OL}\approx 0$ V，电路输出低电平。

（2）u_I 上升时，u_I' 也上升；当 u_I 上升使 u_I' 趋于 G_1 门的阈值电平 U_{TH} 时，G_1 门和 G_2

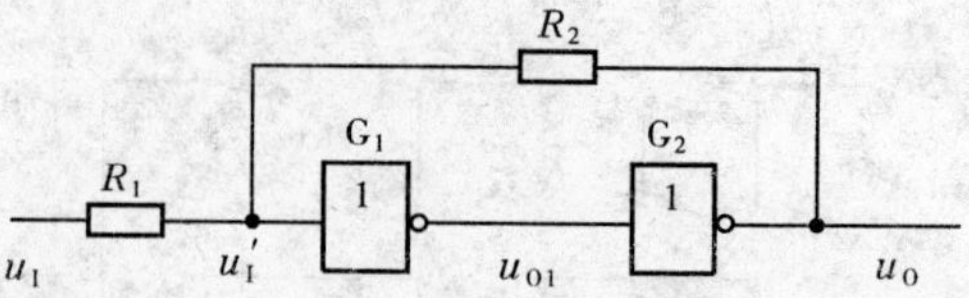

图 6-11　由 CMOS 非门构成的施密特触发器

门处在要翻转的边缘；当 u_I 上升使 $u_I' = U_{TH}$ 时，$u_{O1} = 0$，$u_O = U_{OH} \approx V_{DD}$。由此可求出此电路的正向阈值电平 U_{T+}。因为这时有

$$u_I' = U_{TH} \approx \frac{R_2}{R_1 + R_2} U_{T+}$$

所以

$$U_{T+} = \frac{R_1 + R_2}{R_2} U_{TH} = (1 + \frac{R_1}{R_2}) U_{TH} \tag{6-10}$$

(3)当 u_I 从高电平下降时，u_I' 也下降；当 u_I 下降使 u_I' 趋于 G_1 门的阈值电平 U_{TH} 时，G_1 门和 G_2 门又处在要翻转的边缘；当 u_I 下降使 $u_I' = U_{TH}$ 时，$u_{O1} = 1$，$u_O = U_{OL} \approx 0$。由此可求出此电路的负向阈值电平 U_{T-}。因为这时有

$$u_I' = U_{TH} \approx V_{DD} - (V_{DD} - U_{T-}) \frac{R_2}{R_1 + R_2}$$

所以

$$U_{T-} = \frac{R_1 + R_2}{R_2} U_{TH} - \frac{R_1}{R_2} V_{DD}$$

将 $V_{DD} = 2U_{TH}$ 代入上式后得

$$U_{T-} = (1 - \frac{R_1}{R_2}) U_{TH} \tag{6-11}$$

结果，u_O 波形如图 6-12 所示。

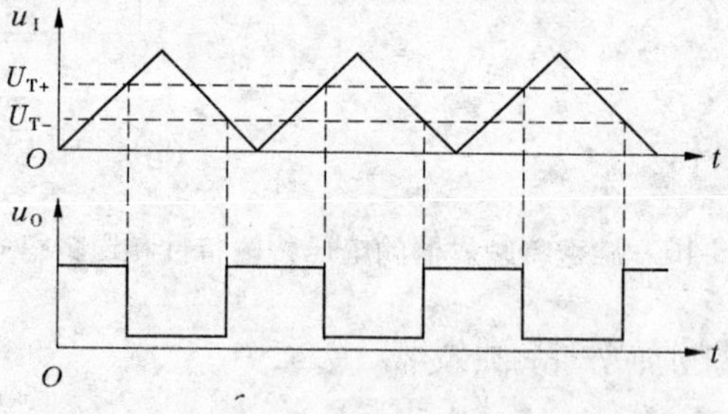

图 6-12　图 6-11 电路工作波形

U_{T+} 与 U_{T-} 之差定义为回差电压 ΔU_T，即

$$\Delta U_T = U_{T+} - U_{T-} = 2\frac{R_1}{R_2} U_{TH} \tag{6-12}$$

6.3.2 集成施密特触发器

施密特触发器应用十分广泛,所以市场上有专门的集成电路产品出售,称为施密特触发门电路。集成施密特触发器的触发阈值稳定,使用方便。常用的 TTL 集成施密特触发器有双 4 输入与非门 74LS13,六反相器 74LS14 等,常用的 CMOS 集成施密特触发器有六反相器 CC40106 等。

6.3.2.1 CMOS 集成施密特触发器

图 6-13(a)所示为 CMOS 集成施密特触发器 CC40106(六反相器)的引脚排列图,表 6-2 所示是其主要静态参数。

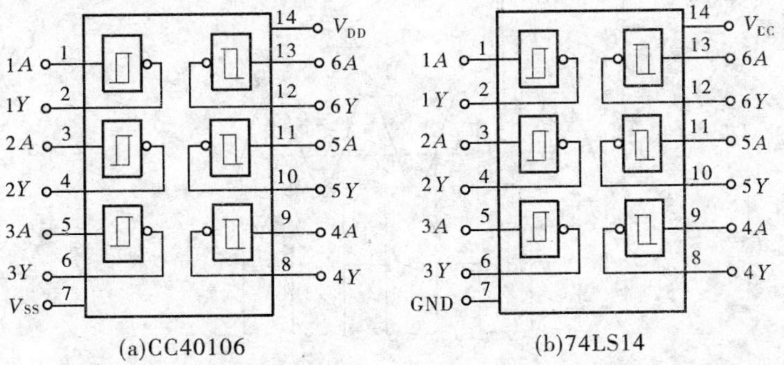

图 6-13 集成施密特触发器 CC40106 和 74LS14 引脚排列图

表 6-2 CMOS 集成施密特触发器 CC40106 的主要静态参数

V_{DD}	U_{T+} 典型值	U_{T-} 典型值	ΔU_T 典型值	单位
5	2.9	1.9	0.9	V
10	5.9	3.9	2.3	V
15	8.8	5.8	3.5	V

6.3.2.2 TTL 集成施密特触发器

图 6-13(b)所示为 TTL 集成施密特触发器 74LS14(六反相器)的引脚排列图,其主要参数的典型值如表 6-3 所示。

表 6-3 TTL 集成施密特触发器几个主要参数的典型值

器件型号	延迟时间(ns)	每门功耗(mW)	U_{T+}(V)	U_{T-}(V)	ΔU_T(V)
74LS14	15	8.6	1.6	0.8	0.8
74LS132	15	8.8	1.6	0.8	0.8
74LS13	16.5	8.75	1.6	0.8	0.8

TTL 施密特触发器具有以下特点:

(1)输入信号边沿的变化即使非常缓慢,电路也能正常工作。

(2)对于阈值电压和回差电压均有温度补偿。

(3)带负载能力和抗干扰能力都很强。

6.3.3 施密特触发器的应用

施密特触发器的应用十分广泛,不仅可用于波形的变换、整形,还可用于鉴别脉冲幅度以及构成多谐振荡器、单稳态触发器等。

6.3.3.1 波形变换

施密特触发器能够将变化平缓的信号波形变换为较理想的矩形脉冲信号波形,如可将正弦波或三角波变换成矩形波。如图 6-14 所示为将输入的正弦波转换为矩形波,其输出脉宽 T_W 可由回差电压 ΔU_T 调节。

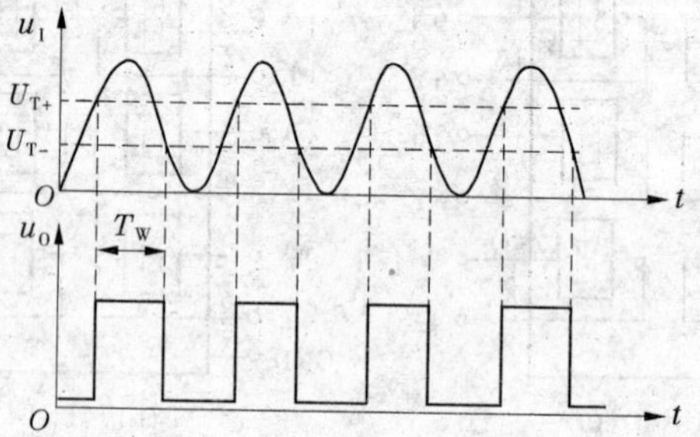

图 6-14　施密特触发器用于波形变换

6.3.3.2 波形整形

在数字系统中,矩形脉冲信号经过传输之后往往会发生失真现象或带有干扰信号。利用施密特触发器可以有效地将波形整形和去除干扰信号(要求回差电压 ΔU_T 大于干扰信号的幅度)。施密特触发器的波形整形作用如图 6-15 所示。

6.3.3.3 脉冲鉴幅

如果有一串幅度不相等的脉冲信号,我们要剔除其中幅度不够大的脉冲,可利用施密特触发器构成脉冲幅度鉴别器,如图 6-16 所示,可以鉴别幅度大于 U_{T+} 的脉冲信号。

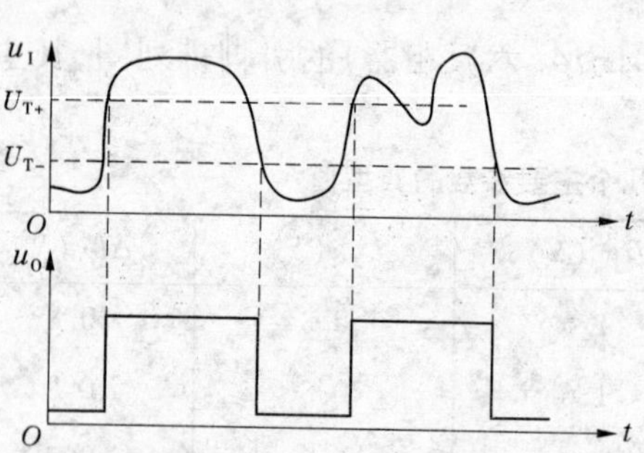

图 6-15　施密特触发器用于波形整形

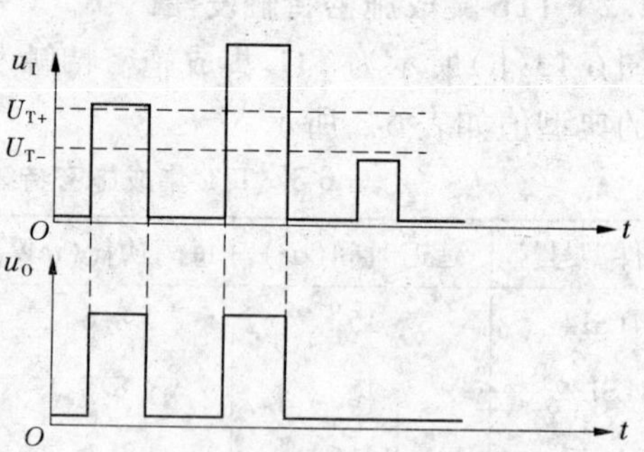

图 6-16　施密特触发器用于鉴幅

6.3.3.4 构成单稳态触发器

利用施密特触发器的回差特性,可以很方便地构成单稳态触发器,图 6-17 给出了两个用施密特触发器构成单稳态触发器的例子。

图 6-17(a)中单稳态触发器为下降沿触发。平时 A 点由于电阻上拉到高电平，输出端电平常为低电平。一旦输入端来了下降沿，由于电容器两端的电压不能突变，所以 A 点也立刻变为低电平，只要低于负向阈值电平 U_{T-}，反相器立刻动作，输出高电平。随后，电源$E+$通过电阻 R 对电容器 C 充电，A 点电位逐渐回升，当其超过正向阈值电平 u_{T+} 时，输出马上返回到低电平。因此，这种单稳态是即时动作，延时返回。图 6-17(b)中单稳态触发器为上升沿触发，具体分析和下降沿触发相仿，留待读者自行完成。

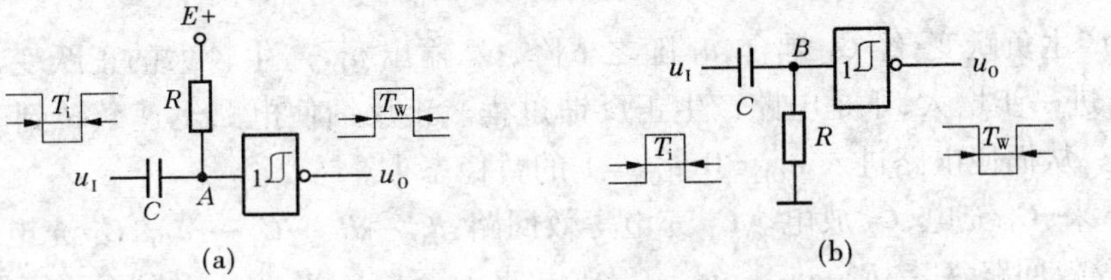

图 6-17　用施密特触发器构成单稳态触发器

单稳态触发器输出的脉冲宽度 T_W 与 ΔU_T 有关，ΔU_T 越小，则脉宽越窄；反之，ΔU_T 越大，则脉宽越大。

6.3.3.5　构成多谐振荡器

用施密特触发器很容易构成多谐振荡器，如图 6-18 所示，将施密特触发器的反相输出端经过 RC 充放电回路接回到输入端，则由于 RC 充放电回路和输入端的 U_{T+} 和 U_{T-} 的差异而形成振荡。

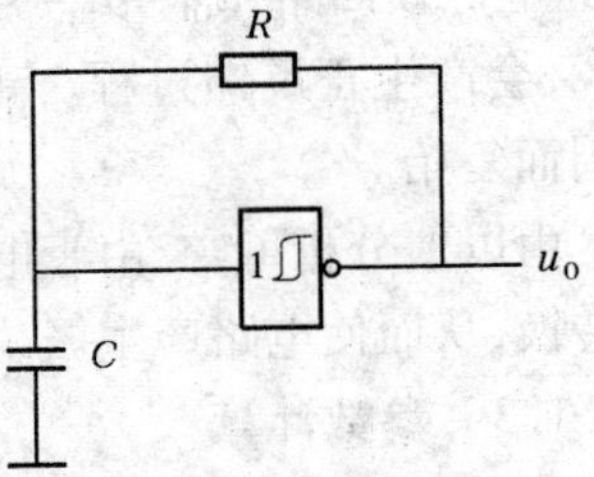

图 6-18　用施密特触发器构成多谐振荡器

其具体过程是：当电容初始电平为 0 时，触发器输出高电平，此电平经电阻 R 对电容充电；当电容电压充到 U_{T+} 时，触发器输出将跳变到低电平，这时电容将通过电阻放电，直到电容电压等于 U_{T-} 时，触发器输出电平又跳回到高电平，重新对电容充电。这样电容电压在 U_{T-} 和 U_{T+} 之间不断变换，输出端也就得到了矩形脉冲波。用 CMOS 施密特触发器得到的矩形波周期是

$$T = RC\ln\left(\frac{V_{DD} - U_{T-}}{V_{DD} - U_{T+}} \cdot \frac{U_{T+}}{U_{T-}}\right) \tag{6-13}$$

6.4　相关知识 3——多谐振荡器

多谐振荡器也称自激振荡器，是产生矩形脉冲的典型电路，常用做脉冲信号源。

多谐振荡器没有输入端，接通电源便自激振荡。多谐振荡器一旦起振之后，电路没有稳态，只有两种暂稳态，它们交替变化，输出连续的矩形脉冲信号，因此又称之为无稳态电路。

6.4.1 用门电路组成的多谐振荡器

6.4.1.1 电路组成

用门电路组成多谐振荡器的电路形式有多种，如图 6-19 所示为对称式多谐振荡器，其中非门为 TTL 门电路，工作电压波形如图 6-20 所示。

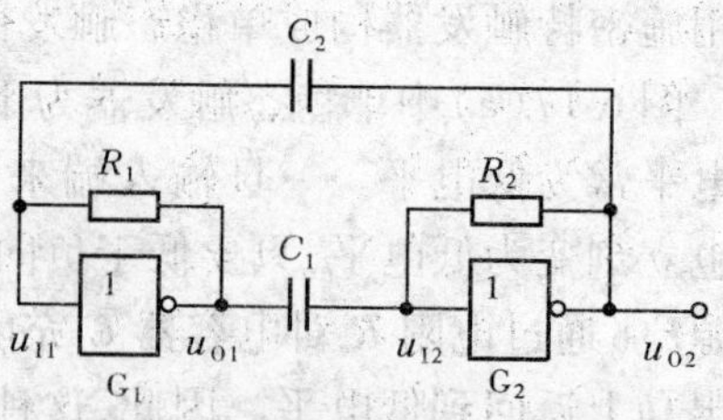

图 6-19 对称式多谐振荡器

6.4.1.2 工作过程

设接通电源后，由于某种原因(如系统扰动)，u_{I1}产生了很小的正跃变，经 G_1 放大后，输出 u_{O1}产生负跃变，经 C_1 耦合，u_{I2}随之下降，G_2 输出 u_{O2}产生较大的正跃变，通过 C_2 耦合，使 u_{I1}进一步增大，于是电路产生正反馈过程。正反馈使电路迅速翻转到 G_1 开通、G_2 关闭状态，从而使电路进入 $u_{O1}=0$、$u_{O2}=1$ 的暂稳态Ⅰ。

接下来，C_1 充电，C_2 放电。C_1 充电等效回路：$u_{O2} \to R_2 \to C_1 \to u_{O1}$，$C_1$ 充电使 u_{I2}上升。C_2 放电等效回路：$C_2 \to R_1 \to u_{O1} \to u_{O2}$，$C_2$ 放电使 u_{I1}下降。当 u_{I2}上升到 G_2 的阈值电平 U_{TH} 时，电路又产生另一个正反馈过程，正反馈的结果使 G_2 开通，输出 u_{O2}由高电平 U_{OH}跃到低电平 U_{OL}，通过电容 C_2 的耦合，u_{I1}迅速下降到小于 G_1 的阈值电压 U_{TH}，使 G_1 关闭，其输出由低电平 U_{OL}跃到高电平 U_{OH}，使电路进入 $u_{O1}=1$、$u_{O2}=0$ 的暂稳态Ⅱ。

接下来，C_1 放电，C_2 充电。C_1 放电等效回路：$C_1 \to R_2 \to u_{O2} \to u_{O1}$，$C_1$ 放电使 u_{I2}下降。C_2 充电等效回路：$u_{O1} \to R_1 \to C_2 \to u_{O2}$，$C_2$ 充电使 u_{I1}上升。当 u_{I1}上升到 G_1 的阈值电平 U_{TH} 时，又会产生正反馈过程。正反馈使电路又迅速翻转到 G_1 开通、G_2 关闭的暂稳态Ⅰ，如此周而复始。

由以上分析可知，由于电容 C_1 和 C_2 交替进行充电和放电，电路的两个暂稳态自动相互转换，从而使电路产生振荡，输出周期性的矩形脉冲。

6.4.1.3 参数计算

当 $C_1=C_2=C$，$R_1=R_2=R$ 时，参数计算如下。

1. 脉冲宽度 T_1

由图 6-20 可知，T_1 等于 u_{I2}从 0 上升到 U_{TH}所对应的时间。这里，电容 C 的充电时间常数 $\tau=RC$。考虑到 TTL 门电路输入端反向钳位二极管的影响，在 u_{I2}产生负跳变时只能下跳至输入端负钳位电压 U_{IK}，所以 C_1 充电的起始值 $u_{I2}(0)=U_{IK}$，C_1 上的电压 u_{C1}也就是 u_{I2}。假定 $U_{OL}\approx 0$ V，于是得到 $u_{C1}(0)=U_{IK}$，$u_{C1}(\infty)=U_{OH}$，转换电压即 U_{TH}。如果 G_1、G_2 为 74LS 系列反相器，则 $U_{OH}=3.4$ V，$U_{IK}=-1$ V，$U_{TH}=1.1$ V，代入 RC 过渡过程计算公式进行计算可得

$$T_1=\tau\ln\frac{U_{OH}-U_{IK}}{U_{OH}-U_{TH}}=\tau\ln\frac{3.4+1}{3.4-1.1}\approx 0.65\tau=0.65RC \qquad (6\text{-}14)$$

2. 脉冲间歇时间 T_2

由于电路对称，所以 $T_2=T_1$。

3. 电路振荡周期 T

$T=T_1+T_2\approx 1.3RC$。

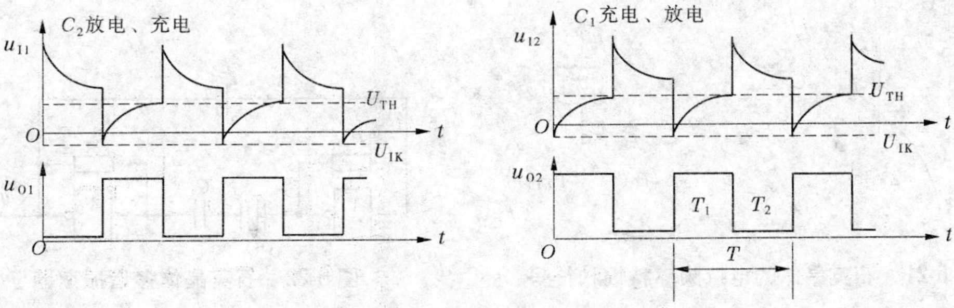

图 6-20　多谐振荡器的工作电压波形

4. 电路振荡频率 f

$$f = 1/T$$

5. 脉冲占空比 q

$$q = (T_1/T) \times 100\% = 50\%$$

6.4.2　石英晶体多谐振荡器

在许多数字系统中,都要求时钟脉冲频率十分稳定,例如在数字钟表里,计数脉冲频率的稳定性就直接决定着计时的精度。在上面介绍的多谐振荡器中,由于其工作频率取决于电容 C 充、放电过程中电压到达转换值的时间,因此稳定度不够高。这是因为:第一,转换电平易受温度变化和电源波动的影响;第二,电路的工作方式易受干扰,使电路状态转换提前或滞后;第三,电路状态转换时,电容 C 充、放电的过程已经比较缓慢,转换电平的微小变化或者干扰,对振荡周期影响都比较大,因此频率稳定度不够高。一般在对振荡器频率稳定度要求很高的场合,都需要采取稳频措施,其中最常用的一种方法就是利用石英谐振器(简称石英晶体或晶体),构成石英晶体多谐振荡器。

6.4.2.1　石英晶体的选频特性

石英晶体本身的固有振荡频率(也称晶体的标称频率)常记为 f_0,由晶体本身的特性决定。石英晶体的电抗频率特性和符号如图 6-21 所示。当晶体的工作频率 $f<f_0$ 时,晶体呈电容性,电抗值 $X \neq 0$;当 $f>f_0$ 时,晶体呈电感性,电抗值 $X \neq 0$;当 $f=f_0$ 时,晶体的电抗值 $X=0$。

石英晶体的选频特性极好,f_0 十分稳定,其稳定度可达 $10^{-11} \sim 10^{-10}$。

6.4.2.2　常用的石英晶体多谐振荡器

常用的石英晶体多谐振荡器如图 6-22 所示,R_1、R_2 的作用是使两个反相器在静态时都工作在转折区,成为具有很强放大能力的放大电路。

若是 TTL 门,常取 $R_1 = R_2 = 0.7 \sim 2\ \text{k}\Omega$;若是 CMOS 门,则常取 $R_1 = R_2 = 10 \sim 100\ \text{M}\Omega$。$C_1 = C_2$ 是耦合电容。

石英晶体工作在固有振荡频率 f_0 下,只有频率为 f_0 的信号才能通过,满足振荡条件。因此,电路的振荡频率 $f = f_0$,与外接元件 R、C 无关,所以这种电路振荡频率的稳定度很高。

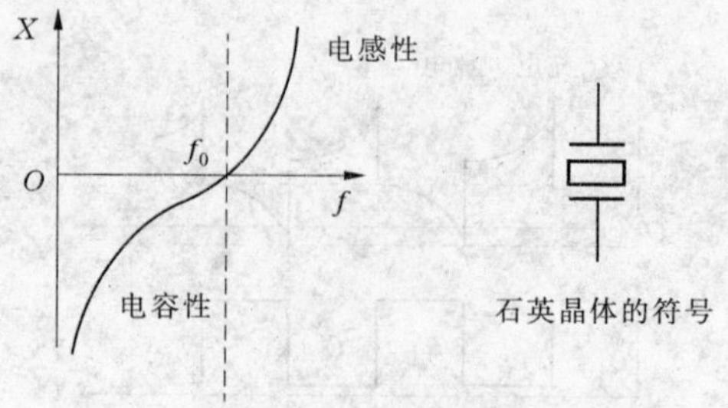

图 6-21　石英晶体的电抗频率特性和符号

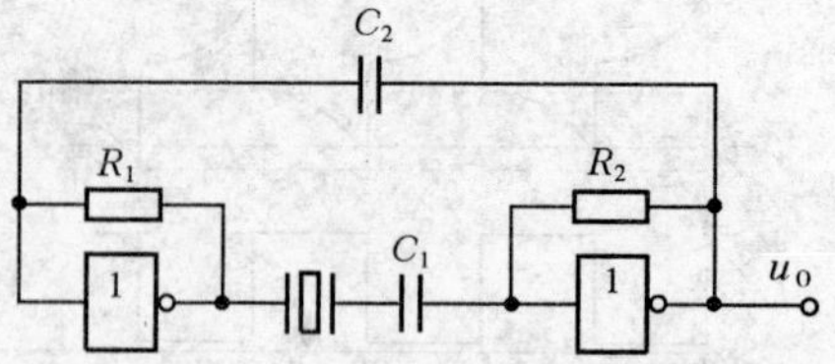

图 6-22　石英晶体多谐振荡器

6.5　相关知识 4——555 集成电路及其应用

6.5.1　555 定时器的结构及功能

555 集成电路又叫 555 定时器或 555 时基电路，是一种多用途的数字 - 模拟混合集成电路，利用它能极方便地构成施密特触发器、单稳态触发器和脉冲发生器等。由于使用灵活、方便，所以 555 定时器在波形的产生和变换、测量与控制、家用电器、电子玩具等许多领域都得到了广泛的应用，被称为伟大的小“IC”。

正因为如此，自从这种产品在 1972 年被推出以来，国际各主要电子器件公司都相继生产了 555 定时器产品。尽管产品型号繁多，但所有双极型产品型号最后的 3 位数码都是 555，所有 CMOS 产品型号的最后 4 位数码都是 7555。而且，他们的功能和外部引脚的排列完全相同。为了提高集成度，随后又生产了双定时器产品 556（双极型）和 7556（CMOS 型）。555 系列定时器产品的外观和引脚示意图分别如图 6-23、图 6-24 所示。

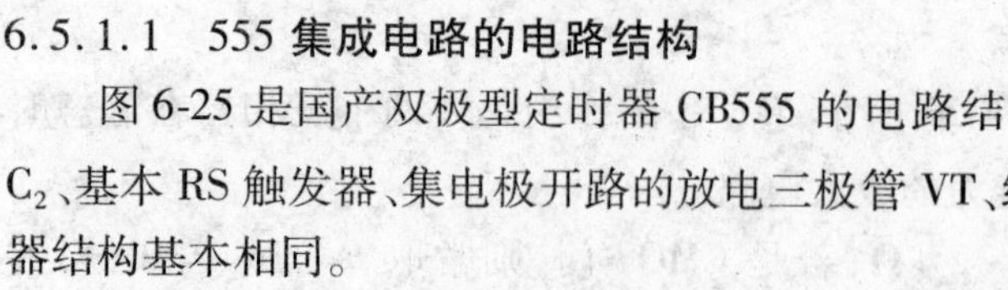

图 6-23　555 系列定时器外观

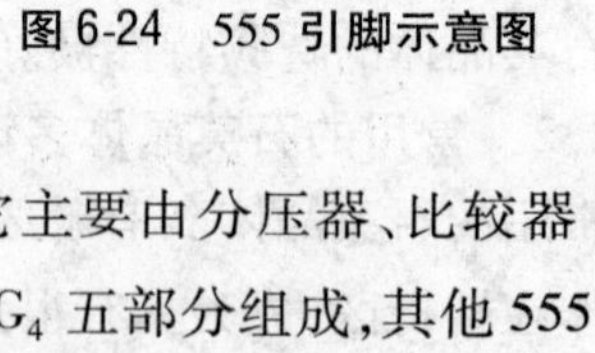

图 6-24　555 引脚示意图

6.5.1.1　555 集成电路的电路结构

图 6-25 是国产双极型定时器 CB555 的电路结构图，它主要由分压器、比较器 C_1 和 C_2、基本 RS 触发器、集电极开路的放电三极管 VT、缓冲器 G_4 五部分组成，其他 555 定时器结构基本相同。

（1）分压器：由 3 个 5 kΩ 的电阻串联而成，为电压比较器 C_1 和 C_2 提供参考电压，当控制电压输入端 *CONT*（*Uc*）悬空时，$u_{R1}=\frac{2}{3}V_{CC}$，$u_{R2}=\frac{1}{3}V_{CC}$。

（2）电压比较器 C_1 和 C_2：这是两个高增益放大器，当放大器的同相输入端电位大于

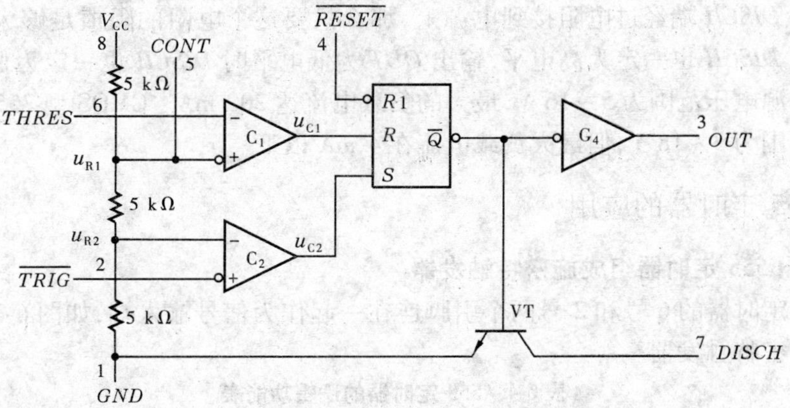

图 6-25　CB555 电路结构

反相输入端电位时，运放输出为高电平 1，否则运放输出为低电平 0。两个比较器的输出 u_{C1}、u_{C2}分别作为基本 RS 触发器的复位端 R 和置位端 S。

(3)基本 RS 触发器：该触发器为低电平输入有效。

(4)放电三极管 VT：基本 RS 触发器置 1 时，三极管 VT 截止；基本 RS 触发器置 0 时，三极管 VT 导通。因此，三极管 VT 是由基本 RS 触发器控制的泄放开关。

(5)缓冲器 G_4：是为了提高电路的带负载能力而设置的。

6.5.1.2　555 集成电路的逻辑功能

在图 6-25 中，*THRES* 是比较器 C_1 的反相输入端(也称阈值端)，$\overline{TRIG}$是比较器 C_2 的同相输入端(也称触发端)，$\overline{RESET}$为复位端。只要复位端$\overline{RESET}$出现低电平时，则 *RS* 触发器的$\overline{Q}$端输出 1，*OUT* 端输出 0；当$\overline{RESET}$为高电平时，*OUT* 端输出取决于 *THRES* 和$\overline{TRIG}$的状态。

当 $THRES > \frac{2}{3}V_{CC}$，$\overline{TRIG} > \frac{1}{3}V_{CC}$时，比较器 C_1 的输出 $u_{C1} = 0$，C_2 的输出 $u_{C2} = 1$，RS 触发器被置 0，输出 $OUT = 0$。

当 $THRES < \frac{2}{3}V_{CC}$，$\overline{TRIG} > \frac{1}{3}V_{CC}$时，比较器 C_1 的输出 $u_{C1} = 1$，C_2 的输出 $u_{C2} = 1$，RS 触发器保持原状态，输出 *OUT* 保持原状态不变。

当 $THRES < \frac{2}{3}V_{CC}$，$\overline{TRIG} < \frac{1}{3}V_{CC}$时，比较器 C_1 的输出 $u_{C1} = 1$，C_2 的输出 $u_{C2} = 0$，RS 触发器被置 1，输出 $OUT = 1$，同时 VT 截止。

当 $THRES > \frac{2}{3}V_{CC}$，$\overline{TRIG} < \frac{1}{3}V_{CC}$时，比较器 C_1 的输出 $u_{C1} = 0$，C_2 的输出 $u_{C2} = 0$，RS 触发器 $Q = \overline{Q} = 1$，输出 $OUT = 1$，同时 VT 截止。

这样我们就得到了如表 6-4 所示的 555 定时器的逻辑功能表。

阈值电压 u_{R1}、u_{R2}取决于控制电压输入端，如果 *CONT* 外接固定电压 V_{CC}时，则 $u_{R1} = V_{CC}$，$u_{R2} = \frac{1}{2}V_{CC}$。

如果将 *DISCH* 端经过电阻接到电源上，那么只要这个电阻的阻值足够大，输出 *OUT* 为高电平时 *DISCH* 也一定为高电平，输出 *OUT* 为低电平时 *DISCH* 也一定为低电平。555 定时器的电源电压范围为 5 ~ 16 V，最大的负载电流达 200 mA。CMOS 型 7555 定时器的电源电压范围为 3 ~ 18 V，但最大负载电流在 4 mA 以下。

6.5.2　555 定时器的应用

6.5.2.1　用 555 定时器组成施密特触发器

将 555 定时器的 6 号和 2 号两个引脚连在一起作为信号输入端，如图 6-26(a)所示，即可得到施密特触发器。

表 6-4　555 定时器的逻辑功能表

输入			输出	
$\overline{RESET}$	*THRES*	$\overline{TRIG}$	*OUT*	VT 状态
0	×	×	低	导通
1	$>\frac{2}{3}V_{CC}$	$>\frac{1}{3}V_{CC}$	低	导通
1	$<\frac{2}{3}V_{CC}$	$>\frac{1}{3}V_{CC}$	不变	不变
1	$<\frac{2}{3}V_{CC}$	$<\frac{1}{3}V_{CC}$	高	截止
1	$>\frac{2}{3}V_{CC}$	$<\frac{1}{3}V_{CC}$	高	截止

由于比较器 C_1 和 C_2 的参考电压不同，因而 RS 触发器的置 0 信号（$u_{C1}=0$）和置 1 信号（$u_{C2}=0$）必然发生在输入信号 u_I 的不同电平。因此，输出电压 u_O 由高电平变为低电平和由低电平变为高电平所对应的 u_I 值也不相同，这样就形成了如图 6-26(b)、(c)所示的施密特触发特性。

首先我们来分析 u_I 从零逐渐升高的过程：当 $u_I<\frac{1}{3}V_{CC}$时，$u_{C1}=1$，$u_{C2}=0$，$Q=1$，故 $u_O=U_{OH}$；当$\frac{1}{3}V_{CC}<u_I<\frac{2}{3}V_{CC}$时，$u_{C1}=u_{C2}=1$，故 $u_O=U_{OH}$保持不变；当 $u_I>\frac{2}{3}V_{CC}$时，$u_{C1}=0$，$u_{C2}=1$，$Q=0$，故 $u_O=U_{OL}$，因此 $U_{T+}=\frac{2}{3}V_{CC}$。其次，再分析 u_I 从高于$\frac{2}{3}V_{CC}$开始下降的过程：当$\frac{1}{3}V_{CC}<u_I<\frac{2}{3}V_{CC}$时，$u_{C1}=u_{C2}=1$，故 $u_O=U_{OL}$保持不变；当 $u_I<\frac{1}{3}V_{CC}$时，$u_{C1}=1$，$u_{C2}=0$，$Q=1$，故 $u_O=U_{OH}$，因此 $U_{T-}=\frac{1}{3}V_{CC}$。

由此得到电路的回差电压为

$$\Delta U_T = U_{T+} - U_{T-} = \frac{1}{3}V_{CC} \tag{6-15}$$

为提高比较器参考电压 u_{R1} 和 u_{R2} 的稳定性，通常在 *CONT* 端接 0.01 μF 左右的滤波电容。

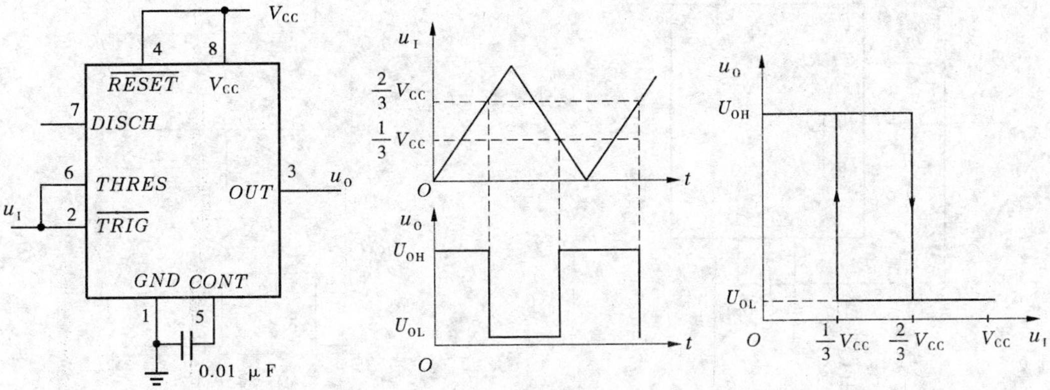

(a)电路图　　(b)波形图　　(c)电压传输特性

图 6-26　555 定时器组成施密特触发器

6.5.2.2　用 555 定时器组成单稳态触发器

1. 用 555 定时器组成的单稳态触发器电路及工作原理

若以 555 定时器的第 2 引脚作为触发信号的输入端，并将由第 6、7 引脚连在一起，同时第 7 引脚对地接入电容 *C*，第 6 引脚对电源接入电阻 *R*，这样就构成了如图 6-27 所示的单稳态触发器。

下面对该单稳态触发器的状态进行分析。在进行分析之前先做如下设定：555 集成电路的第 6、2 引脚输入电压都小于 $\frac{1}{3}V_{CC}$ 时，引脚状态为 0、0；第 6 引脚输入电压小于 $\frac{2}{3}V_{CC}$，第 2 引脚输入电压大于 $\frac{1}{3}V_{CC}$ 时，引脚状态为 0、1；第 6、2 引脚输入电压都大于 $\frac{2}{3}V_{CC}$ 时，引脚状态为 1、1。

稳态：如果没有触发信号，u_I 处于高电平，在电路接通电源后，电源通过 *R* 向电容 *C* 充电，当 *C* 上电压 $u_C > \frac{2}{3}V_{CC}$ 时，第 6 引脚状态为 1，第 2 引脚状态也为 1，输出 $u_O = 0$，放电管 VT（见图 6-25）导通，电容上电压 u_C 通过 VT 对地放电，使第 6 引脚也变为 0，输出不变，仍然为 0，电路处于稳定状态。

暂稳态：假设在某一时刻，输入端 u_I 出现下降沿触发脉冲，第 2 引脚状态变为 0，第 6 引脚状态仍然为 0，这样电路输出 u_O 反转为 1，放电管 VT 截止，电容 *C* 开始充电，电路进入暂稳态。当电容 *C* 两端电压 u_C 达到 $\frac{2}{3}V_{CC}$ 时，输入端 u_I 出现的下降沿脉冲必须回到高电平状态，输出 u_O 仍然保持 1 状态。

暂稳态恢复到稳态：当电容上电压被充到 $u_C \geq \frac{2}{3}V_{CC}$ 时，第 2、6 引脚状态都为 1，使输

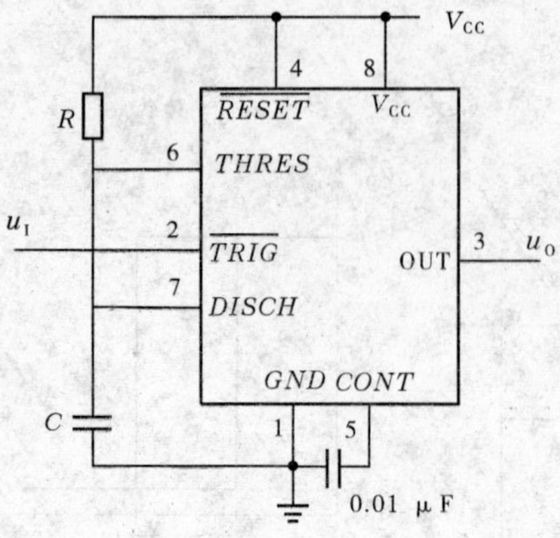

(a)电路图

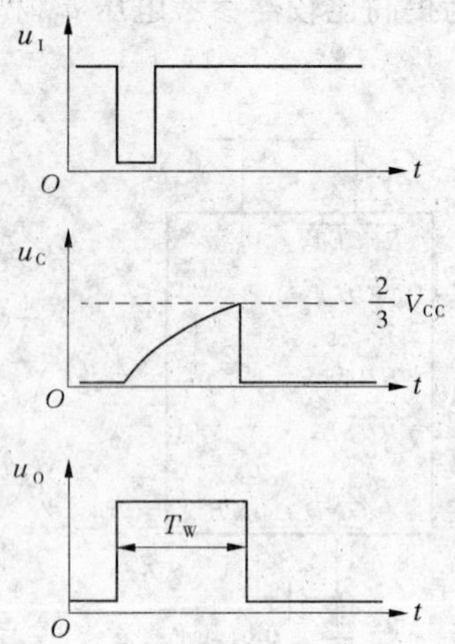

(b)波形图

图 6-27　555 定时器组成的单稳态触发器

出 u_O 由 1 反转到 0，电路暂稳态结束，恢复到稳定状态。这时放电管 VT 导通，u_C 立即快速放电，使第 6、2 引脚状态变为 0、1，输出维持不变，即 0 状态。

由上述可知，由 555 定时器组成的单稳态电路是由输入脉冲信号的下降沿触发使输出状态发生翻转的。另外，在暂稳态过程结束之前，输入 u_I 必须恢复为 1，否则电路内的 RS 触发器可能会成为不确定的工作状态，且输出不能维持 0 态。因此，这种单稳态电路只能用负的窄脉冲触发。如果输入脉宽大于输出脉宽，则输入端可加入 RC 微分电路，使输入脉宽变窄。

2. 输出脉冲宽度的计算

输出 u_O 的脉冲宽度 T_W 就是单稳态触发器暂稳态的持续时间，这个时间取决于外接电阻 R 和电容 C 的大小。由图 6-27 可知，T_W 等于电容 C 两端的电压在充电过程中从 0 上升到 $\frac{2}{3}V_{CC}$ 所需要的时间，因此得到

$$T_W = RC\ln\frac{V_{CC}-0}{V_{CC}-\frac{2}{3}V_{CC}} = RC\ln 3 \approx 1.1RC \tag{6-16}$$

通常 R 的取值在几百欧到几兆欧之间，电容的取值在几百皮法到几百微法之间，T_W 的范围为几秒钟到数分钟，精度可达 0.1%，但随着 T_W 宽度的增加，它的精度和稳定度将下降。

6.5.2.3　用 555 定时器组成的多谐振荡器

1. 用 555 定时器组成的多谐振荡器电路及工作原理

既然用 555 定时器可以构成施密特触发器，利用前面讲过的方法，先将 555 定时器第 2 脚和第 6 脚接在一起构成施密特触发器，然后再将 u_O 经 RC 积分电路接回输入端就可以构成多谐振荡器了。为了减轻门 G_4 的负载，在电容 C 的容量较大时，不宜直接由 G_4

提供电容的充、放电电流。为此在图6-28(a)电路中将VT(见图6-25)的集电极开路输出端(即第7引脚)与 R_1 接成了一个反相器,它的输出 u_O' 与 u_O 在高低电平状态上完全相同。将 u_O' 经 R_2 和 C 组成的积分电路接到施密特触发器的输入端同样也能构成多谐振荡器。

接通电源后,V_{CC} 通过 R_1、R_2 对电容 C 充电,C 两端的电压逐渐上升。当电容两端电压 $u_C < \frac{1}{3}V_{CC}$ 时,555第6、2引脚状态为0、0;当电容两端电压上升到 $\frac{1}{3}V_{CC} < u_C < \frac{2}{3}V_{CC}$ 时,555第6、2引脚状态为0、1。在此两种情况下,输出 u_O 为1,VT截止。当 $u_C > \frac{2}{3}V_{CC}$ 时,555第6、2引脚状态为1、1,输出 u_O 为0,VT导通,电容 C 开始通过 R_2 和VT放电,使 u_C 按指数曲线下降。在下降过程中,当 $\frac{1}{3}V_{CC} < u_C < \frac{2}{3}V_{CC}$ 时,第6、2引脚状态为0、1,输出 u_O 保持为0,电容 C 继续放电,直到 $u_C < \frac{1}{3}V_{CC}$,555第6、2引脚状态为0、0,输出 u_O 又反转为1,VT截止,电容 C 又开始充电,如此周而复始。其输出波形如图6-28(b)所示。

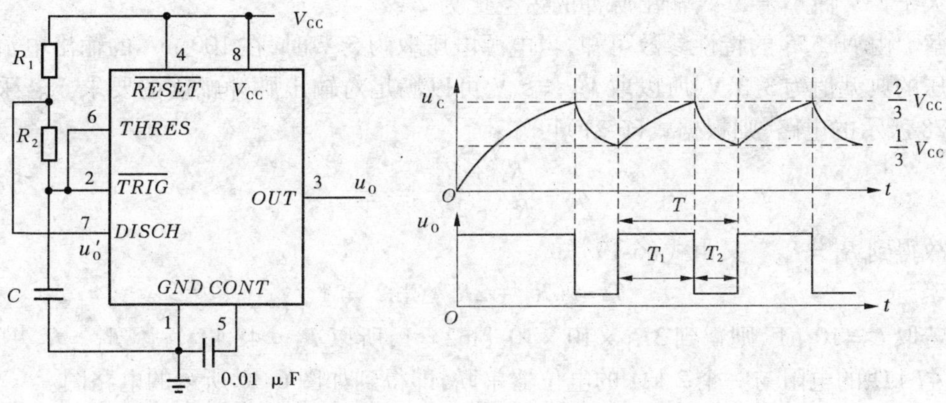

(a)电路图　　　　(b)波形图

图6-28　555定时器组成的多谐振荡器电路

2. 振荡频率的计算

由图6-28可知,振荡周期 T 为电容充电时间 T_1 和放电时间 T_2 之和,T_1 和 T_2 分别如下:

$$T_1 = (R_1 + R_2)C\ln\frac{V_{CC} - U_{T-}}{V_{CC} - U_{T+}} = (R_1 + R_2)C\ln\frac{V_{CC} - \frac{1}{3}V_{CC}}{V_{CC} - \frac{2}{3}V_{CC}} = (R_1 + R_2)C\ln 2$$

$$\approx 0.7(R_1 + R_2)C \qquad (6\text{-}17)$$

$$T_2 = R_2C\ln\frac{0 - \frac{2}{3}V_{CC}}{0 - \frac{1}{3}V_{CC}} = R_2C\ln 2 \approx 0.7R_2C \qquad (6\text{-}18)$$

所以,振荡周期为

$$T = T_1 + T_2 = (R_1 + 2R_2)C\ln 2 \approx 0.7(R_1 + 2R_2)C \tag{6-19}$$

振荡频率为

$$f = \frac{1}{(R_1 + 2R_2)C\ln 2} \approx \frac{1.43}{(R_1 + 2R_2)C} \tag{6-20}$$

由于充电时间常数 $\tau_c = (R_1 + R_2)C$ 大于放电时间常数 $\tau_d = R_2C$,因此矩形波占空比为

$$q = \frac{T_1}{T} = \frac{R_1 + R_2}{R_1 + 2R_2} > 50\% \tag{6-21}$$

为了得到占空比小于或等于50%的矩形波,可以采用如图6-29所示的改进电路。由于接入了二极管 VD_1 和 VD_2,电容充电电流只流经 R_1,放电电流只流经 R_2,因此电容 C 充电时间变为 $T_1 = R_1C\ln 2$,$T_2 = R_2C\ln 2$,故输出脉冲占空比为 $q = \frac{R_1}{R_1 + R_2}$。若取 $R_1 = R_2$,则占空比 $q = 50\%$。电路的振荡周期相应变为

$$T = T_1 + T_2 = (R_1 + R_2)C\ln 2 \tag{6-22}$$

【例6-1】 试用NE555定时器设计一个多谐振荡器,要求振荡周期为1 s,输出脉冲幅度大于3 V而小于5 V,输出脉冲的占空比为2/3。

解 由NE555的特性参数可知,当电源电压取为5 V时,在100 mA的输出电流下输出电压的典型值为3.3 V,所以取 $V_{CC} = 5$ V可以满足对输出脉冲幅度的要求。若采用如图6-28所示的电路,则根据式(6-21)可知:

$$q = \frac{R_1 + R_2}{R_1 + 2R_2} = \frac{2}{3}$$

故得到 $R_1 = R_2$。又由式(6-19)知

$$T = (R_1 + 2R_2)C\ln 2 = 1$$

若取 $C = 10\ \mu F$,则得到 $3R_1 \times 10 \times 10^{-6}\ln 2 = 1$,所以 $R_1 = 48\ k\Omega$。因 $R_1 = R_2$,所以取两只47 kΩ的电阻与一个2 kΩ的电位器串联,即得到如图6-30所示的电路图。

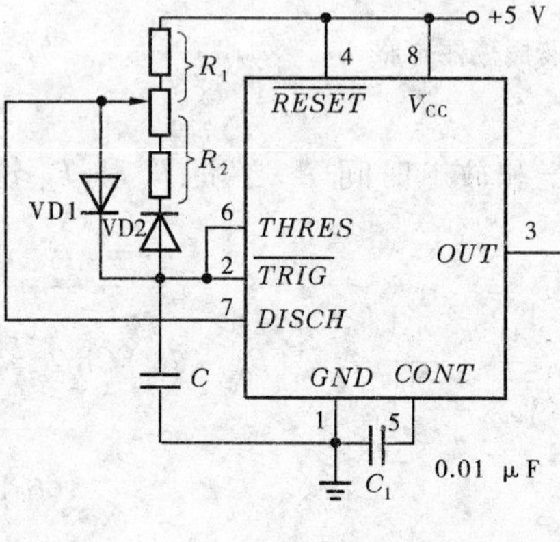

图6-29 由555定时器组成的占空比可调的多谐振荡器

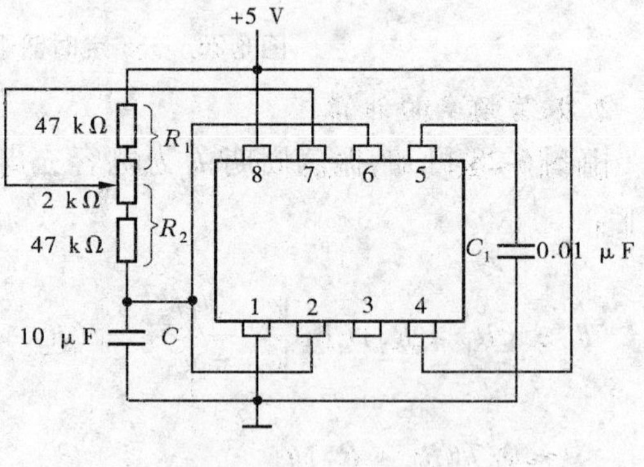

图6-30 例6-1的多谐振荡器电路

【讨论思考】

如图6-31所示是一个由555定时器构成的防盗报警电路,a、b两端被一细铜丝接通,此铜丝置于盗窃者必经之路,当盗窃者闯入室内将铜丝碰断后,扬声器即发出报警声。想一想本报警电路的工作原理。

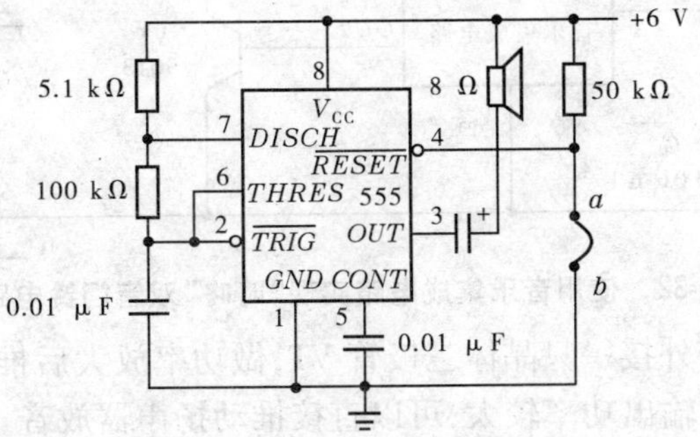

图6-31 防盗报警电路

6.6 任务实现——双音门铃的设计与制作

6.6.1 方案选择、电路原理图设计及参数计算

在前面的任务分析中已经讲过,"叮咚"双音门铃实现的关键是在按下门铃按钮和松开门铃按钮这两种不同情况下使电路产生"叮"、"咚"两种不同振荡频率的矩形脉冲信号。正常人听力范围在20~20 000 Hz,而1 000~5 000 Hz则是人耳最敏感的声音频率范围,因此"叮"、"咚"声最好在这个范围内。此外,"叮"、"咚"两声频率要求差距比较大,声音持续时间要适合,电路最好能功耗低、成本低且易于安装调试。本门铃的实现有多种方法,下面分别加以阐述。

6.6.1.1 使用专用音乐集成电路实现

该方式是通过KD-150H、KD-9300、HY-100等专用音乐集成电路来实现门铃设计的,如图6-32所示。这些音乐集成电路是一种封装在小型印刷电路板上的标准黑膏软封装大规模集成电路。当触发端输入一个触发信号,它就会按内部存储好的程序,发出一曲优美动听的音乐。近年来,又出现了内存语言程序或声响程序的集成电路,触发后,会发出如"谢谢光临"、"请注意倒车"、"抓小偷"等语音或模拟动物叫声、叮咚声、警笛声等声响。这种集成电路已被广泛应用于电子玩具、门铃、钟表或报警装置上。

在图6-32中,V_{DD}和V_{SS}分别是音乐集成电路A的外接电源正、负极引脚。OSC_1、OSC_2是音乐集成电路A的内部振荡器外接振荡电阻器引脚,个别需外接RC振荡元件,此时外接的电阻器或电容器便可作为乐曲演奏速度及音调调整元件。有的音乐集成电路A将振荡元件全部集成在芯片内部(如KD-153H),不需要外接元器件,这时振荡频率就无法外调节。TG是音乐集成电路A的触发端,一般采用高电平(直接与V_{DD}相连)或正脉冲(通过按钮开关SB接V_{DD})触发均可。OUT是音乐集成电路A的乐曲信号输出端。一

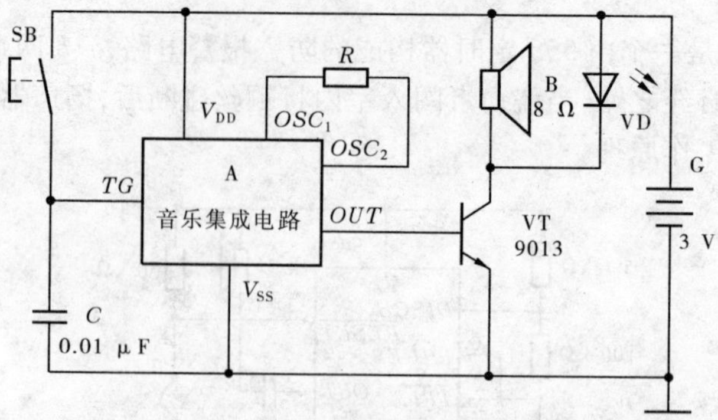

图 6-32　使用音乐集成电路实现“叮咚”双音门铃电路图

般的音乐集成电路 A 需外接一只晶体三极管 VT，做功率放大后推动扬声器 B 发声，但也有一些音乐集成电路 A 输出功率较大，可以直接推动扬声器放音。C 是交流旁路电容器，它的作用是防止音乐集成电路 A 受杂波感应误触发。因为音乐集成电路 A 的 TG 脚输入阻抗很高，当按钮开关 SB 的引线较长时，特别是引线与室内 220 V 交流电源线靠得较近时，每开关一次电灯或家用电器就会造成集成电路误触发，使门铃自鸣一次。有了电容器 C 就能有效消除这种外干扰，使门铃稳定、可靠地工作。实际中，电容器 C 也可用一只 300 ~ 510 Ω 的 1/8 W 碳膜电阻器来代替；也可将电容器 C 直接跨接在音乐集成电路 A 的 V_{DD} 与 TG 引脚（接 SB 的位置）之间。

该门铃的工作过程如下：每按动一下按钮开关 SB，音乐集成电路 A 的触发端 TG 便获得正脉冲触发信号，音乐集成电路 A 工作，其输出端 OUT 输出一遍内储的音乐信号（如 KD－153H 中存储的门铃的“叮咚”声），经三极管 VT 放大后驱动扬声器发声。与此同时，并接在扬声器两端的发光二极管 VD 也会随乐曲节奏闪闪发光。

通过该方式实现的门铃具有工作电压低、功耗小、外围电路简单、易于实现等优点，缺点是造价较高。

6.6.1.2　使用门电路实现

通过前面的学习我们知道，利用门电路可以构成多谐振荡器。基于这一设想，设计使用门电路构成的双音门铃电路，如图 6-33 所示。

本电路使用一片四 2 输入与非门电路 CD4011，电源电压 V_{DD} 使用 9 V 直流电源。U1A、U1B 和 R_3、C_2 组成一个多谐振荡器，振荡频率约为 $f_1 = 1/(2.2 \times R_3 \times C_2) = 939$ Hz；U1C、U1D 和 R_4、C_3 组成另一个多谐振荡器，振荡频率约为 $f_2 = 1/(2.2 \times R_4 \times C_3) = 455$ Hz。两个振荡器各有一个控制端，平时经 R_1 和 R_2 接地置低电平，两个多谐振荡器不工作，扬声器 B 不发声。S 为门铃按钮，当客人按下按钮 S 时，C_1 经 S 和 VD_1 迅速放电，此时，U1A 和 U1C 的控制端都为高电平，两个多谐振荡器同时工作，产生的音频信号经 VD_2、VD_3 混合后由三极管 VT 放大，推动扬声器发出“叮”音。当客人放开按钮 S 后，U1A 控制端经 R_1 接地置低电平，U1A 和 U1B 组成的振荡器停振。同时，U1C 控制端继续维持高电平，U1C 和 U1D 组成的振荡器继续工作，扬声器发出“咚”音。当电容 C_1 快充满电后，R_2 端电压减小为一定值，U1C 和 U1D 组成的音频振荡器停振，扬声器停止发声，“咚”声持续的时间约为 C_1R_2 的 2 倍，约为 1 s。

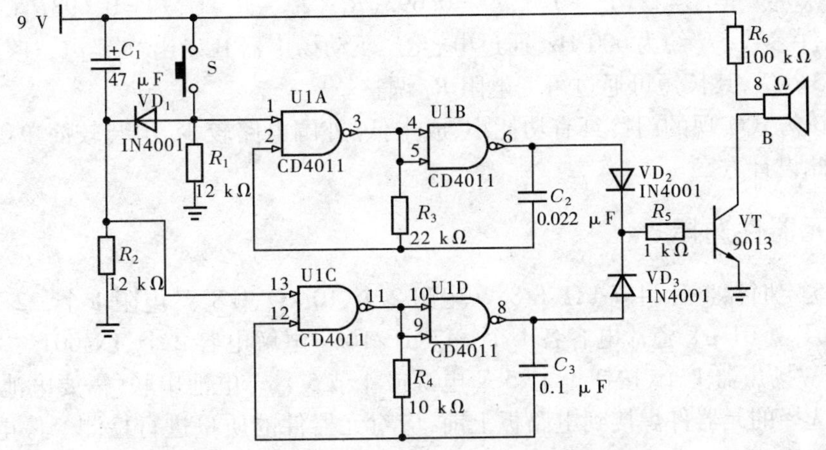

图 6-33　使用门电路实现“叮咚”双音门铃电路图

通过该方式实现的门铃具有功耗小、成本低的优点，但工作电压较高、外围电路较多、连线组装复杂等。

6.6.1.3　使用 555 集成电路实现

除了利用门电路，还可以利用 555 集成电路构成多谐振荡器。由 555 集成电路构成的双音门铃电路如图 6-34 所示。

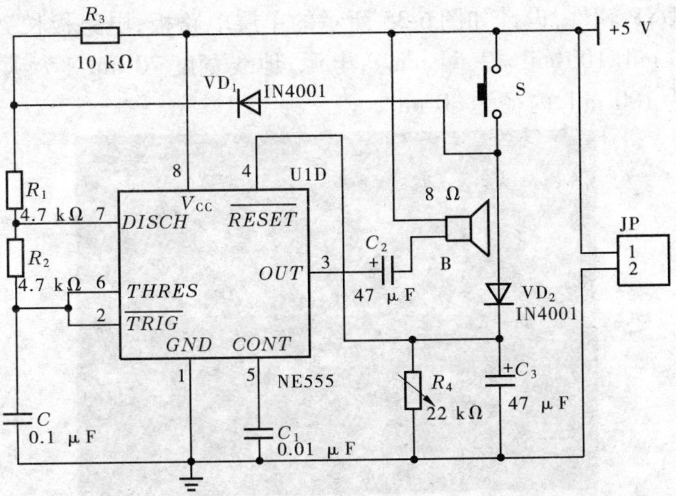

图 6-34　使用 555 集成电路实现“叮咚”双音门铃电路图

该电路工作过程如下：当未按门铃按钮 S 时，电容 C_3 两端电压为零，555 的$\overline{RESET}$复位端有效，3 脚的输出为零，门铃不响。按下门铃按钮 S，二极管 VD_2 正向导通，给电容 C_3 充电，使 C_3 两端电压接近电源电压 4.5 V，555 的$\overline{RESET}$端为高电平，在 VD_2 导通的同时，VD_1 导通，555 集成电路工作在多谐振荡器状态，3 脚输出的脉冲频率 $f_1 = 1/(T_1 + T_2)$，$T_1 = 0.693(R_1 + R_2)C$，$T_2 = 0.693R_2C$，按照图 6-34 中元器件参数，f_1 约为 1 023 Hz，通过电容 C_2 驱动扬声器 B 发出“叮”声。松开门铃按钮 S 后，二极管 VD_1、VD_2 截止，C_3 通过 R_4 产生放电回路，放电至 1/3 电源电压（约 1.5 V）时，555 复位，电路停止振荡。这段时间内，3

脚输出的脉冲频率 $f_2=1/(T_1+T_2)$，$T_1=0.693(R_1+R_2+R_3)C$，$T_2=0.693R_2C$，按照图 6-34 中元器件参数，f_2 约为600 Hz，通过电容 C_2 驱动扬声器 B 发出“咚”声，“咚”声维持时间约为 $1.3R_4C_3$，其长短可通过可变电阻 R_4 调整。

通过该方式实现的门铃具有功耗小、成本低、外围电路较少、组装较简单等特点。本项目选用此设计方案。

6.6.2 元器件选择

NE555 定时器 1 片，4.7 kΩ、1/8 W 电阻 2 个，10 kΩ、1/8 W 电阻 1 个，22 kΩ 电位器 1 个，0.1 μF、0.01 μF 瓷片电容各 1 个，47 μF/16 V 电解电容 2 个，IN4001 二极管 2 只，8 Ω/0.25 W扬声器 1 个，按钮 1 个，5 V 电源或 4 节 5 号干电池串联（需要电池盒）供电。

在将选择的元器件焊接到电路板上前，应对元器件的质量进行检测。像电阻、电容、二极管等的检测方法大家已经非常熟悉了，在此不再赘述。下面重点讲一下扬声器的检测。本设计采用的是阻抗 8 Ω、功率 0.25 W 的扬声器，可用万用表 R×1 kΩ 挡检测。当两只表笔分别碰触扬声器两个接线片时，扬声器发出“喀喀”声，证明扬声器应该是没有问题的。

6.6.3 设计制作印刷电路板

6.6.3.1 设计印刷电路板

利用 Protel DXP 软件，设计如图 6-35 所示的单层电路板，电路板长 70 mm，宽 50 mm，铜膜导线宽度 50 mil（100 mil = 2.54 mm），电源、地线宽度 70 mil。为满足单面印制板的需要，焊盘外径为 100 mil，内径为 30 mil。

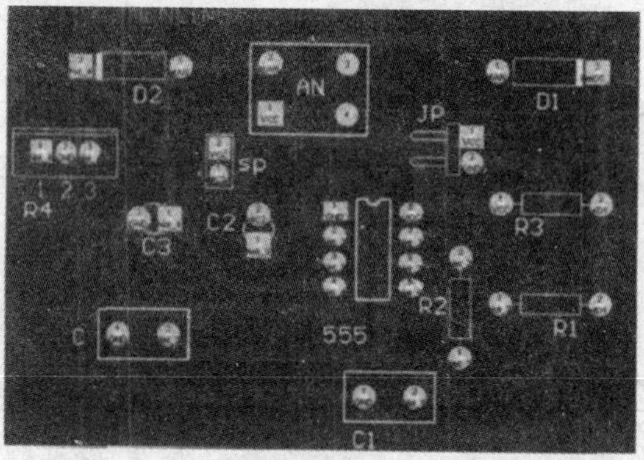

图 6-35 使用 555 集成电路实现“叮咚”双音门铃印刷电路板

6.6.3.2 制作印刷电路板

自己手工制作少量印刷电路板的方法主要有刀刻法、透明胶法、油漆法、光印法、热转印法等，从省事、漂亮和工艺的角度看，光印法、热转印法较好。如果兼顾经济原因可用热转印法，如果电路复杂而且整体细线特别多，宜采用光印法。下面简单介绍热转印法制作印刷电路板的过程。

(1)打印。将设计好的印刷电路板 PCB 图按照 1:1的比例用激光打印机打印到热转印纸上。

(2)转印。将热转印纸放到敷铜板上(有油墨的那面对着铜板,敷铜板在转印前要用细砂纸进行打磨以利于转印),放进转印机进行图形转印。如果没有热转印机,也可以使用电熨斗进行转印。方法是使用电熨斗最热的那一挡,使其在纸上面均匀熨烫,熨烫时间不需要很长,但要保证每条线都熨到。熨毕,待板子冷却后再小心地把纸揭去。如果发现纸上面还有油墨,需要再把它盖回去,用熨斗在有油墨的地方继续熨,直到最后揭起来的纸上是干净的。

(3)腐蚀。把转印不完全或有少量缺陷的用专用修正笔进行修补,把修补好的电路板放进腐蚀液(如三氯化铁溶液)里面腐蚀(一般 15 min 左右即可)。

(4)检测并涂助焊剂。取出腐蚀好的电路板用清水进行清洗,检查整个印刷电路板。特别注意短路和断路缺陷,并修正错误(短路处可用刀刻,断路处刮去保护层使用焊锡连接)。检查无误后涂助焊剂(松香水)。

(5)钻孔。用台钻在焊盘位置打孔(一般 1 mm 钻头即可,个别大孔可用 1.2 mm 钻头),完成印刷电路板的制作。

6.6.4 焊接组装

电路的焊接可以在用上述方法自己制作的电路板上完成,也可以在万能板上直接焊接。如果在万能板上直接焊接,需要根据美观大方、易于连线和焊接、尽量少走交叉线等原则,先在万能板上布置好各元器件的位置,再进行安装焊接。

焊接前应将检测过的元器件进行整形,焊接所用导线、元器件引脚、扬声器接线片等用小刀刮亮或细砂纸打磨光亮后镀锡。为防止电烙铁外壳感应带电损坏集成电路,电烙铁外壳应妥善接地或电烙铁烧热后,拔下电源插头并趁热焊接。焊接时间要短,焊点要小而圆,注意防止相邻焊点相碰而发生短路。如果单纯为了制作本产品,按钮开关可直接焊在电路板的 S 上;想要实用的话,应采用导线将按钮从板子上引出,然后将按钮固定在门附近的地方。按钮导线采用多股软线,长度应视安装门铃的实际情况而定,但不可过长,2 根导线的一端分别焊在电路板按钮 S 位置左侧的上下两端,导线另一端分别接在按钮开关上。注意:焊接多股导线时,应将多股细线拧在一起焊接。

安装焊接完毕后先对元器件进行剪腿处理,然后逐个检查焊点的焊接情况。各焊点应光滑圆润,无毛刺,不应有漏焊、假焊和虚焊,防止相邻焊点短路,尤其对于一个焊点有多根引线的情况,更要注意重点检查。

6.6.5 调试

用万用表 R×1 kΩ 挡测量两根电源线间的电阻,应在几千欧左右,不可为零(若为零,电路中有短路的地方)。

接上由四节电池组成的电源,注意正负极不要接反,按一下按钮 S,扬声器将发出响亮悦耳的“叮咚”声。

【技能操作】

按下和松开按钮 S 时，分别用示波器测量 555 集成电路第 3 脚输出信号的高低电平持续时间、信号周期、幅值以及频率，画出波形，并与理论计算值进行对比。

【讨论思考】

1. 如果“叮”、“咚”声区别不明显，可能是哪里的问题？应如何改进？

2. 如果“咚”声时间太长或太短，可能是哪里的问题？应如何改进？

项目小结

1. 施密特触发器和单稳态触发器，虽然不能自动地产生矩形脉冲，但却可以把其他形状的信号变换成为矩形脉冲信号，为数字系统提供标准的矩形脉冲。

2. 多谐振荡器是一种自激振荡电路，不需要外加输入信号就可以自动地产生矩形脉冲信号。石英晶体多谐振荡器利用石英晶体的选频特性制成，只有频率为 f_0 的信号才能满足自激条件，产生自激振荡，其主要特点是频率的稳定性极好。

3. 555 定时器是一种用途非常广泛的集成电路，除能组成单稳态触发器、施密特触发器、多谐振荡器外，还可以构成各种灵活多变的应用电路。

思考与练习题

1. 试述施密特触发器的工作特点和主要用途。

2. 若反相施密特触发器的输入信号波形如图 6-36 所示，试画出输出信号 u_O 的波形。施密特触发器的转换电平 U_{T+}、U_{T-} 已在输入信号波形图上标出。

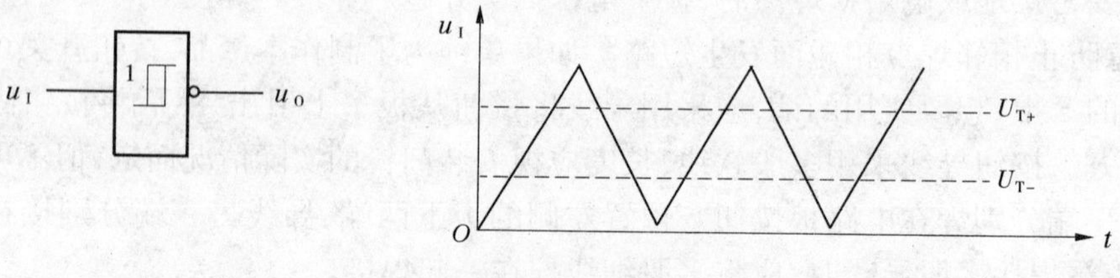

图 6-36　题 2 图

3. 如图 6-37 所示为由 CMOS 与非门及反相器构成的单稳态触发器。已知输入 u_I 为窄脉冲波形，输入脉宽 $T_{WI} = 3\ \mu s < T_W$，若电源电压为 V_{DD}，而门电路的阈值电压为 $1/2\ V_{DD}$。

(1) 试分析电路的工作原理。

(2) 画出 u_I、u_{O1}、u_R 和 u_O 的波形，并标出稳态和暂稳态的区间。

(3) 计算输出脉宽 T_W（稳态时为 0）。

(4) 试分析如果 $T_{WI} > T_W$，电路能否工作，为什么？

4. 555 定时器由哪几部分组成？各部分功能是什么？

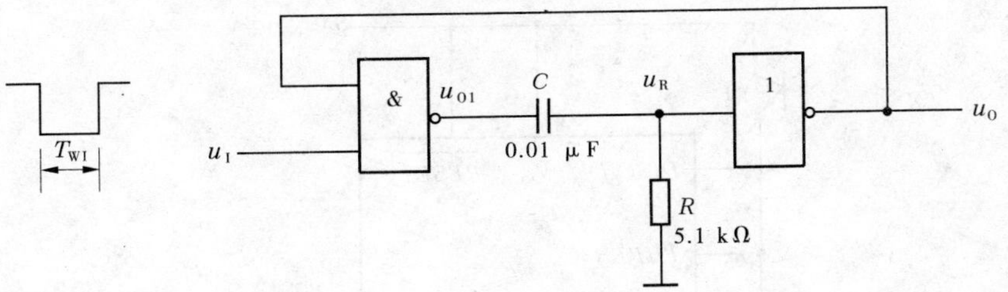

图 6-37　题 3 图

5. 由 555 定时器组成的施密特触发器具有回差特性，回差电压 ΔU_T 的大小对电路有何影响，怎样调节？当 $V_{DD}=12$ V 时，U_{T+}、U_{T-}、ΔU_T 各为多少？当控制端 5 脚外接 8 V 电压时，U_{T+}、U_{T-}、ΔU_T 各为多少？

6. 若改变由 555 定时器组成的单稳态触发器的脉宽，可以采取哪些方法？

7. 由 555 定时器构成的单稳态触发器如图 6-27(a) 所示，若 $V_{CC}=12$ V，$R=10$ kΩ，$C=0.1$ μF，试求脉冲宽度 T_W。

8. 由 555 定时器构成的多谐振荡器见图 6-28(a)，若 $V_{CC}=9$ V，$R_1=10$ kΩ，$R_2=2$ kΩ，$C=0.3$ μF，计算电路的振荡频率及占空比。

9. 电路如图 6-38(a) 所示，若输入信号 u_I 如图(b) 所示，请画出 u_O 的波形。

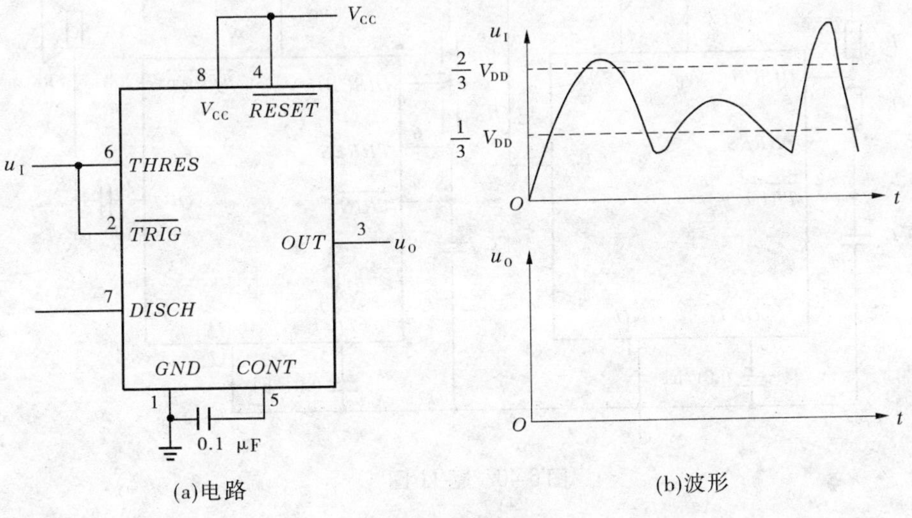

图 6-38　题 9 图

10. 如图 6-39 所示，这是一个根据周围光线强弱可自动控制 VD 亮、灭的电路，其中 VT 是光敏三极管，有光照时导通，有较大的集电极电流，光暗时截止，试分析电路的工作原理。

11. 如图 6-40 所示，电路工作时能够发出"呜…呜"间歇响声，试分析电路的工作原理。若 $R_{1A}=100$ kΩ，$R_{2A}=390$ kΩ，$C_A=10$ μF，$R_{1B}=100$ kΩ，$R_{2B}=620$ kΩ，$C_B=1\ 000$ pF，则 f_A、f_B 分别为多少？定性画出 u_{O1}、u_{O2} 波形图。

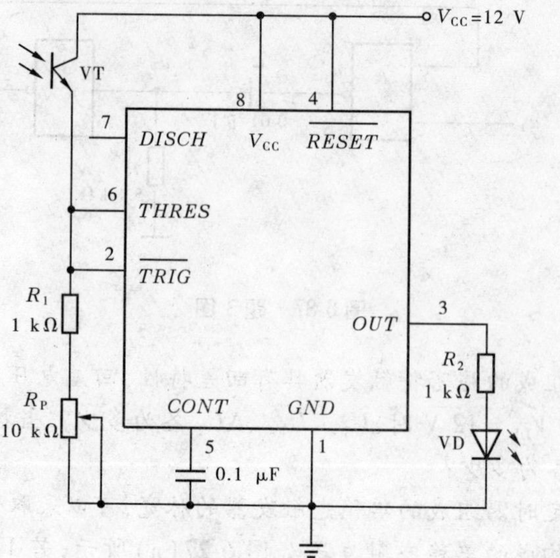

图 6-39　题 10 图

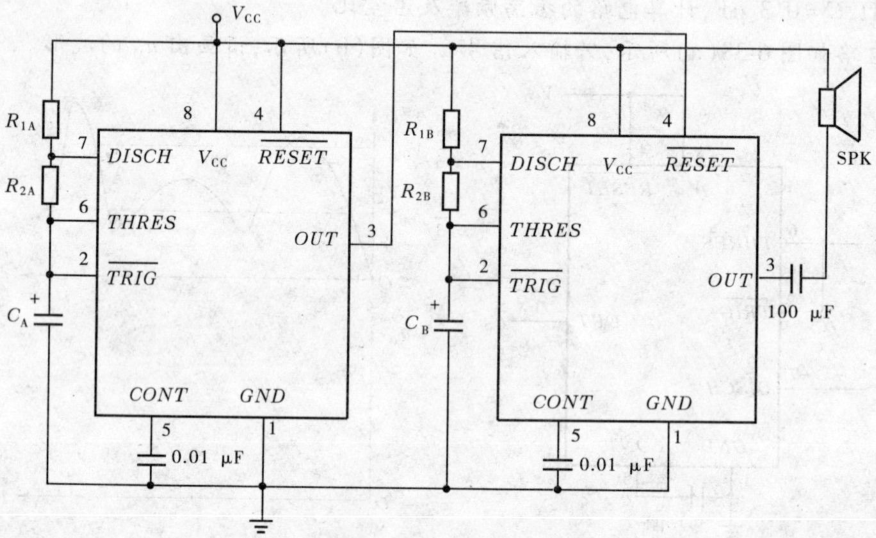

图 6-40　题 11 图

项目7　锯齿波信号发生器的设计与制作

知识目标

了解D/A转换(数字信号转换为模拟信号)的基本原理和典型电路。熟练掌握权电阻网络D/A转换器、倒T型电阻网络D/A转换器、权电流型D/A转换器的分析方法,在此基础上自主学习开关树型D/A转换器和权电容网络D/A转换器,并比较各种D/A转换器的优、缺点。掌握集成D/A转换器及其应用。掌握锯齿波发生器的电路组成与工作原理。

能力目标

能正确使用DAC进行相关电路设计。能完成锯齿波信号发生器的设计,并使用万用表、示波器等常用仪器仪表完成电路的组装和调试。

引　言

随着数字电子技术的迅速发展,数字电子系统已经广泛应用到各个领域。我们在应用时经常需要将连续的模拟信号转换为离散的数字信号输入到数字系统中进行相应处理,再将数字信号转换为模拟信号后输出。我们把模拟信号转换为数字信号称为模/数转换,简称A/D(Analog to Digital)转换,把实现A/D转换的电路称为A/D转换器,简写为ADC(Analog-Digital Converter)。数字信号转换为模拟信号称为数/模转换,简称D/A(Digital to Analog)转换,把实现D/A转换的电路称为D/A转换器,简写为DAC(Digital-Analog Converter)。

目前,常见的D/A转换器有权电阻网络D/A转换器、倒T型电阻网络D/A转换器、权电流型D/A转换器等。在对信号的处理过程中,我们对其准确性和转换的速度都有要求,因此D/A转换器的转换精度和转换速度是我们衡量其性能的主要参数。

锯齿波信号是电路中经常用到的信号。锯齿波信号可以用多种方法来实现。在学习D/A转换器后,我们可以以D/A转换器为核心来设计、制作、调试简单的锯齿波信号发生器。

学习链接

【1】http://www.cndzz.com/

【2】http://www.21ic.com/

【3】http://www.datasheet5.com/

【4】http://www.xie-gang.com/

【5】http://www.sydzdiy.com/

【6】http://www.56dz.com/

7.1 任务提出与分析

7.1.1 任务提出

设计一个锯齿波信号发生器，并在电路板上焊接、组装、调试。要求如下：

(1)电路主要由时钟脉冲信号源、数－模转换电路、输出电路等部分组成。

(2)技术指标要求：输出频率为 39 Hz，基准电压 －10 V，峰值约为 10 V，分辨率 8 位。

(3)写出该产品的设计报告，主要包括电路原理图、主要参数的分析计算、元器件的选择检测、电路板的 PCB 图、产品的安装焊接过程、调试记录、使用说明等。

7.1.2 任务分析

数字电路中锯齿波信号是比较常见的信号，电路的实现方法也多种多样。比较常见的电路可以用 555 定时器和 D/A 转换器来实现。在此任务中我们用集成数－模转换器 DAC0832 来实现。

锯齿波上升部分为平滑缓慢上升的曲线，下降部分陡峭如同锯齿。如果在 DAC0832 的输入端，也就是芯片内部的开关，依次按规律输入数字信号来控制开关的闭合，那么在输出部分就会产生如同锯齿一样的锯齿波信号，其频率主要由时钟脉冲信号决定。在设计的过程中还需要考虑锯齿波信号的峰值、D/A 转换器的转换精度和转换速度等问题。

7.2 相关知识——D/A 转换器

7.2.1 权电阻网络 D/A 转换器

图 7-1 是 4 位权电阻网络 D/A 转换器的原理图，前面我们学习过，多位二进制数的每一位的 1 所代表数值的大小称为这一位的权，n 位二进制数用 $D_n = d_{n-1}d_{n-2}\cdots d_1 d_0$ 表示，从高到低的权依次表示为 2^{n-1}、2^{n-2}、…、2^1、2^0。4 位权电阻网络 D/A 转换器由权电阻网络、4 个模拟开关和 1 个运算放大器组成。

S_3、S_2、S_1、S_0 是 D/A 转换器的 4 个电子开关，其状态由输入代码即 d_3、d_2、d_1、d_0 分别取值控制。代码为 1 时开关接到参考电压 V_{REF} 上为高电平，代码为 0 时开关接地为低电平。

运算放大器接为负反馈的形式。u_O 为输出端。当同相输入端的电位高于反相输入端的电位时，输出端 u_O 电压为正；当同相输入端的电位低于反相输入端的电位时，输出端 u_O 电压为负。为方便计算，我们将运算放大器看做是理想运算放大器，它的开环放大倍数为无穷大，输入电流为零，输出电阻为零。

图 7-1 中同相输入端接地，参考电压经电阻网络接反相输入端。i_Σ 为流入反相端的输入电流，则有

$$i_\Sigma = i_3 + i_2 + i_1 + i_0$$

i_F 为流经反馈电阻 R_F 的反馈电流。

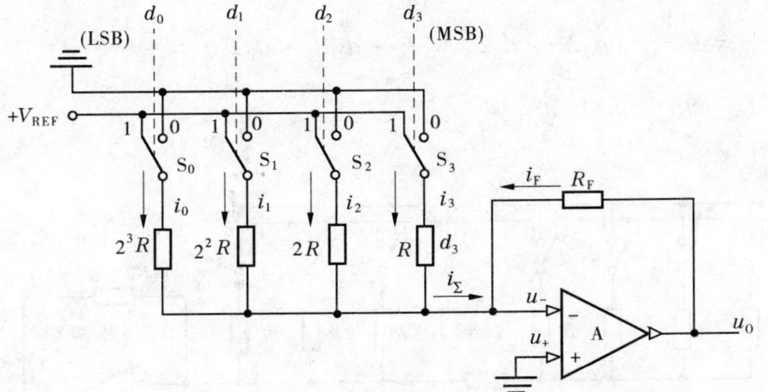

图 7-1　4 位权电阻网络 D/A 转换器的原理图

根据“虚短”和“虚断”，$u_+ \approx u_- = 0, i_\Sigma = -i_F = -\dfrac{u_O}{R_F}$，则

$$u_O = -R_F i_\Sigma = -R_F(i_3 + i_2 + i_1 + i_0) \tag{7-1}$$

由于 $u_+ \approx u_- = 0$，权电阻网络中各支路电流分别为

$$i_3 = \frac{V_{REF}}{R}d_3, i_2 = \frac{V_{REF}}{2R}d_2, i_1 = \frac{V_{REF}}{2^2R}d_1, i_0 = \frac{V_{REF}}{2^3R}d_0 \tag{7-2}$$

其中，d_i 有 0 和 1 两种状态，来分别控制 4 个电子开关。也就是说，当开关闭合时，d_i 为 1，允许该支路的电流流入运算放大器的反相输入端，开关打开时，d_i 为 0，该支路的电流为 0。

若取 $R_F = \dfrac{R}{2}$，与式(7-2)一起代入式(7-1)中得到

$$u_O = -\frac{V_{REF}}{2^4}(d_3 2^3 + d_2 2^2 + d_1 2^1 + d_0 2^0) \tag{7-3}$$

如果是 n 位的权电阻网络，式(7-3)可写为

$$u_O = -\frac{V_{REF}}{2^n}(d_{n-1}2^{n-1} + d_{n-2}2^{n-2} + \cdots + d_1 2^1 + d_0 2^0) \tag{7-4}$$

$$u_O = -\frac{V_{REF}}{2^n}D_n$$

u_O 的最大值为 $-\dfrac{2^n-1}{2^n}V_{REF}$（$d_i$ 全为 1 的时刻），u_O 的最小值为 0（d_i 全为 0 的时刻）。所以，u_O 的变化范围为，$0 \sim -\dfrac{2^n-1}{2^n}V_{REF}$。

注意参考电压 V_{REF} 与输出电压 u_O 反相，在使用时一定要正确选择参考电压。

权电阻网络 D/A 转换器的优点是电路结构简单，所用电阻元件少。其缺点是各电阻的阻值相差较大，当输入信号为 8 位或 16 位时最大电阻值可达到 2^7R 或 $2^{15}R$，不但制作工艺复杂，而且对转换精度有很大影响。对此，可以采用双级型权电阻网络来减小这种电阻值相差较大的问题，电路如图 7-2 所示，8 位二进制数控制 8 个电子开关，最小电阻为 R，最大为 2^3R。每一级有 4 个电阻，比值为 1:2:4:8，两级之间串联 R_S，当取 $R_S = 8R$ 时可以得到

$$u_O = -\frac{V_{REF}}{2^8}(d_7 2^7 + d_6 2^6 + \cdots + d_1 2^1 + d_0 2^0) = -\frac{V_{REF}}{2^8}D_8 \tag{7-5}$$

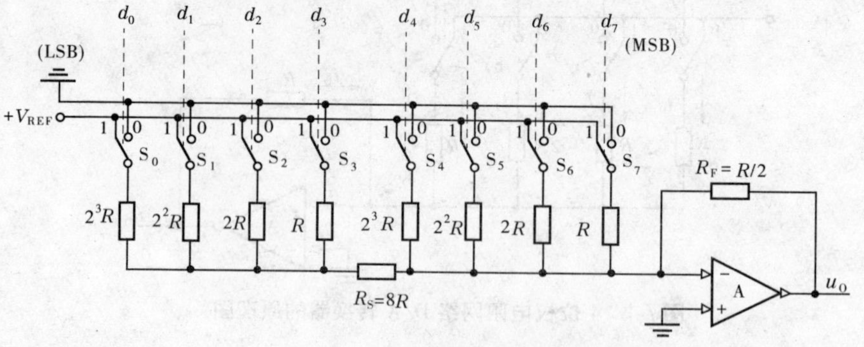

图 7-2 双级型权电阻网络

7.2.2 倒 T 型电阻网络 D/A 转换器

如图 7-3 所示的倒 T 型电阻网络 D/A 转换器，电阻网络中只有 R 和 $2R$ 两种电阻值，连接方式形成倒 T 型，减小了在权电阻网络中出现的电阻值相差较大的问题，在使用和设计上变得更加方便。

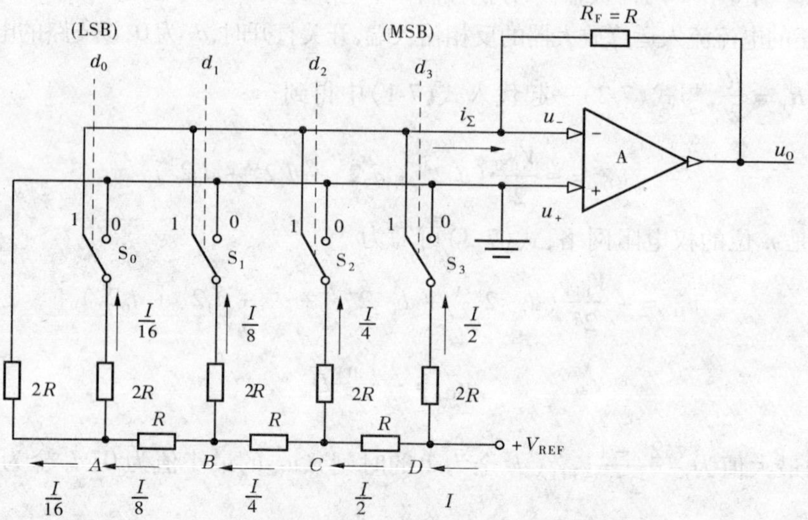

图 7-3 倒 T 型电阻网络 D/A 转换器的等效电路图

图 7-3 中 $u_+ \approx u_- = 0$，不论开关处于何种状态都相当于接"地"，电路中各支路电流不变。开关的状态决定了支路电流是流向运算放大器的同相端还是反相端，当 $d_i = 1$ 时，S_i 接运算放大器的反相输入端，当 $d_i = 0$ 时，S_i 接运算放大器的同相输入端。图 7-4 为倒 T 型电阻网络 D/A 转换器的等效电路图，从各节点 A、B、C、D 端口向左的两端网络的等效阻值均为 R，与开关 S_i 接 0 还是接 1 无关，因此从参考电压 V_{REF} 流入网络的总电流为 $I = V_{REF}/R$，各支路的电流分别为 $I/2$、$I/4$、$I/8$、$I/16$。流入运算放大器反相输入端的电流 i_Σ 为

$$i_\Sigma = \frac{I}{2}d_3 + \frac{I}{4}d_2 + \frac{I}{8}d_1 + \frac{I}{16}d_0$$

反馈电阻 R_F 取值 $R_F=R$，运算放大器的输出电压为

$$\begin{aligned} u_O &= -Ri_\Sigma \\ &= -\frac{V_{REF}}{2^4}(d_3 2^3+d_2 2^2+d_1 2^1+d_0 2^0) \end{aligned} \tag{7-6}$$

对于 n 位的倒 T 型电阻网络 D/A 转换器，输出电压为

$$\begin{aligned} u_O &= -\frac{V_{REF}}{2^n}(d_{n-1}2^{n-1}+d_{n-2}2^{n-2}+\cdots+d_1 2^1+d_0 2^0) \\ &= -\frac{V_{REF}}{2^n}D_n \end{aligned} \tag{7-7}$$

输出模拟电压与输入的数字量成正比。倒 T 型电阻网络 D/A 转换器的优点是电阻值相差较小，提高了转换精度和速度，集成度高。其缺点是开关存在导通内阻和导通压降，各支路电流发生变化，影响转换精度。

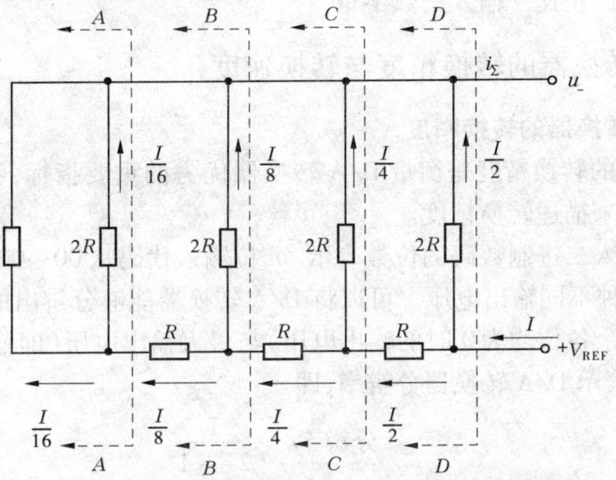

图 7-4 倒 T 型电阻网络 D/A 转换器的等效电路图

7.2.3 权电流型 D/A 转换器

在学习了权电阻网络 D/A 转换器和倒 T 型电阻网络 D/A 转换器后，我们再介绍另外一种权电流型 D/A 转换器。在之前介绍的电路中，我们将开关理想化了，而实际上开关的导通电阻和导通压降是影响转换精度的。权电流型 D/A 转换器就很好地解决了这一难题。权电流型 D/A 转换器的等效电路图如图 7-5 所示。

图 7-5 中参考电压 V_{REF} 为负，每个恒流源的大小依次为前一个的 1/2。由于采用了恒流源，支路中电流大小不受开关内阻和压降影响。当 $d_i=1$ 时，对应开关将恒流源接运算放大器的反相输入端，当 $d_i=0$ 时，对应开关将恒流源接运算放大器的同相输入端，输出电压为

$$\begin{aligned} u_O &= R_F i_\Sigma \\ &= R_F\left(\frac{I}{2}d_3+\frac{I}{4}d_2+\frac{I}{8}d_1+\frac{I}{16}d_0\right) \\ &= \frac{R_F I}{2^4}(d_3 2^3+d_2 2^2+d_1 2^1+d_0 2^0) \end{aligned}$$

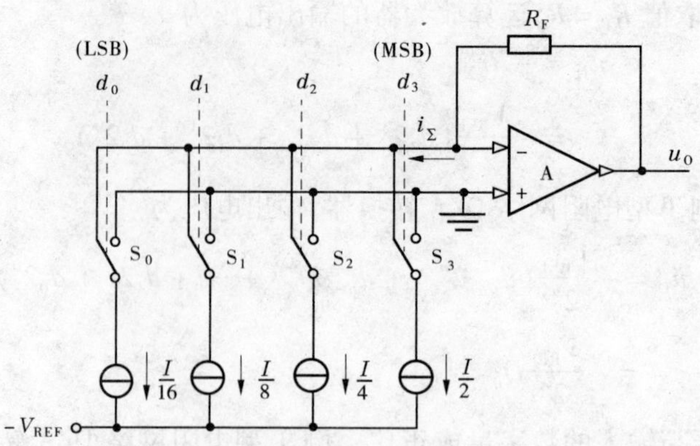

图 7-5　权电流型 D/A 转换器的等效电路图

输出模拟电压正比于输入的数字量。

7.2.4　D/A 转换器的转换精度与转换速度

7.2.4.1　D/A 转换器的转换精度

D/A 转换器的转换精度是衡量 D/A 转换器优劣的重要指标,我们用 D/A 转换器分辨率和转换误差来描述转换精度。

分辨率用输入二进制数码的位数表示。n 位输入代码从 00…00 到 11…11 有 2^n 种状态,相对应有 2^n 种不同输出电压。可以将 D/A 转换器能够分辨出的最小电压(即输入代码最低位为 1 其余各位均为 0 时的输出电压)与最大输出电压(即输入代码均为 1 时的输出电压)之比来表示 D/A 转换器分辨率,即

$$\text{分辨率} = \frac{1}{2^n - 1}$$

8 位 D/A 转换器分辨率为

$$\frac{1}{2^8 - 1} = \frac{1}{255} \approx 0.004$$

图 7-6 为 D/A 转换器的转换特性曲线,理想的 D/A 转换器特性曲线为坐标原点到满量程输出(即输入代码全为 1 时输出)的一条直线,在图中用虚线表示,实线为实际的特性曲线。实际 D/A 转换器特性曲线和理想 D/A 转换器特性曲线之间的最大偏差称为转换误差 Δu_O,也称为线性误差,一般用最低有效位的倍数表示。例如,线性误差为 $\frac{1}{2}$LSB,表示实际输出模拟电压与理论值之间的绝对误差小于、等于当输入代码为 00…01 时的输出电压的一半。

假设 V_{REF} 不稳定引起的波动值为 ΔV_{REF},根据式(7-3)可得产生的输出误差电压为

$$\Delta u_{O1} = -\frac{\Delta V_{REF}}{2^4}(d_3 2^3 + d_2 2^2 + d_1 2^1 + d_0 2^0)$$

可见,由 V_{REF} 引起的电压变化产生的误差和输入的数字量大小成正比,我们称之为比例系数误差,用 Δu_{O1} 表示。

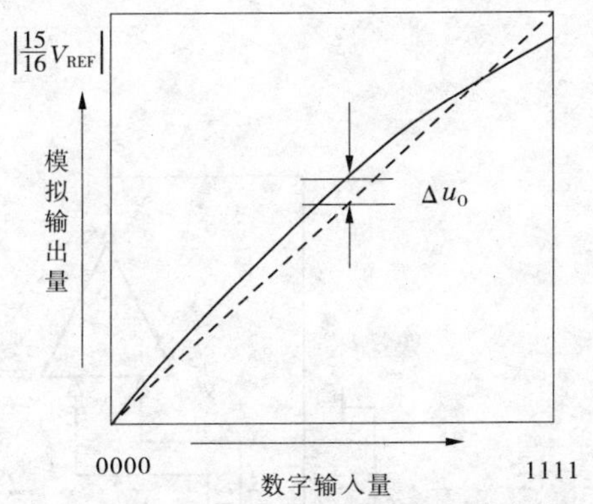

图 7-6　D/A 转换器的转换特性曲线

由运算放大器的零点漂移所造成的误差与输入数字量的大小无关，输出电压的特性曲线会发生平移，这种性质的误差叫漂移误差或平移误差，用 Δu_{O2} 表示。它不随输入信号数字量的变化而变化。

由模拟开关导通内阻和导通压降不等于零而产生的误差称为非线性误差，用 Δu_{O3} 表示。这种误差不与输入数字量成正比，也无一定的变化规律。这里我们不详细讨论关于此类误差的计算方法。

7.2.4.2　D/A 转换器的转换速度

我们用建立时间 t_{set} 来描述 D/A 转换器的转换速度，从输入的数字量发生突变开始，直到输出电压进入与稳态值相差 $\pm\frac{1}{2}$LSB 范围以内的这段时间，称为建立时间 t_{set}。目前，不包含运算放大器的单片集成 D/A 转换器建立时间最短可达到 0.1 μs，包含运算放大器的单片集成 D/A 转换器建立时间最短可达到 1.5 μs。实际应用中，运算放大器的建立时间为 D/A 转换器建立时间 t_{set} 的主要部分，因此选择速度较快的运算放大器对于提高 D/A 转换器的转换速度十分必要。

7.3　任务实现——锯齿波信号发生器的设计与制作

7.3.1　电路原理图设计

通过前面的内容，我们学习了不同电路结构的 D/A 转换器。在学习 D/A 转换器的转换精度过程中，我们了解了 D/A 转换器的转换特性曲线，如果是连续的信号并按照00…00到 11…11 规律依次输入，那么在运算放大器的输出端用示波器会观察到连续的锯齿波信号。

D/A 转换器的信号输入端要实现上述变化的方法有很多，可以通过单片机编程使输出端口输出 00…00 到 11…11 这样反复连续的信号，也可以用计数器来实现。本任务我们采用计数器和时钟脉冲信号来实现，电路结构简单，不需要软件编程，调试方便。锯齿波信号发生器的电路原理图如图 7-7 所示。

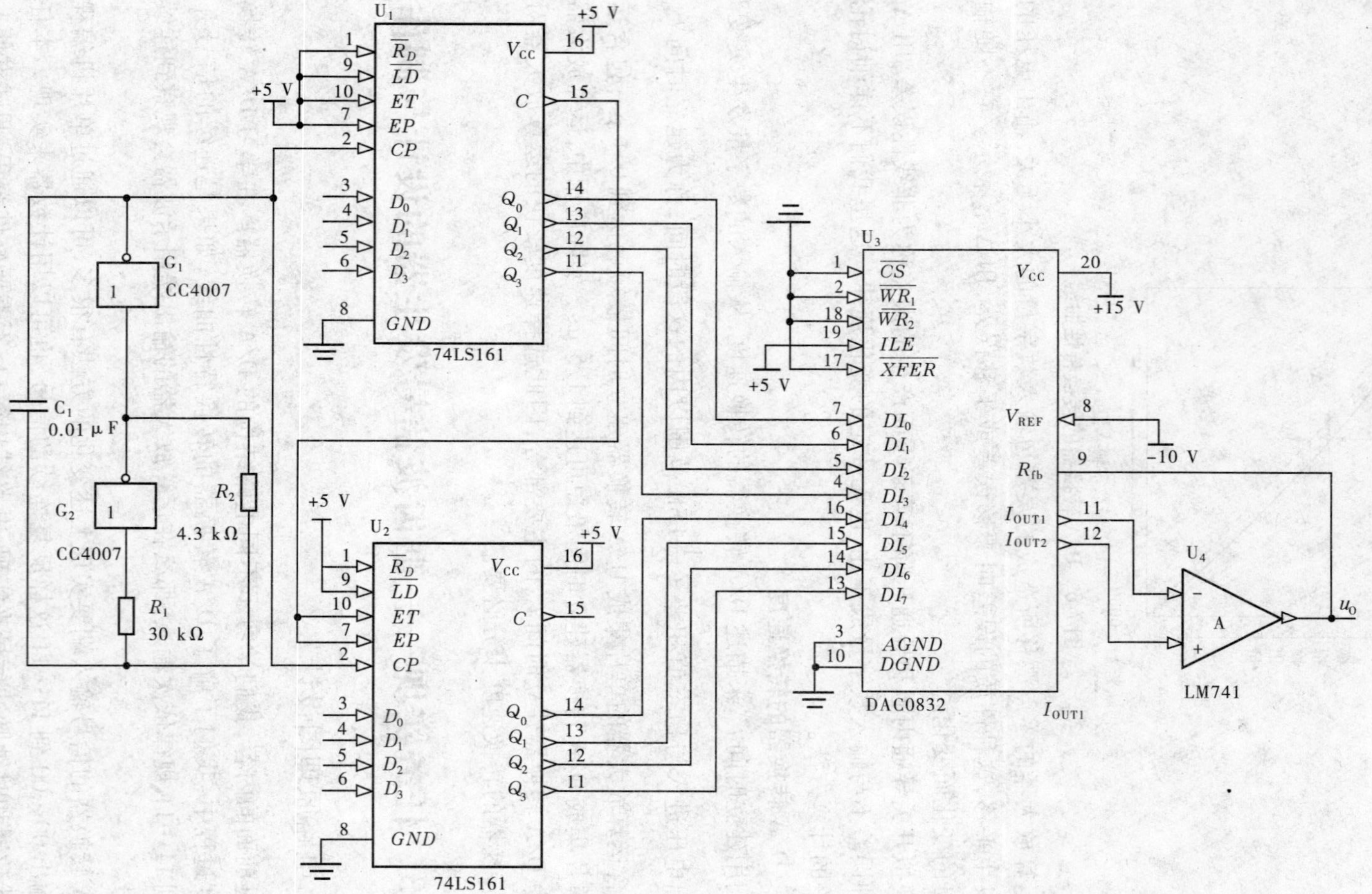

图 7-7　锯齿波信号发生器的电路原理图

D/A 转换器是 8 位的，所以采用两片 4 位同步二进制计数器 74LS161 对应输入，两片 74LS161 构成 8 位二进制计数器，计数器的输出状态在 00000000 ~ 11111111 变化。DAC0832 将计数器输出的 8 位二进制信息转换为模拟电压。D/A 转换器有 $2^8 = 256$ 个模拟电压输出。时钟信号源采用非对称式多谐振荡器电路，输出端产生脉冲信号。运算放大器外接。

7.3.2 元器件参数及选择

7.3.2.1 脉冲信号源

脉冲信号源用非对称式多谐振荡器电路来实现，其原理图如图 7-8 所示。非对称式多谐振荡器电路产生 10 kHz 的脉冲信号。

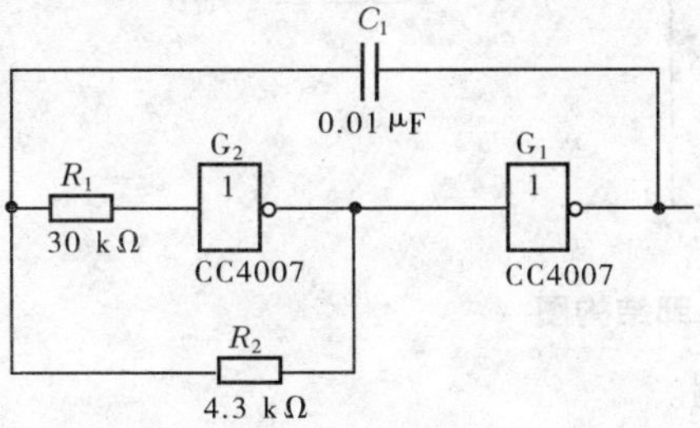

图 7-8 非对称式多谐振荡器电路

G_1、G_2 为 CMOS 反相器 CC4007，输出电阻小于 200 Ω，$V_{DD} = 5$ V，$R_1 = 30$ kΩ，$R_2 = 4.3$ kΩ，$C_1 = 0.01$ μF。该多谐振荡器输出脉冲信号的周期 T 和频率 f 分别计算如下：

$$T \approx 2.2R_2C_1 = 2.2 \times 4.3 \times 10^3 \times 10^{-8} \approx 10 \times 10^{-5}(\mathrm{s})$$

$$f = \frac{1}{T} = 10\ \mathrm{kHz}$$

7.3.2.2 计数器

74LS161 为 4 位同步二进制计数器，选用两片连接构成 8 位计数器。74LS161 功能表如表 7-1 所示，计数 00000000 ~ 11111111 共 256 个状态。计数器的输出作为数/模转换器 DAC0832 的输入。

表 7-1 74LS161 功能表

CP	$\overline{R}_D$	$\overline{LD}$	EP	ET	工作状态
×	0	×	×	×	置零
↑	1	0	×	×	预置数
×	1	1	0	1	保持
×	1	1	×	0	保持($C=0$)
↑	1	1	1	1	计数

7.3.2.3 DAC0832

1. DAC0832 的结构和引脚

图 7-9 为 DAC0832 内部结构图，图 7-10 为 DAC0832 封装图。DAC0832 为 8 位的

D/A转换芯片，集成电路内有两级输入寄存器，芯片具备双缓冲、单缓冲和直通三种输入方式，以便满足各种电路的需要（如要求多路 D/A 异步输入、同步转换等）。D/A 转换器的转换结果采用电流形式输出。内部为倒 T 型电阻网络。若需要相应的模拟电压信号，可通过一个高输入阻抗的线性运算放大器实现。运放的反馈电阻可通过 R_{fb} 端引用片内固有电阻，也可外接。

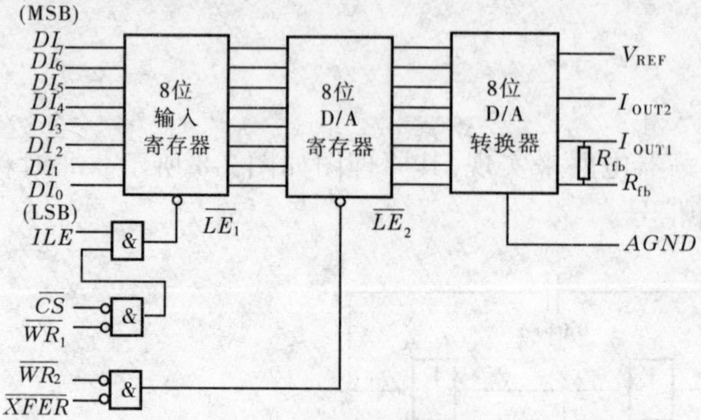

图 7-9　DAC0832 内部结构图

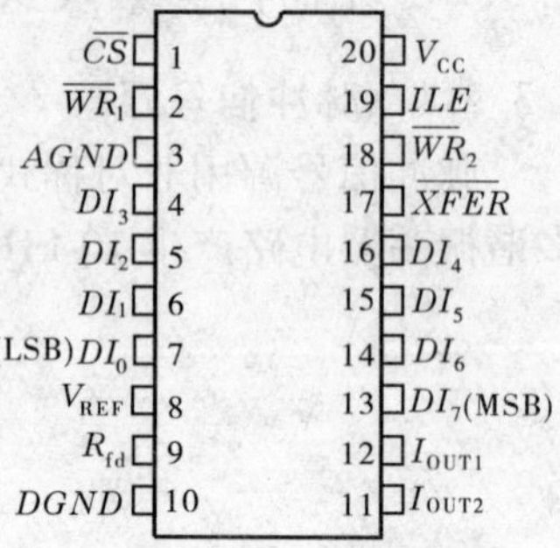

图 7-10　DAC0832 封装图

DI_0 ~ DI_7：数据输入端。

ILE：数据锁存允许控制信号输入端，高电平有效。

$\overline{CS}$：片选信号输入端，低电平有效。

$\overline{WR}_1$：输入寄存器的写选通输入端。

$\overline{XFER}$：数据传送控制信号输入端，低电平有效。

$\overline{WR}_2$：D/A 寄存器写选通输入端。

I_{OUT1}：电流输出端。当输入全为 1 时，I_{OUT1} 最大。

I_{OUT2}：电流输出端。其值与 I_{OUT2} 之和为一常数。

R_{fb}：反馈信号输入端，芯片内部有反馈电阻。

V_{CC}：电源输入端（ +5 ~ +15 V）

V_{REF}：基准电压输入端（ −10 ~ +10 V）

AGND：模拟地。

DGND：数字地。

2. DAC0832 的主要特性参数

DAC0832 的主要特性参数有：分辨率为 8 位；电流稳定时间为 1 μs；可单缓冲、双缓冲或直接数字输入；单一电源供电（ +5 ~ +15 V）；低功耗，200 mW。

3. DAC0832 的工作方式

DAC0832 进行 D/A 转换，可以采用以下两种方法对数据进行锁存：

第一种方法是使输入寄存器工作在锁存状态，而 D/A 寄存器工作在直通状态。具体地说，就是使 $\overline{WR}_2$ 和 $\overline{XFER}$ 都为低电平，D/A 寄存器的锁存选通端得不到有效电平而直通。此外，使输入寄存器的控制信号 *ILE* 处于高电平、$\overline{CS}$ 处于低电平，当 $\overline{WR}_1$ 端来一个负脉冲时,就可以完成 1 次转换。

第二种方法是使输入寄存器工作在直通状态,而 D/A 寄存器工作在锁存状态。也就是使$\overline{WR_1}$和$\overline{CS}$为低电平,ILE 为高电平,输入寄存器的锁存选通信号处于无效状态而直通。当$\overline{WR_2}$和$\overline{XFER}$端输入 1 个负脉冲时,D/A 寄存器工作在锁存状态,提供锁存数据进行转换。

根据对 DAC0832 的数据锁存器和 D/A 寄存器的不同控制方式,DAC0832 有三种工作方式:直通方式、单缓冲方式和双缓冲方式。

直通方式是数据不经两级锁存器锁存,即$\overline{WR_1}$、$\overline{WR_2}$、$\overline{XFER}$、$\overline{CS}$均接地,ILE 接高电平。

单缓冲方式是控制输入寄存器和 D/A 寄存器同时接收数据,或者只用输入寄存器而把 D/A 寄存器接成直通方式。此方式适用于只有一路模拟量输出或几路模拟量异步输出的情况。

双缓冲方式是先使输入寄存器接收数据,再控制输入寄存器输出数据到 D/A 寄存器,即分两次锁存输入数据。此方式适用于多个 D/A 转换器同步输出的情况。

本任务采用直通方式,DAC0832 输入端接计数器的输出端,I_{OUT1} 接运算放大器反相输入端,I_{OUT2} 接运算放大器同相输入端。

7.3.2.4 运算放大器

运算放大器 LM741 外接,反馈电阻集成在数/模转换器内部,输出锯齿波的频率 f_O 和计数脉冲频率 f_{CP} 的关系为

$$f_O = f_{CP}/256 = 10\,000/256 = 39(\text{Hz})$$

运算放大器 LM741 将 DAC0832 转换后的输出电流转换为电压输出,输出电压 u_O 与参考电压 V_{REF} 成正比。即

$$u_O = -\frac{V_{REF}}{2^8}(d_7 2^7 + d_6 2^6 + d_5 2^5 + d_4 2^4 + d_3 2^3 + d_2 2^2 + d_1 2^1 + d_0 2^0)$$

输出电压 u_O 变化范围为 $0 \sim -\frac{2^8-1}{2^8}V_{REF}$。

当 V_{REF} 为正时,输出电压为负,反之则为正,我们想得到一个正电压波形,V_{REF} 可取 −10 V,输出电压在 0 ~ 9.96 V 变化。

7.3.3 组装

通过“面包板”插接,对照原理图按正确的方法插好 IC 芯片,连接线路。

电路中采用了 +5 V、+15 V、−10 V 三种电压,一般实验台设计了可调直流 0 ~ 30 V 电压,−10 V 电压可将实验台电压调节为 10 V 然后正负极反接得到。

7.3.4 调试

(1)先断开脉冲振荡电路与计数器的连线,在 74LS161 的脉冲输入 CP 端接信号源,将信号源的频率调为 10 kHz 左右,幅度大于 2 V。用示波器的一个探头测量 CP 信号,另一个探头依次测量 DAC0832 的 $DI_0 \sim DI_7$ 的波形,观察示波器上显示的两个波形的频率

关系。DI_0 信号波形的频率应为 CP 的二分频，DI_1 的频率为 CP 的四分频，DI_2 为 CP 的八分频，依次类推。测试正确，说明由两片 74LS161 构成的 8 位二进制计数器工作正常。

用示波器测量运算放大器 LM741 的输出信号，记录输出波形的形状、频率和幅度。如果电路工作正常，其输出应为一个锯齿波。锯齿波信号的理想波形如图 7-11 所示。

(2)用示波器测量并记录脉冲振荡器的输出波形，正常输出频率大概在 10 kHz，幅度在 5 V 左右。振荡电路正常后，再将其输出信号连到 74LS161 的脉冲输入 CP 端，然后用示波器测量运算放大器 LM741 的输出信号，记录输出波形的形状、频率和幅度。如果电路工作正常，其输出应为一个锯齿波。其理想波形也如图 7-11 所示。

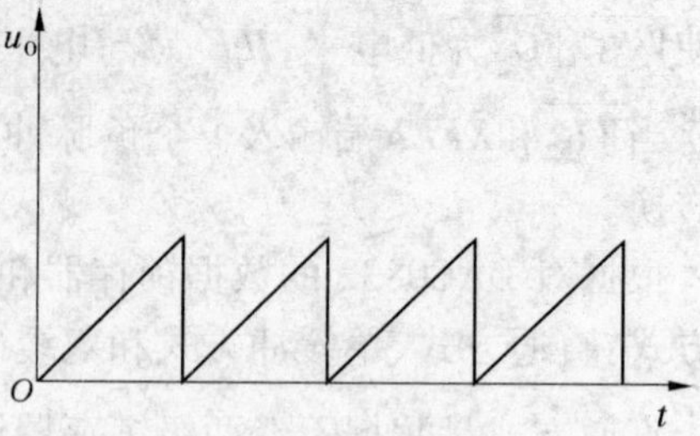

图 7-11　锯齿波信号的理想波形

【技能操作】

连接电路，启动电源，观察示波器的波形变化，记录周期、频率和峰值。对比理论值和实际值，分析误差原因。

【讨论思考】

1. 改变输入脉冲 CP 的频率，输出波形如何变化？

2. 改变数－模转换器 DAC0832 第 8 脚 V_{REF} 的大小，输出波形的幅值如何变化？

项目小结

1. D/A 转换器是将数字信号转换为模拟电压或模拟电流信号的器件。

2. 转换精度和转换速度是 D/A 转换器最重要的两个技术指标。

3. D/A 转换器主要有权电阻网络型、权电流网络型、倒 T 型电阻网络型、权电容网络型以及开关树型等，本项目重点介绍了前三种，这几种结构在集成 D/A 转换器中都有应用。在双极型 D/A 转换器产品中，权电流网络型电路用得较多；在 CMOS 型 D/A 转换器产品中，则以倒 T 型电阻网络电路和开关树型电路较为常见。

思考与练习题

1. 影响 D/A 转换器转换精度的因素有哪些？

2. D/A 转换器的电路结构有哪几种类型，有何优、缺点？

3. DAC0832 有哪几种工作方式？

4. 在如图 7-1 所示权电阻网络 D/A 转换器中，$V_{REF}=5$ V，数字输入量为 $d_3d_2d_1d_0=0110$ 时，输出电压 u_O 为多少？

5. 在如图 7-3 所示倒 T 型电阻网络 D/A 转换器中，$V_{REF}=-5$ V，数字输入量为 $d_3d_2d_1d_0=0111$ 时，输出电压 u_O 为多少？

6. 如图 7-12 所示，CB7520 为采用倒 T 型电阻网络的单片集成 D/A 转换器，数字输入量 10 位，$V_{REF} = -5$ V，试画出输出电压波形。

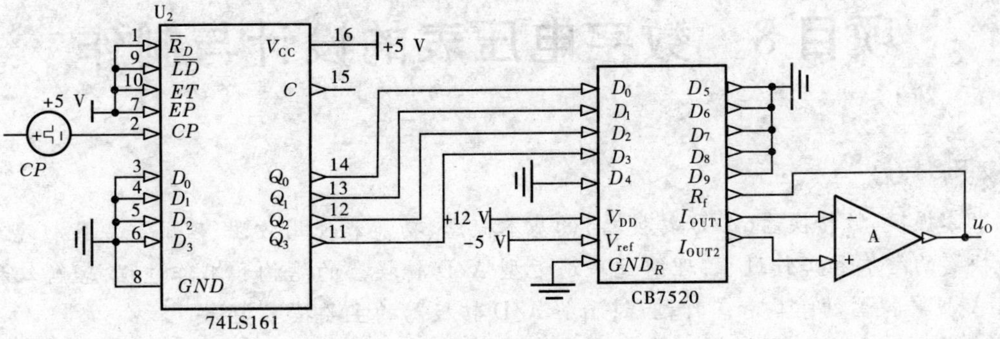

图 7-12　题 6 图

项目 8　数字电压表的设计与制作

知识目标

掌握模/数转换器(A/D 转换器)的基本概念、功能和使用方法;理解并联比较型A/D转换器的结构和工作过程,理解逐次逼近型 A/D 转换器的结构和工作过程,理解双积分型 A/D 转换器的结构和工作过程;了解 A/D 转换器的主要技术指标。

能力目标

能分析 A/D 转换电路的工作过程,能为常用的 A/D 转换芯片,如 MC14433、ADC0809 等配备合适的外围电路,能完成简单 A/D 转换电路的设计与调试。

引　言

在过程控制和信息处理中遇到的大多是连续变化的物理量,例如声音、温度、压力、流量等。工程中要控制这些物理量,首先要通过传感器把这些物理量变成电压、电流等模拟电量信号,再经 A/D 转换器变成数字量之后才能送给数字控制电路进行处理。按照工作原理的不同,A/D 转换器又可分为直接 A/D 转换器和间接 A/D 转换器两类,在本项目中将对其工作原理及常用芯片作一介绍。

本项目以 3 位半直流数字电压表的设计与制作为基础,以中小规模集成 A/D 转换器为典型电路,主要讨论了常用 A/D 转换器的典型应用。

学习链接

【1】http://www.cndzz.com/
【2】http://www.21ic.com/
【3】http://www.datasheet5.com/
【4】http://www.xie-gang.com/
【5】http://www.sydzdiy.com/
【6】http://www.wxdzz.com/
【7】http://www.56dz.com/
【8】http://www.ednchina.com/

8.1　任务提出与分析

8.1.1　任务提出

设计并制作一个 3 位半直流数字电压表,并在万能电路板或制作的电路板上焊接、组装、调试,形成最终产品。要求如下:

(1)测量范围为 0 ~ ±1.999 V。

(2)数字电压表主要由基准电压源电路、A/D 转换器、译码驱动电路及 LED 显示电路组成。

(3)电路功耗低、成本低且易于安装调试。

(4)写出该产品的设计报告,主要包括电路原理图、主要参数的分析计算、元器件的选择检测、电路板的 PCB 图、产品的安装焊接过程、调试记录、使用说明等。

8.1.2 任务分析

数字电压表是诸多数字化仪表的核心与基础,可以以数字电压表为核心扩展出多种数字化仪表,例如通用数字仪表、专用数字仪表以及各种非电量的数字仪表,覆盖了电子电工测量、工业测量、自动化仪表等各个领域。而数字电压表的核心电路即 A/D 转换器,将输入数字电压表的连续模拟量电压值转换成相对应的离散的数字量,所以该任务的重点就是选择 A/D 转换器,并把转换结果显示出来。

下面重点介绍与本任务相关的知识点,对各种 A/D 转换器及其工作原理进行讲解。

8.2 相关知识——模/数转换器(A/D 转换器)

8.2.1 A/D 转换器的基本原理

为将时间、幅值连续的模拟信号转换为时间、幅值离散的数字信号,A/D 转换一般要经过采样、保持、量化和编码四个步骤。这四步并不是一步一步地分开完成的,实际上是采样和保持一次完成,量化和编码一次完成。

8.2.1.1 采样和保持

采样是将时间上连续变化的信号转换为时间上离散的信号,即将时间上连续变化的模拟量转换为一系列等间隔的脉冲。但是由于输入的模拟信号是连续变化的,而 A/D 转换总需要一定的时间,所以每次采样结束后,要将此次采样的模拟信号保持到转换结束,这个过程就被称为采样保持。图 8-1(a)是一种常见的采样保持电路,场效应管为采样门,电容 C 为保持电容,运算放大器为跟随器,起缓冲隔离作用。图 8-1 中,$u_I(t)$ 为输入模拟信号,$s(t)$ 为采样脉冲,$u'_O(t)$ 为采样后的输出信号,$u_O(t)$ 为经缓冲放大器输出的最终采样保持信号。

在采样脉冲作用周期 τ 内,采样信号 $s(t)$ 为高电平,场效应管导通,输入模拟量 $u_I(t)$ 向电容充电,使 $u'_O(t) = u_I(t)$,这是采样过程;在其他时间($T_s - \tau$)内,采样信号 $s(t)$ 为低电平,场效应管截至,电容上的电压保持不变,这是保持过程。由此看到,每经过一个采样周期,对输入信号采样一次,在输出端便得到输入信号的一个采样值。为了不失真地恢复原来的输入信号,根据采样定理,一个频率有限的模拟信号,其采样信号 $s(t)$ 的频率 f_s 必须大于或等于输入模拟信号 $u_I(t)$ 最高频率 f_{max} 的两倍,即

$$f_s \geqslant 2f_{max} \tag{8-1}$$

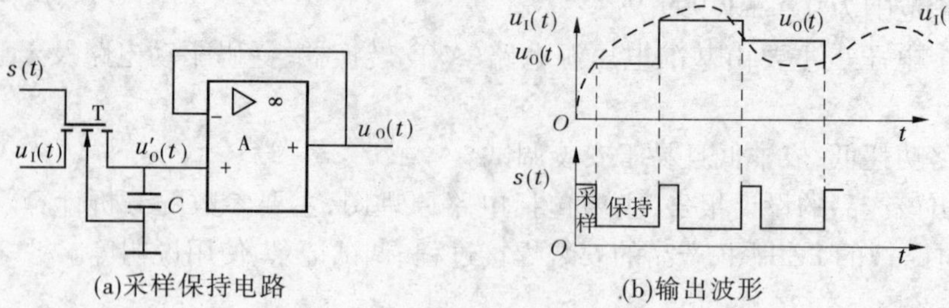

图 8-1　采样保持电路和采样波形

8.2.1.2　量化和编码

输入的模拟量经过采样、保持后得到的是阶梯波。阶梯波的幅度是任意的，有无限个数值，依然是一个可以连续取值的模拟量。而数字信号的取值是有限的或是离散的，只能表示有限个数值，如用 4 位二进制数来表示，只有 0000 ~ 1111 共 16 种取值。因此，要实现幅度数字化，就必须将采样后的样值电平归化到与之接近的量化电平上，这是量化过程。量化后，需要用二进制数码来表示各个量化电平，这是编码过程。

量化过程中所取最小数量单位称为量化单位，用 Δ 表示。量化过程常采用两种近似量化方式：只舍不入量化方式和四舍五入量化方式。以 3 位 A/D 转换器为例，设输入信号 $u_1(t)$ 的变化范围为 0 ~ 8 V，采用只舍不入量化方式时，取 $\Delta = 1$ V，量化时把不足量化单位部分舍弃，如数值在 0 ~ 1 V 的模拟电压都当做 0Δ，用二进制数 000 表示，而数值在 1 ~ 2 V 的模拟电压都当做 1Δ，用二进制数 001 表示……如采用四舍五入量化方式，则取量化单位 $\Delta = \frac{16}{15}$ V，量化时将不足半个量化单位部分舍弃，对于等于或大于半个量化单位部分按一个量化单位处理。它将数值在 0 ~ $\frac{8}{15}$ V 的模拟电压都当做 0Δ 对待，用二进制 000 表示，而数值在 $\frac{8}{15}$ ~ $\frac{24}{15}$ V 的模拟电压均当做 1Δ，用二进制 001 表示……后者的量化方法产生的量化误差要比前者小，所以大多数 A/D 转换器采用后者。

A/D 转换器的种类很多，按其工作原理不同可分为直接 A/D 转换器和间接 A/D 转换器两类。直接 A/D 转换器可将模拟信号直接转换为数字信号，典型电路有并联比较型 A/D 转换器、逐次逼近型 A/D 转换器等。而间接 A/D 转换器则是先将模拟信号转换成某一种中间电量（如时间、频率等），然后再将中间电量转换为数字量输出，典型电路有双积分型 A/D 转换器等。下面对常用的几种 A/D 转换器做详细的介绍。

8.2.2　并联比较型 A/D 转换器

如图 8-2 所示为 3 位并联比较型 A/D 转换器的原理图。输入的模拟电压经采样、保持后变为电压 u_1，送入 7 个比较器 C_1 ~ C_7 同时加以比较。参考电压 V_{REF} 经电阻分压形成 7 个比较电平，分别加到各个比较器。当输入模拟电压 u_1 高于比较器的比较电平时，比较器输出为高电平 1，反之为 0。

当输入模拟电压与各比较电平比较后，各比较器的输出送到 D 触发器中寄存，使用触发器的目的是避免各比较器响应速度的差异造成逻辑错误。D 触发器的输出送到由 6

个异或门和 3 个或门构成的编码器进行编码，编码器输出的 D_2、D_1、D_0 就是 A/D 转换后的数码输出。表 8-1 给出了输入模拟电压、各比较器输出及数字输出间的关系。

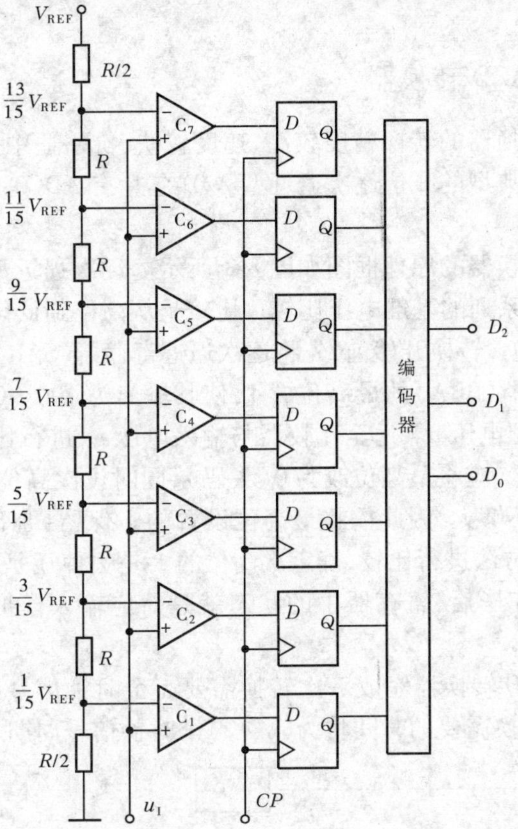

图 8-2　3 位并联比较型 A/D 转换器原理图

表 8-1　3 位并联比较型 A/D 转换器输入与输出关系对照表

输入模拟电压	比较器输出状态							数字输出		
	C_7	C_6	C_5	C_4	C_3	C_2	C_1	D_2	D_1	D_0
$0 \leqslant u_1 < V_{REF}/15$	0	0	0	0	0	0	0	0	0	0
$V_{REF}/15 \leqslant u_1 < 3V_{REF}/15$	0	0	0	0	0	0	1	0	0	1
$3V_{REF}/15 \leqslant u_1 < 5V_{REF}/15$	0	0	0	0	0	1	1	0	1	0
$5V_{REF}/15 \leqslant u_1 < 7V_{REF}/15$	0	0	0	0	1	1	1	0	1	1
$7V_{REF}/15 \leqslant u_1 < 9V_{REF}/15$	0	0	0	1	1	1	1	1	0	0
$9V_{REF}/15 \leqslant u_1 < 11V_{REF}/15$	0	0	1	1	1	1	1	1	0	1
$11V_{REF}/15 \leqslant u_1 < 13V_{REF}/15$	0	1	1	1	1	1	1	1	1	0
$13V_{REF}/15 \leqslant u_1 < V_{REF}$	1	1	1	1	1	1	1	1	1	1

并联比较型 A/D 转换器的优点是转换速度快，这是其他类型 A/D 转换器都无法做

到的。但其缺点是需要用很多的电压比较器和触发器，并且电路的规模随着输出位数的增加而急剧膨胀，所以这种 A/D 转换器成本高、价格贵，一般用于高转换速度、低分辨率的场合。

8.2.3 逐次逼近型 A/D 转换器

逐次逼近型 A/D 转换器的转换精度较高、速度较快、价格适中，是目前种类最多、应用最广的 A/D 转换器。典型的 8 位逐次逼近型 A/D 芯片有 ADC0809。

8.2.3.1 转换原理

逐次逼近型 A/D 转换器的原理框图如图 8-3 所示。逐次逼近型 A/D 转换器是将待转换的模拟电压 u_I 与一系列的基准电压比较。比较是从高位到低位逐位进行的，并依次确定各位数码是 1 还是 0。转换开始前，先将逐次逼近寄存器(SAR)清 0，开始转换后，控制逻辑将逐次逼近寄存器(SRA)的最高位置 1，使其输出为 100…000，这个数码被 D/A 转换器转换成相应的模拟电压 u_O，送至比较器与输入电压 u_I 进行比较。若 $u_O > u_I$，则说明寄存器输出的数码大了，应将最高位改为 0(去码)，同时设次高位为 1；若 $u_O \leqslant u_I$，则说明寄存器输出的数码还不够大，因此需将最高位设置的 1 保留(加码)，同时也设次高位为 1。然后，再按同样的方法进行比较，确定次高位的 1 是去掉还是保留。这样逐位比较下去，直到最低位，比较完毕后，寄存器中的状态就是对应输入模拟电压 u_I 的输出数字量。

一个 3 位输出的 A/D 转换器完成一次转换需要 5 个时钟信号周期的时间。如果输出为 n 位，则完成一次转换需要的时间将为$(n+2)$个时钟信号周期。

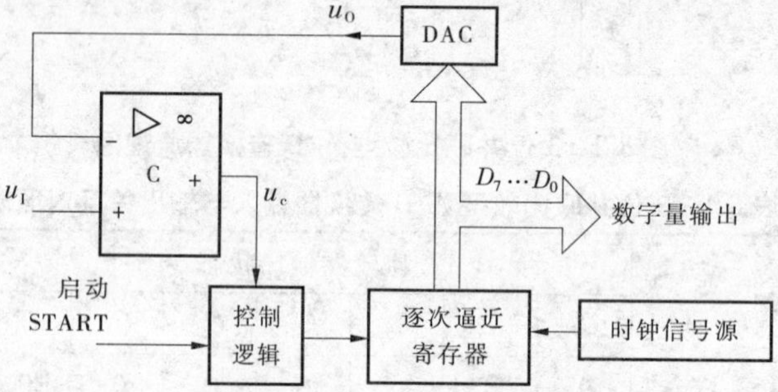

图 8-3 逐次逼近型 A/D 转换器的原理框图

8.2.3.2 ADC0809

1. ADC0809 的结构和引脚

ADC0809 是逐次逼近型 8 通道 8 位 A/D 转换集成芯片，其引脚排列如图 8-4 所示。ADC0809 分辨率为 8 位，典型转换速度为 100 μs，采用单一的电源供电，功耗 20 mW。需要外接时钟，最大时钟频率为 640 kHz。允许输入单极性模拟信号。片内带有三态门输出缓冲器，可直接与 CPU 总线连接，是目前采用的比较广泛的 A/D 芯片之一。

ADC0809 引脚功能说明如下：

(1) $IN_7 \sim IN_0$：8 路模拟信号输入端，可通过 A_2、A_1、A_0 三地址译码来选通一路输入。

(2) $D_7 \sim D_0$：8 位数字量输出端，可直接和 CPU 数据线连接。

(3) A_2、A_1、A_0：地址输入端。

(4) *CLOCK*：时钟脉冲输入端。

(5) *START*：转换的启动控制端。其上升沿使 ADC0809 复位，下降沿启动 A/D 转换器开始转换。

(6) *ALE*：地址锁存信号，当 *ALE* 端输入高电平时，输入地址锁存器的地址被锁存，此时 A/D 转换器开始采样。

(7) *EOC*：转换结束信号线。当转换结束时，*EOC* 端输出电平由低变高。

(8) *OE*：允许信号输出控制端。高电平有效，当 *OE* 输入高电平时，三态缓冲门打开，将转换的结果送出。

(9) V_{CC}：工作电源，范围为 +5 ~ +15 V。

(10) *GND*：接地端。

(11) $V_{REF(+)}$、$V_{REF(-)}$：正、负基准电压输入端。$V_{REF(-)}$不能为负值，$V_{REF(+)}$不能高于 V_{CC}。

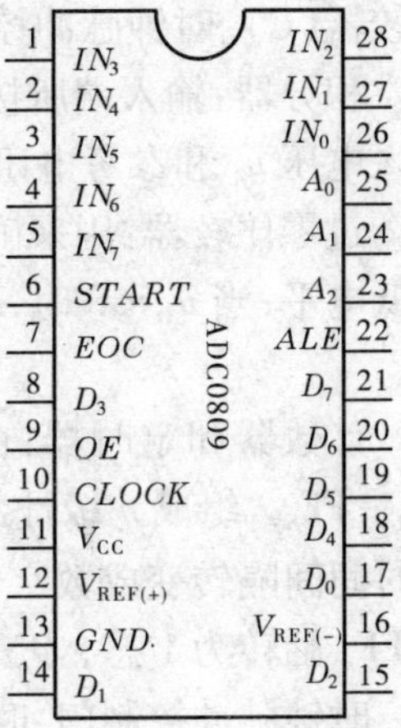

图 8-4 ADC0809 引脚排列图

2. ADC0809 的应用

ADC0809 可以和微处理器直接接口，也可以单独使用。如图 8-5 所示为 ADC0809 的测量电路。

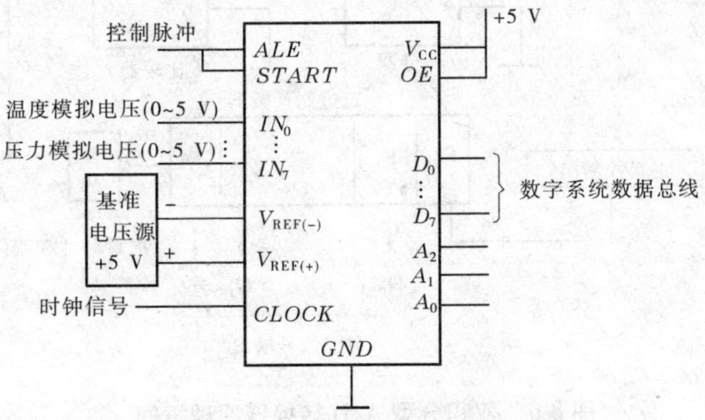

图 8-5 ADC0809 的测量电路

电路中，根据 A_2、A_1、A_0 的地址译码信号来选通一路模拟量进行检测。测量结束后，将结果送到数字系统数据总线上，实现对温度和压力的分时检测。控制脉冲接 *ALE* 和 *START*，每来一个脉冲，上升沿复位 ADC0809，对输入电压采样；下降沿启动 A/D 转换器。

8.2.4 双积分型 A/D 转换器

8.2.4.1 转换原理

双积分型 A/D 转换器的基本原理是对输入模拟电压和参考电压分别进行两次积分，将输入电压平均值变换成与之成正比的时间间隔，然后利用时钟脉冲和计数器测出此时间间隔，进而得到相应的数字量输出。由于该转换电路是对输入电压的平均值进行变换，所以它具有很强的抗干扰能力，在数字测量中应用广泛。

双积分型 A/D 转换器原理框图如图 8-6 所示，它主要由积分器（集成运放 A）、过零比较器(C)、时钟脉冲控制门(G)和定时/计数器($FF_0 \sim FF_n$)等几部分组成。

积分器:输入端所接开关 S_1 由定时信号 Q_n 控制。当 Q_n 为不同电平时,极性相反的输入电压 u_I 和参考电压 V_{REF}将分别加到积分器的输入端,进行两次方向相反的积分。

过零比较器:用来确定积分器输出电压 u_O 过零的时刻。当 $u_O \geqslant 0$ 时,比较器输出 u_C 为低电平;当 $u_O < 0$ 时,u_C 为高电平。u_C 接到时钟脉冲控制门(G),作为关门和开门的信号。

计数器和定时器:由$(n+1)$个接成计数型的触发器 $FF_0 \sim FF_n$ 串联组成。触发器 $FF_0 \sim FF_{n-1}$组成 n 级计数器,对输入时钟脉冲 CP 计数,以便把与输入电压平均值成正比的时间间隔转变成数字信号输出。当计数到 2^n 个时钟脉冲时,$FF_0 \sim FF_{n-1}$ 均回到 0 态,而 FF_n 翻转为 1 态,$Q_n=1$ 后开关 S_1 从位置 A 转接到 B。

时钟脉冲控制门:时钟脉冲源标准周期 T_c 作为测量时间间隔的标准时间。当 $u_C=1$ 时,控制门打开,时钟脉冲通过控制门加到触发器 FF_0 的输入端。

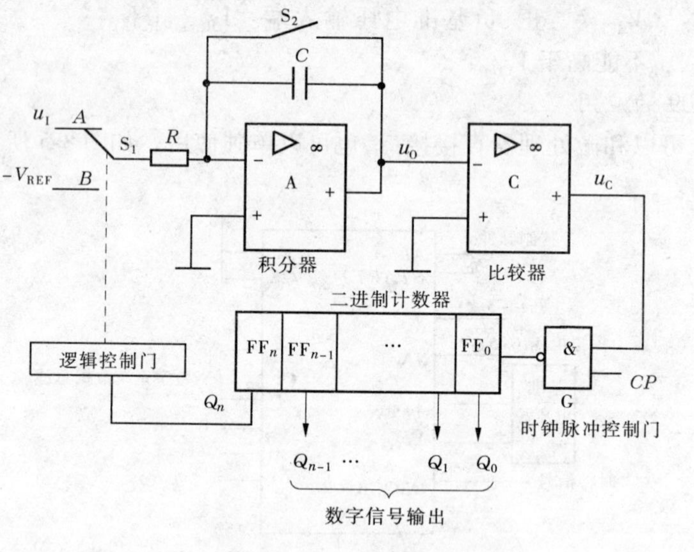

图 8-6　双积分型 A/D 转换器原理框图

8.2.4.2　MC14433

MC14433 是 3 位半的双积分型 A/D 转换集成芯片,其引脚排列如图 8-7 所示,3 位半是指数字量为 4 位十进制数,最高位仅有 0 和 1 两种状态,低 3 位有 0～9 十种状态。MC14433 采用动态扫描输出方式,其输出是按位扫描的 BCD 码。使用时只需外接两个电阻和两个电容,即可组成具有自动调零和自动极性转换功能的 A/D 转换系统。

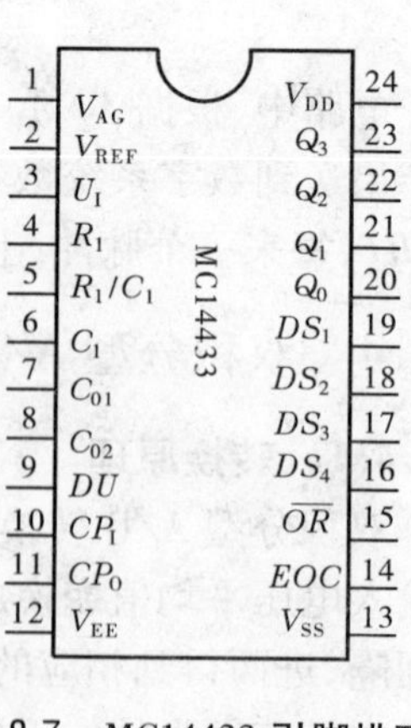

图 8-7　MC14433 引脚排列图

MC14433 引脚功能说明如下:

(1)V_{AG}:模拟地,作为输入模拟电压和参考电压的参考点。

(2)V_{REF}:参考电压输入端。当参考电压分别为 200 mV 和 2 V 时,电压量程分别为 199.9 mV 和 1.999 V。

(3) U_I:被测电压输入端。

(4) R_1、R_1/C_1、C_1: 外接电阻、电容的接线端。$C_1=0.1\ \mu F$, $R_1=470\ k\Omega$(2 V 量程), $R_1=27\ k\Omega$(200 mV 量程)。

(5) C_{01}、C_{02}:补偿电容 C_0 接线端。补偿电容用于存放失调电压,以便自动调零。典型值为 0.1 μF。

(6) DU:实时输出控制端。只有当 DU 端输入正脉冲时,转换后的结果才被送入输出数据锁存器等待输出。通常将 DU 端与 EOC 端连接,则每次 A/D 转换均输出。

(7) CP_1、CP_0:时钟振荡外接电阻端。接不同阻值的电阻,产生不同的内部时钟频率。典型值为 470 kΩ,产生 66 kHz 的时钟频率。当从外部直接输入时钟脉冲时,直接从 CP_1 输入,不再接电阻。

(8) V_{EE}:负电源输入端,一般接 -5 V。

(9) V_{SS}:电源公共地,通常与 V_{AG} 连接。

(10) EOC:转换结束信号。正在转换时为低电平,转换结束后输出一个正脉冲。

(11) $\overline{OR}$:溢出信号输出端,当转换过程中有溢出现象发生时,该端输出低电平。

(12) $DS_1 \sim DS_4$:输出数字千、百、十、个位的选通脉冲输出端。

(13) $Q_3 \sim Q_0$:转换结果的 BCD 码输出端,可连接显示译码器。在 DS_2、DS_3、DS_4 选通脉冲期间,输出 3 位完整的十进制数,在 DS_1 选通脉冲期间,输出千位 0 或者 1 及过量程、欠量程和被测电压极性标志信号。

(14) V_{DD}:正电源输入端,一般接 +5 V。

MC14433 使用调试简便,能与微处理器或其他数字系统兼容,广泛用于数字仪表,数字万用表,数字温度计,数字量具及遥测、遥控系统。

8.2.5 A/D 转换器的主要技术指标

8.2.5.1 分辨率

A/D 转换器的分辨率以输出二进制(或十进制)数的位数表示。它说明 A/D 转换器对输入信号的分辨能力。其输出二进制位数越多,转换精度越高,即分辨率越高。例如,10 位 ADC,若输入电压满量程为 5 V,则此 ADC 能区分输入信号的最小电压为 $1/2^{10} \times 5\ V = 4.88\ mV$;8 位的 ADC 能区分输入信号的最小电压为 $1/2^8 \times 5\ V = 19.53\ mV$。可以看出,10 位的 ADC 比 8 位的 ADC 分辨率高。

8.2.5.2 转换速度

转换速度通常指完成一次 A/D 转换所需的时间,即从接到转换启动信号开始,到输出端获得稳定的数字信号所经过的时间。ADC 的转换速度与转换电路的类型有关。不同类型的转换器速度相差甚远。例如,逐次逼近型 A/D 转换芯片 ADC0809,当 CP 的频率为 640 kHz 时,转换速度为 100 μs;双积分型 A/D 转换芯片 MC14433,当 CP 的频率为 160 kHz 时,转换速度为 100 ms。

8.2.5.3 转换误差

转换误差通常以输出误差的最大值形式给出。它表示 ADC 实际输出数字量和理论输出数字量之间的区别,常用最低有效位的倍数表示。例如,给出相对误差 ≤ ±LSB/2,

这就说明实际输出的数字量和理论上应得到的输出数字量之间的误差小于最低位的半个字。

8.3　任务实现——数字电压表的设计与制作

8.3.1　方案确定

通过任务分析及相关知识的学习，3 位半直流数字电压表的核心部分——A/D转换器可采用集成芯片 MC14433。图 8-8 是 3 位半直流数字电压表的组成框图，由基准电压源、MC14433、字形译码驱动电路及显示电路组成。

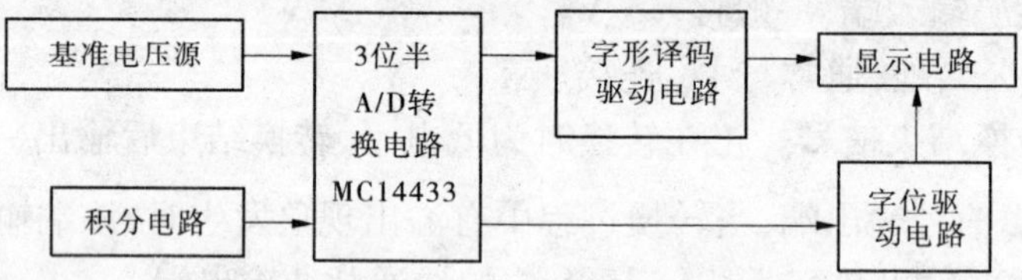

图 8-8　3 位半直流数字电压表的组成框图

为了对模拟电压进行测量和显示，在进行 A/D 转换时，必须设置稳定的参考电压 V_{REF}，以便作为比较基准。A/D 转换器是本电压表的核心器件，它有两个最主要的参数，即转换速度和转换精度。对于 3 位半数字电压表，要求精度较高，但是对速度没有很高的要求，所以本设计选用 MC14433 双积分型 A/D 转换器，该芯片外接元件少、功耗低、精度高，并且具有自动调零和自动极性转换等功能，可测量正负电压值，被广泛应用于数字测量系统。有关 MC14433 芯片的相关知识参考前面的 8.2.4 部分。

8.3.2　元件的选择与电路原理图设计

根据设计要求，按照图 8-8 合理选配元件，组成数字电压表的电路图，如图 8-9 所示，元件配置表如表 8-2 所示。图中 CD4511 为七段译码显示驱动器，可将 BCD 码译成段信号驱动 LED 显示；MC1403 为基准电压源，输出电压为 2.5 V；MC1413 为达林顿管反相驱动器，实现扫描显示。

被测电压经过 RC 滤波网络输入到 MC14433 中进行 A/D 转换，转换后的数字信号按照先后顺序通过输出端 Q_3、Q_2、Q_1、Q_0 输出。数字信号经 CD4511 译码后，驱动 4 个 LED 数码管的各段阳极。位选通信号 DS_1、DS_2、DS_3、DS_4 通过位选开关 MC1413 分别控制着千位、百位、十位、个位上的4 只 LED 数码管的公共阴极。这样就把 MC14433 按照时间顺序输出的数据以扫描的方式在4 个数码管上依次显示出来。

电压极性符号“ - ”(负号)由 MC14433 的 Q_2 端控制。当输入负电压时，$Q_2=0$，三极管导通，负号通过三极管点亮；当输入为正电压时，$Q_2=1$，三极管截止，负号熄灭。小数点位置通过小数点选择开关选择。

如果被测电压大于 1.999 V，由$\overline{OR}$输出信号控制$\overline{BI}$端，使显示数字熄灭，但负号和小数点仍点亮。

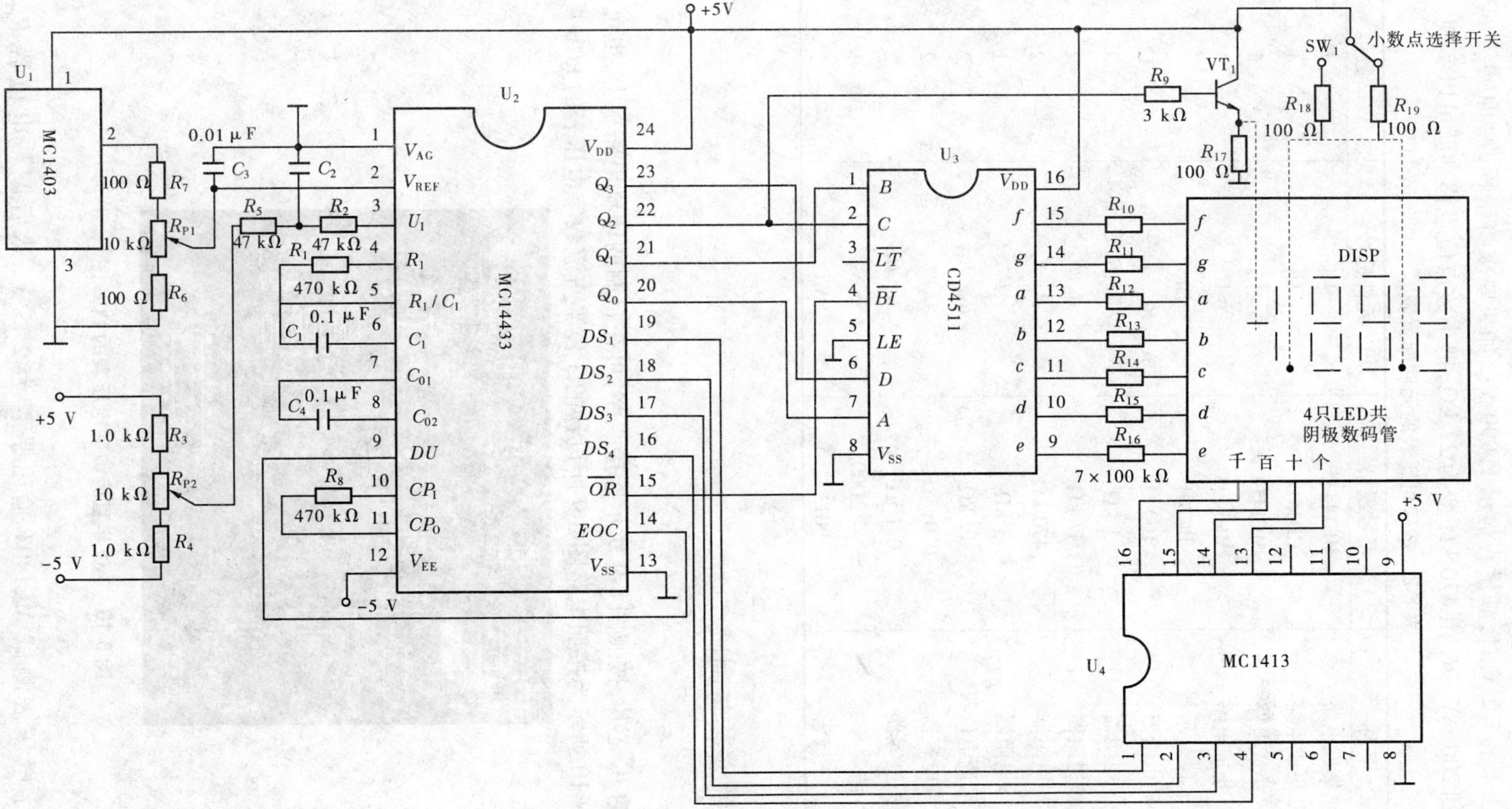

图 8-9　数字电压表电路图

当参考电压 $V_{REF}=2$ V 时,满量程显示 1.999 V。如果要求将量程改为 199.9 mV,只需要把 V_{REF} 调到 200 mV, R_1 由 470 kΩ 变为 27 kΩ,把小数点位置移动就可以实现。

表 8-2　数字电压表的元件配置表

序号	名称	型号规格	元件标号	数量
1	集成电路	MC14433	U_2	1
2	集成电路	CD4511	U_3	1
3	集成电路	MC1413	U_4	1
4	集成电路	MC1403	U_1	1
5	七段显示器	BC201	DISP	4
6	电阻器	100 Ω	R_6、R_7、$R_{10}\sim R_{19}$	12
7	电阻器	1 kΩ	R_4、R_3	2
8	电阻器	47 kΩ	R_2、R_5	2
9	电阻器	470 kΩ	R_1、R_8	2
10	电阻器	3 kΩ	R_9	1
11	可调电位器	10 kΩ	R_{P1}、R_{P2}	2
12	电容器	0.01 μF	C_2、C_3	2
13	电容器	0.1 μF	C_1、C_4	2
14	波动开关	SS－12D00	SW_1	1
15	三极管	9013	VT_1	1

8.3.3　电路的安装与调试

8.3.3.1　安装

选择完好的 IC 芯片,按照图 8-9 所示连接线路,可在自制的印刷电路板上,也可在万能板上。如图 8-10 所示为按照电路图 8-9 所设计的 3 位半直流数字电压表的 PCB 图。

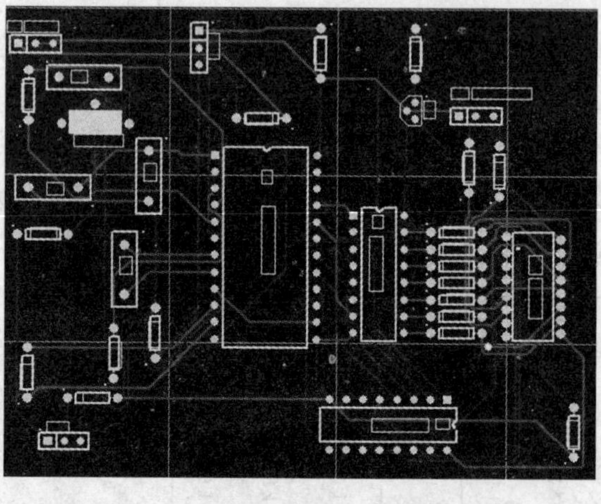

图 8-10　3 位半直流数字电压表的 PCB 图

8.3.3.2　调试

用标准数字电压表测试 MC1403 输出是否为 2.5 V,然后调整电位器 R_{P1},使

MC14433 的 V_{REF}端输出电压为 2.00 V。

接通 +5 V、-5 V 电源,将输入端接地,此时显示器应显示"000";若不是,用示波器测量 $Q_3 \sim Q_0$、$DS_1 \sim DS_4$ 波形,查找故障原因。

调整电位器 R_{P2},观察当输入电压变化时,显示器显示数据是否跟着相应变化,显示正常即进入精调。

用基准数字电压表测量输入电压,使其为 1.000 V,如显示器显示不为"1.000",应调整基准电压源,使显示值与基准值误差在 ±0.005 V 以内,即数码管应显示"1.000 ± 0.005"。

改变输入电压极性,使其为"-1.000 V",检查"-"是否显示。

在 -1.999 ~ +1.999 V 量程内重复以上步骤,进行精调,使其全部量程内的误差均不超过 ±0.005 V。

【讨论思考】

1. 改变参考电压 V_{REF}数值,使其增大,则显示数值将如何变化?

2. 如果数字电压表的量程从 2 V 扩到 20 V,那么该表的读数范围是多少?

项目小结

1. A/D 转换器将模拟信号转换为数字信号,简称 ADC。A/D 转换须经过采样、保持、量化和编码四个步骤才能完成。其电路形式多种多样,但其工作原理均是将输入的模拟电压与基准电压相比较(直接或间接),从而转换成数字量。

2. 在 ADC 中,介绍了并联比较型 ADC、逐次逼近型 ADC 和双积分型 ADC 的工作原理。

3. 为了使读者对单片集成 ADC 有感性认识,相关知识中分别介绍了 ADC0809 和 MC14433 两种常用 A/D 转换器。通过 3 位半直流数字电压表项目的设计,提供了以 MC14433 芯片为主体的设计方案,并做了详细说明,为读者设计模/数转换电路奠定了基础。

思考与练习题

1. 常见的 A/D 转换器有几种,它们的特点分别是什么?

2. 输入 ADC 的信号中,最高正弦波分量的频率为 10 kHz,为了不失真转换,采样频率 f_s 最少应为多大?

3. A/D 转换过程中,采样保持电路的作用是什么?量化有哪两种方法?它们各自产生的量化误差哪个大?应该怎样理解编码的含义?试举例说明。

4. 试用芯片 ICL7107A/D 转换器设计数字电压表。通过自学查找有关芯片 ICL7107 相关资料,以本项目设计思路为基础,自行设计一款以芯片 ICL7107 为主体的 3 位半直流数字电压表。

附　录

附录 A　国产半导体集成电路型号命名法（GB 3430—89）

本标准规定了半导体集成电路型号的命名方法。本标准适用于按半导体集成电路系列和品种的国家标准所生产的半导体集成电路（以下简称器件）。

A.1　型号的组成

器件的型号由五部分组成，各组成部分的符号及意义见表 F-1。

表 F-1　器件型号的组成

第 0 部分		第一部分		第二部分	第三部分		第四部分	
用字母表示器件符合国家标准		用字母表示器件的类型		用阿拉伯数字和字母表示器件的系列和品种代号	用字母表示器件的工作温度范围		用字母表示器件的封装	
符号	意义	符号	意义		符号	意义	符号	意义
C	符合国家标准	T	TTL 电路		C	0 ~ 70 ℃	F	多层陶瓷扁平封装
		H	HTL 电路		G	−25 ~ 70 ℃	B	塑料扁平封装
		E	ECL 电路		L	−25 ~ 85 ℃	H	黑瓷扁平封装
		C	CMOS 电路		E	−40 ~ 85 ℃	D	多层陶瓷双列直插封装
		M	存储器		R	−55 ~ 85 ℃	J	黑瓷双列直插封装
		U	微型机电路		M	−55 ~ 125 ℃	P	塑料双列直插封装
		F	线性放大器				S	塑料单列直插封装
		W	稳压器				T	金属圆形封装
		B	非线性电路				K	金属菱形封装
		J	接口电路				C	陶瓷片状载体封装
		AD	A/D 转换器				E	塑料片状载体封装
		DA	D/A 转换器				G	网格陈列封装
		D	音响电视电路					
		SC	通信专用电路					
		SS	敏感电路					
		SW	钟表电路					

A.2　示例

【例 F-1】　肖特基 TTL 双 4 输入与非门

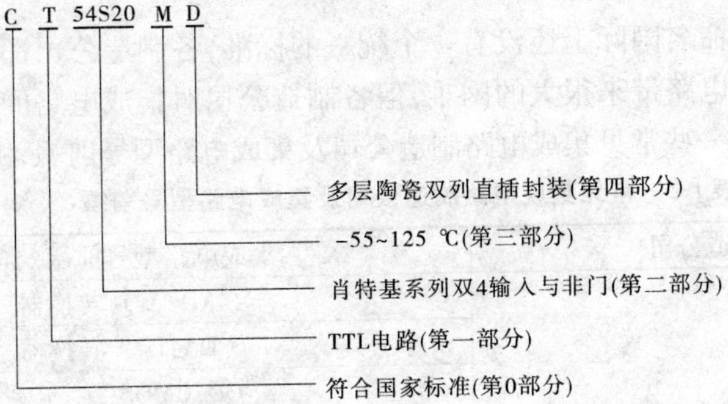

【例 F-2】　4000 系列四双向开关

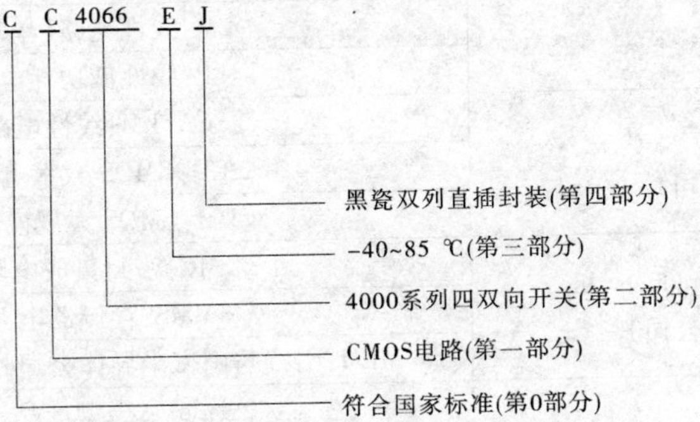

【例 F-3】　通用型运算放大器

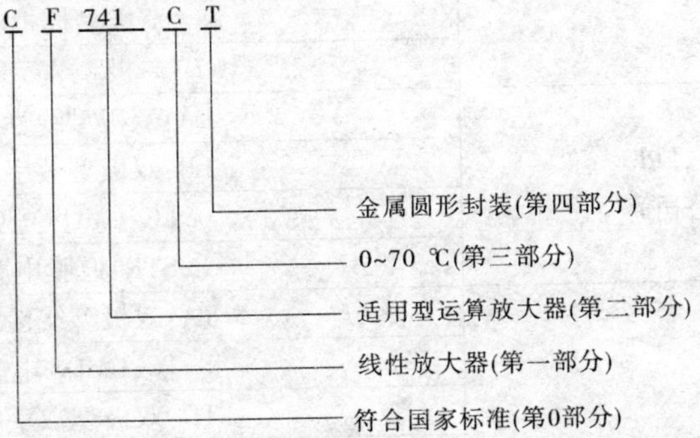

附录 B　部分集成电路制造公司集成电路型号前缀

目前,集成电路的命名国际上还没有一个统一的标准,各制造公司都有自己的一套命名方法,这给识别集成电路带来很大的困难,但各制造公司对集成电路的命名总还存在一些规律。表 F-2 列出了一些常见集成电路制造公司及集成电路型号前缀,供读者参考。

表 F-2　常见集成电路制造公司及集成电路型号前缀

集成电路制造公司	集成电路型号前缀及含义
National Semiconductor Corp. (国家半导体公司)	AD:A/D 转换器
	DA:D/A 转换器
	CD:CMOS 数字电路
	LF:线性场效应
	LH:线性电路(混合)
	LM:线性电路(单块)
	LP:线性低功耗电路
RCA Corp. (美国无线电公司)	CA、LM:线性电路
	CD:CMOS 数字电路
	CDM:CMOS 大规模电路
Motorola Semiconductor Products, Inc. (摩托罗拉半导体公司)	MC:密封集成电路
	MMS:存储器电路
	MLM:引线与国家半导体公司相同的线性电路
NEC Electronics, Inc. (日本电气电子公司)	uP: 微型产品
	A:组合元件
	B:双极型数字电路
	C:双极型模拟电路
	D:单极型数字电路
Sanyo Electric Co. , Ltd. (三洋电气有限公司)	LA:双极型线性电路
	LB:双极型数字电路
	LC:CMOS 电路
	STK:厚膜电路
Toshiba Corp. (东芝公司)	TA:双极型线性电路
	TC:CMOS 电路
	TD:双极型数字电路
	TM:MOS 电路
Hitachi, Ltd. (日立公司)	HA:模拟电路
	HD:数字电路
	HM:RAM 电路
	HN:ROM 电路
SGS Semiconductor Corp. (SGS 半导体公司)	TA、TB、TC、TD:线性电路
	H:高电平逻辑电路
	HB、HC:CMOS 电路

附录C 常用逻辑符号对照表

表 F-3 常用逻辑符号对照表

名称	国标符号	曾用符号	国外所用符号
与门	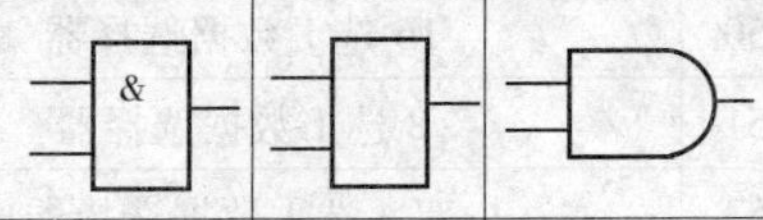		
或门	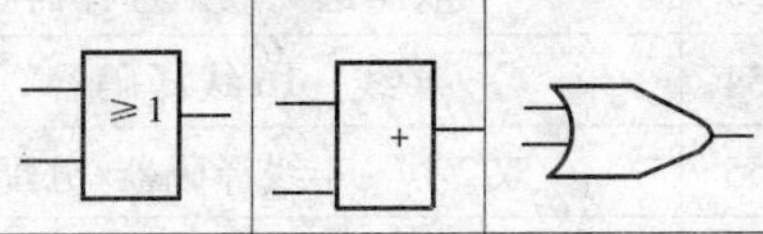		
非门	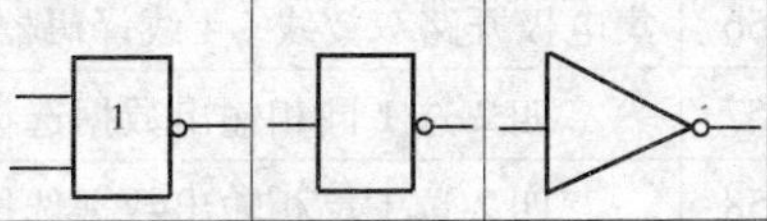		
与非门	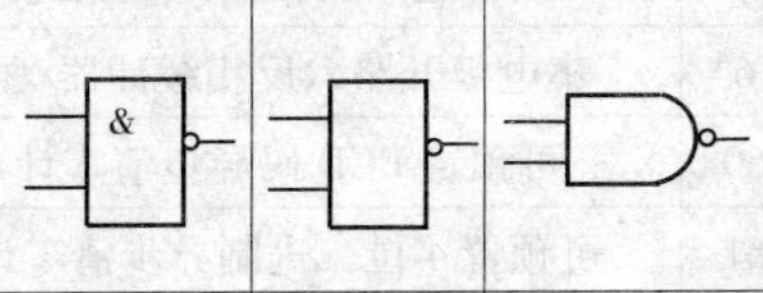		
或非门	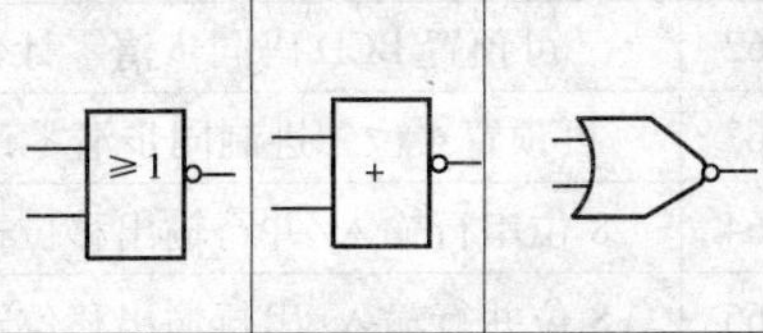		
与或非门	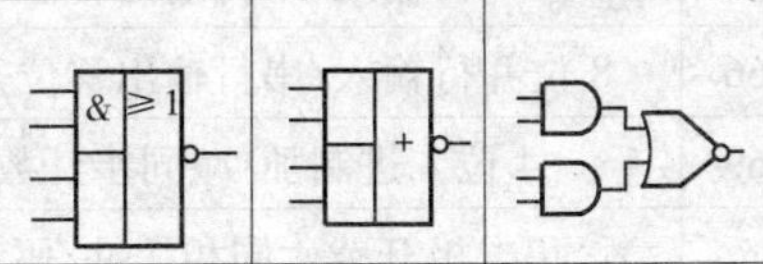		
异或门	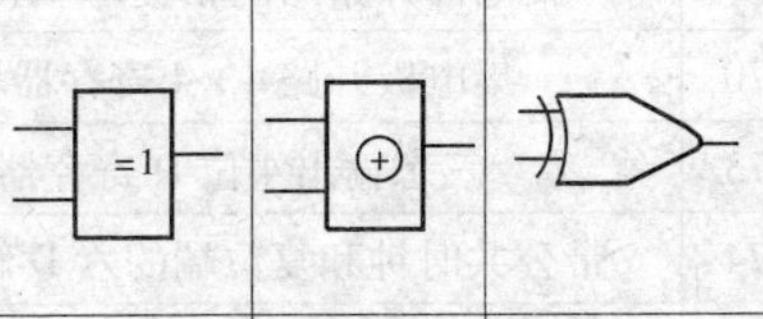		
同或门	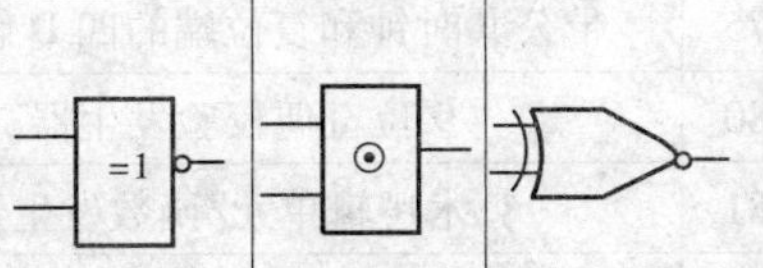		
集电极开路与非门	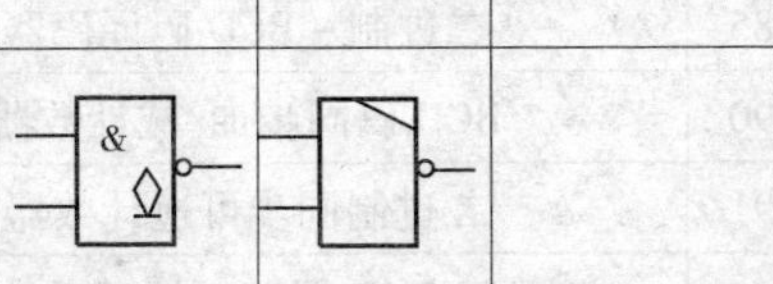		
三态输出与非门	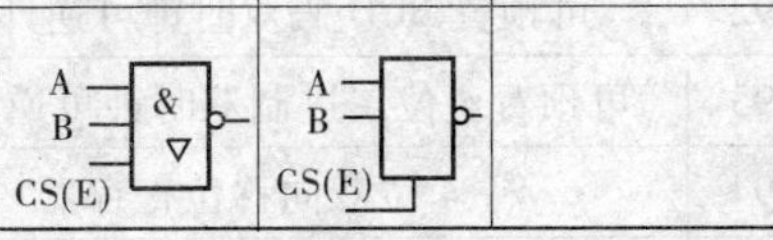		
传输门	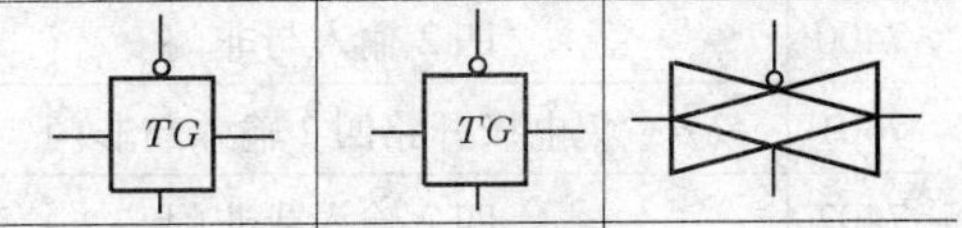		
半加器	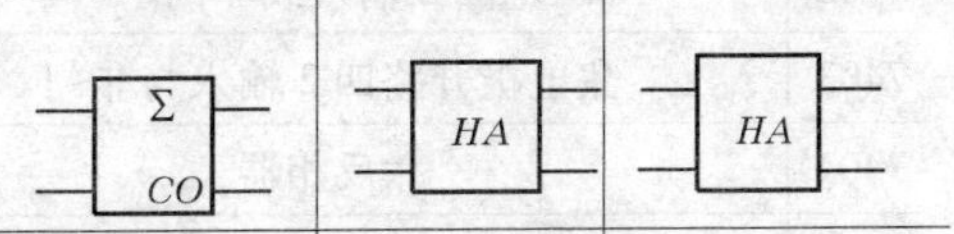		
全加器	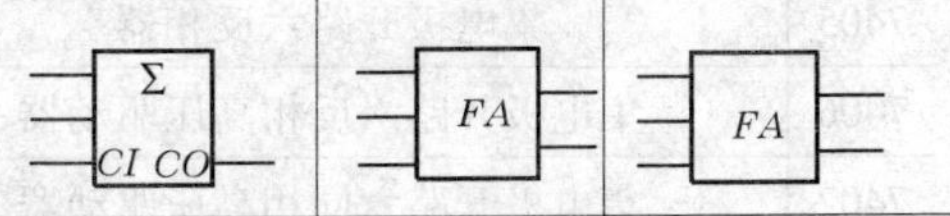		
基本RS触发器	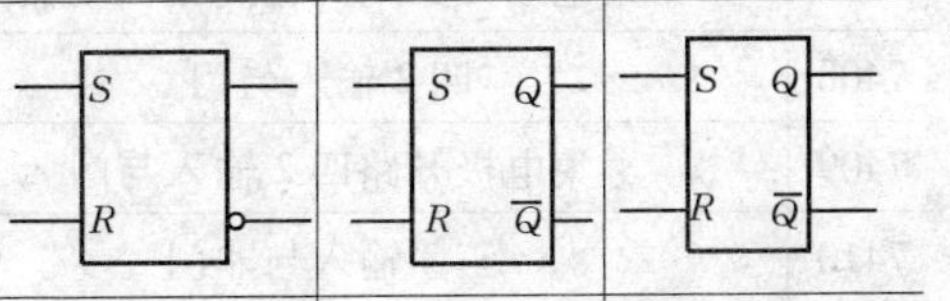		
同步RS触发器	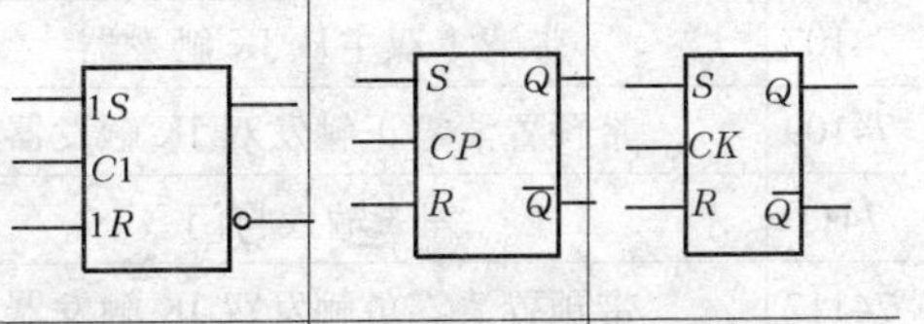		
上升沿触发D触发器	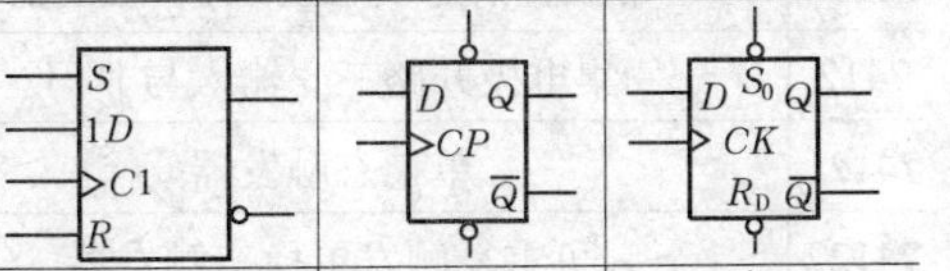		
下降沿触发JK触发器	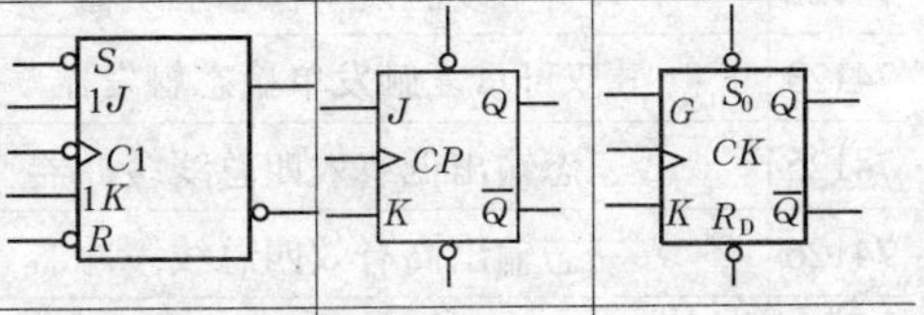		
脉冲触发(主从)JK触发器	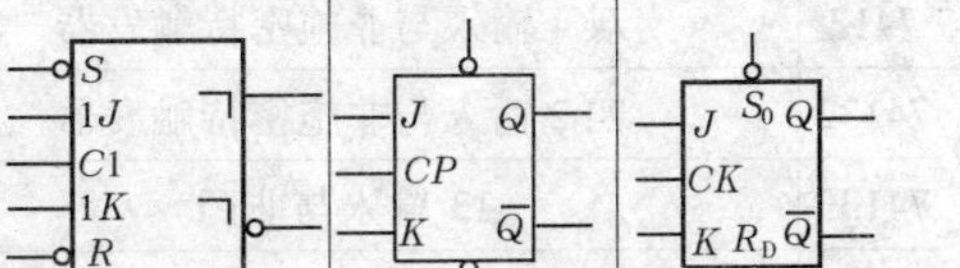		
带施密特触发特性的与门	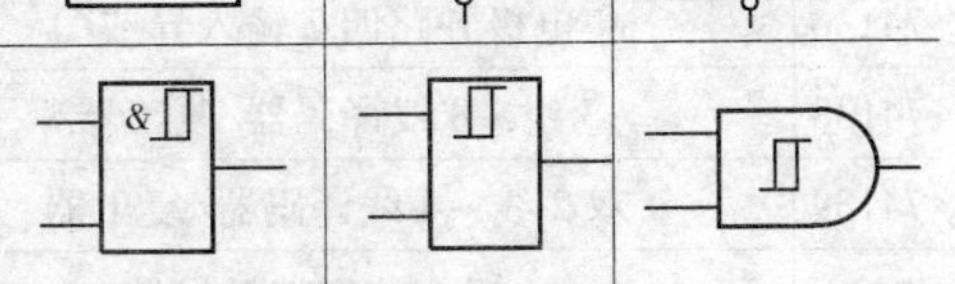		

附录 D　74 系列常用 TTL 集成电路型号功能对照表

表 F-4　74 系列常用 TTL 集成电路型号功能对照表

型号	产品描述	型号	产品描述
7400	四 2 输入与非门	74150	16 选 1 数据选择器
7401	集电极开路四 2 输入与非门	74151	8 选 1 数据选择器
7402	四 2 输入或非门	74153	双 4 选 1 数据选择器
7403	集电极开路四 2 输入与非门	74154	4 线 -16 线译码器
7404	六反相器	74155	双 2 线 -4 线译码器/分配器
7405	集电极开路六反相器	74156	集电极开路双 2 线 -4 线译码器/分配器
7406	集电极开路六反相高压驱动器	74157	四 2 选 1 同相输出数据选择器
7407	集电极开路六同相高压驱动器	74158	四 2 选 1 反相输出数据选择器
7408	四 2 输入与门	7416	集电极开路六反相缓冲器/驱动器
7409	集电极开路四 2 输入与门	74160	可预置 BCD 码异步清零计数器
7410	三 3 输入与非门	74161	可预置 4 位二进制异步清零计数器
74107	带清零双主从 JK 触发器	74162	可预置 BCD 码同步清零计数器
74109	带预置清零正触发双 JK 触发器	74163	可预置 4 位二进制同步清零计数器
7411	三 3 输入与门	74164	8 位串行输入/并行输出移位寄存器
74112	带预置清零负触发双 JK 触发器	74165	8 位并行输入/串行输出移位寄存器
7412	集电极开路三 3 输入与非门	74166	8 位并行输入/串行输出移位寄存器
74121	单稳态触发器	74169	4 位二进制加/减同步计数器
74122	可重复触发单稳态触发器	7417	集电极开路六同相缓冲/驱动器
74123	双可重复触发单稳态触发器	74170	集电极开路 4×4 寄存器堆
74125	三态输出低有效四总线缓冲器	74173	三态输出 4 位 D 寄存器
74126	三态输出高有效四总线缓冲器	74174	带公共时钟和复位端的六 D 触发器
7413	双 4 输入与非施密特触发器	74175	带公共时钟和复位端的四 D 触发器
74132	四 2 输入与非施密特触发器	74180	9 位奇偶校验发生器
74133	13 输入与非门	74181	算术逻辑单元/函数发生器
74136	集电极开路四 2 输入异或门	74185	二进制 - BCD 码译码器
74138	3 线 -8 线译码器/复工器	74190	BCD 码同步加/减计数器
74139	双 2 线 -4 线译码器/复工器	74191	二进制同步可逆计数器
7414	六反相施密特触发器	74192	可预置 BCD 码双时钟可逆计数器
74145	集电极开路 BCD 码 - 十进制译码/驱动器	74193	可预置 4 位二进制双时钟可逆计数器
7415	集电极开路三 3 输入与门	74194	4 位双向移位寄存器

续表 F-4

型号	产品描述	型号	产品描述
74195	4 位并行通道移位寄存器	74323	三态输出 8 位双向移位寄存器
74196	十进制/二－十进制可预置计数器/锁存器	7433	集电极开路四 2 输入或非门缓冲器
74197	二进制可预置计数器/锁存器	74347	BCD 码－7 段译码驱动器
7420	双 4 输入与非门	74352	双 4 选 1 数据选择器
7421	双 4 输入与门	74353	三态输出双 4 选 1 数据选择器
7422	集电极开路双 4 输入与非门	74365	三态输出六同相总线驱动器
74221	双单稳态触发器	74366	三态输出六反相总线驱动器
74240	八反相三态输出缓冲器/驱动器	74367	带使能输入三态输出六同相驱动器
74241	八同相三态输出缓冲器/驱动器	74368	带使能输入三态输出六反相驱动器
74243	四同相三态输出总线收发器	7437	集电极开路四 2 输入与非门缓冲器
74244	八同相三态输出缓冲器/驱动器	74373	三态输出同相八 D 锁存器
74245	八同相三态输出总线收发器	74374	三态输出反相八 D 锁存器
74247	BCD 码－7 段译码驱动器	74375	4 位双稳态锁存器
74248	BCD 码－7 段译码升压输出驱动器	74377	带使能输入八 D 锁存器
74249	集电极开路 BCD 码－7 段译码驱动器	74378	带使能输入六 D 锁存器
74251	三态输出 8 选 1 数据选择器	74379	带使能输入双输出四 D 锁存器
74253	三态输出双 4 选 1 数据选择器	7438	集电极开路四 2 输入与非门缓冲器
74256	双四位可寻址锁存器	74380	多功能八进制寄存器
74257	三态输出同相四 2 选 1 数据选择器	7439	集电极开路四 2 输入与非门缓冲器
74258	三态输出反相四 2 选 1 数据选择器	74390	双十进制计数器
74259	八位可寻址锁存器/3 线－8 线译码器	74393	双 4 位二进制计数器
7426	四 2 输入与非门	7440	双 4 输入与非门缓冲器
74260	双 5 输入或非门	7442	BCD 码－十进制译码器
74266	四 2 输入异或非门	74447	BCD 码－7 段译码驱动器
7427	三 3 输入或非门	7445	BCD 码－十进制译码驱动器
74273	八 D 触发器	74450	16:1多路复用器/多工器
74279	四 RS 锁存器	74451	双 8:1多路复用器/多工器
7428	四 2 输入或非门缓冲器	74453	四 4:1多路复用器/多工器
74283	4 位二进制全加器	7446	BCD 码－7 段译码驱动器
74290	二/五分频十进制计数器	74460	十位数值比较器
74293	二/八分频 4 位二进制计数器	74461	八进制计数器
74298	四 2 输入存储开关	74465	使能输入三态输出八同相总线缓冲器
74299	三态输出 8 位通用移位寄存器	74466	使能输入三态输出八反相总线缓冲器
7430	8 输入与非门	74467	使能输入三态输出双 4 同相缓冲器
7432	四 2 输入或门	74468	使能输入三态输出双 4 反相缓冲器
74322	带符号扩展的八位移位寄存器	74469	八位双向计数器

续表 F-4

型号	产品描述	型号	产品描述
7447	BCD 码 - 7 段高有效译码驱动器	74573	三态输出同相八 D 锁存器
7448	BCD 码 - 7 段译码驱动器(带上拉)	74574	三态输出同相八 D 触发器
74490	十位计数器	74645	三态输出八同相总线传送/接收器
74498	八进制移位寄存器	74670	三态输出 4 × 4 寄存器堆
7450	双 2 - 2 输入与或非门	7473	带清零负触发双 JK 触发器
74502	八位逐次逼近寄存器	7474	带置位复位正触发双 D 触发器
74503	八位逐次逼近寄存器	7476	带置位复位双 JK 触发器
7451	2 - 2 输入、3 - 3 输入与或非门	7483	4 位二进制快速进位全加器
74533	三态输出反相八 D 锁存器	7485	4 位数字比较器
74534	三态输出反相八 D 锁存器	7486	四 2 输入异或门
7454	2 - 2 - 2 - 2 输入与或非门	7490	二/五分频十进制计数器
74540	8 位三态输出反相总线缓冲器	7493	二/八分频二进制计数器
7455	4 - 4 输入与或非门	7495	4 位并行输入/输出移位寄存器
74563	三态输出反相八 D 锁存器	7497	6 位同步二进制乘法器
74564	三态输出反相八 D 触发器		

附录E　CD4000/CD4500 系列常用 CMOS 集成电路型号功能对照表

表 F-5　CD4000/CD4500 系列常用 CMOS 集成电路型号功能对照表

型号	产品描述	型号	产品描述
	CD4000 系列	CD4029	4 位可预置可逆计数器
CD4000	双 3 输入或非门	CD4030	四异或门
CD4001	四 2 输入或非门	CD4031	64 位串入/串出移位寄存器
CD4002	双 4 输入或非门	CD4032	三串行加法器
CD4006	18 位静态移位寄存器	CD4033	十进制计数/7 段译码器
CD4007	双互补对极反相器	CD4034	三态输出 8 位双向总线寄存器
CD4008	4 位二进制数超前进位全加器	CD4035	4 位并入/串入 - 并出/串出移位寄存器
CD4009	六反相缓冲/转换器	CD4038	三串行加法器
CD4010	六同相缓冲/转换器	CD4040	12 位二进制串行计数器
CD4011	四 2 输入与非门	CD4041	四同相/反相缓冲器
CD4012	双 4 输入与非门	CD4042	四 D 锁存器
CD4013	带置位/复位的双主从 D 触发器	CD4043	三态输出四或非 RS 锁存器
CD4014	8 位静态移位寄存器	CD4044	三态输出四与非 RS 锁存器
CD4015	双 4 位静态移位寄存器	CD4045	21 位计数器
CD4016	四双向模拟开关	CD4046	锁相环
CD4017	十进制计数器	CD4047	单稳态触发器/多谐振荡器
CD4018	可预制 1/N 计数器	CD4048	8 输入端可扩展多功能门
CD4019	四与或选择门	CD4049	六反相缓冲器/转换器
CD4020	14 位二进计数器	CD4050	六同相缓冲器/转换器
CD4021	8 位静态移位寄存器	CD4051	8 选 1 模拟开关
CD4022	八进制计数器	CD4052	双 4 选 1 模拟开关
CD4023	三 3 输入与非门	CD4053	三 2 选 1 模拟开关
CD4024	7 位二进制计数器	CD4054	液晶显示驱动器
CD4025	三 3 输入或非门	CD4055	BCD - 7 段液晶显示译码驱动器
CD4026	十进制计数/7 段译码器	CD4056	BCD - 7 段液晶显示译码驱动器
CD4027	双主从 JK 触发器	CD4058	双 4 位锁存器
CD4028	BCD 码十进制译码器	CD4060	14 位二进制计数器

续表 F-5

型号	产品描述	型号	产品描述
CD4063	四位数值比较器	CD40114	64 位随机存储器
CD4066	四双向模拟开关	CD40117	可编程双 4 位端口
CD4067	16 选 1 模拟开关	CD40147	10 线 -4 线 BCD 码优先编码器
CD4068	8 输入端与非门/与门	CD40160	可预置十进制加法计数器
CD4069	六反相器	CD40161	可预置 4 位二进制计数器
CD4070	四异或门	CD40162	可预置十进制加法计数器
CD4071	四 2 输入或门	CD40163	可预置 4 位二进制计数器
CD4072	双 4 输入或门	CD40174	四 D 触发器
CD4073	三 3 输入与门	CD40175	六 D 触发器
CD4075	三 3 输入或门	CD40181	4 位算术逻辑单元/函数发生器
CD4076	4 位 D 型寄存器	CD40182	超前进位发生器
CD4077	四 2 输入异或非门	CD40192	可预置十进制可逆计数器
CD4078	8 输入或/或非门	CD40193	可预置二进制可逆计数器
CD4081	四 2 输入与门	CD40194	4 位双相移位寄存器
CD4082	双 4 输入与门	CD40195	4 位并入/串入 - 并出/串出移位寄存器
CD4085	双 2 -2 输入与或非门	CD40208	4 ×4 多端口寄存器
CD4086	可扩展 2 -2 -2 -2 输入与或非门	CD4500 系列	
CD4089	二进制比例乘法器	CD4501	双 4 输入与非门
CD4093	四 2 与非施密特触发器	CD4502	可选通三态输出六反相缓冲器
CD4094	8 位移位存储总线寄存器	CD4503	三态输出六同相缓冲器
CD4095	3 输入主从 JK 触发器	CD4504	六电平转换器
CD4096	3 输入主从 JK 触发器	CD4505	64 位静态随机存储器
CD4097	双 8 选 1 模拟开关	CD4506	双 2 组 2 输入可扩或非门
CD4098	双单稳态触发器	CD4508	双 4 位 D 型锁存器
CD4099	8 位可寻址锁存器	CD4510	可预置十进制加/减计数器
CD40100	32 位左/右移位寄存器	CD4511	BCD 码 -7 段锁存译码驱动器
CD40101	9 位奇偶发生/校验器	CD4512	8 通道数据选择器
CD40102	8 位可预置同步 BCD 码减法计数器	CD4513	BCD 码 -7 段锁存译码驱动器
CD40103	8 位可预置同步二进制减法计数器	CD4514	4 位锁存/4 线 -16 线译码器
CD40104	4 位通用双向移位寄存器	CD4515	4 位锁存/4 线 -16 线译码器
CD40105	4 位先进先出寄存器	CD4516	可预置 4 位二进制同步加/减计数器
CD40106	六反相施密特触发器	CD4517	双 64 位静态移位寄存器
CD40107	双 2 输入与非缓冲/驱动器	CD4518	双十进制同步加法计数器
CD40108	4 ×4 多通道寄存器	CD4519	4 位与或选择器
CD40109	四低到高电压电平移位器	CD4520	双 4 位二进制同步加法计数器
CD40110	十进制加/减计数、锁存、译码驱动器	CD4521	24 级分频器

续表 F-5

型号	产品描述	型号	产品描述
CD4522	可预置十进制同步 1/N 计数器	CD4551	四 2 通道模拟开关
CD4526	可预置 4 位二进制同步 1/N 计数器	CD4553	3 位 BCD 码计数器
CD4527	BCD 码比例乘法器	CD4555	双 4 选 1 译码器
CD4528	双单稳态触发器	CD4556	双 4 选 1 译码器
CD4529	双 4 通道/单 8 通道模拟开关	CD4558	BCD 码 -7 段译码器
CD4530	双 5 输入过半数逻辑门	CD4559	逐级近似寄存器
CD4531	12 位奇偶校验器	CD4560	BCD 码加法器
CD4532	8 位优先编码器	CD4561	"9"求补器
CD4536	可编程定时器	CD4573	四可编程运算放大器
CD4538	双精密单稳态触发器	CD4574	四可编程电压比较器
CD4539	双四路数据选择器	CD4575	双可编程运放/比较器
CD4541	可编程振荡/计时器	CD4583	双施密特触发器
CD4543	BCD 码 -7 段锁存/译码/驱动器	CD4584	六施密特触发器
CD4544	BCD 码 -7 段锁存/译码/驱动器	CD4585	4 位数值比较器
CD4547	BCD 码 -7 段译码/驱动器	CD4599	8 位可寻址寄存器
CD4549	函数近似寄存器		

参 考 文 献

[1] 朱祥贤. 数字电子技术项目教程[M]. 北京:机械工业出版社,2010.

[2] 张翔,谢兰清. 数字电子技术项目教程[M]. 北京:电子工业出版社,2010.

[3] 孙琳. 数字电子技术项目教程[M]. 上海:上海交通大学出版社,2010.

[4] 王键. 电子技能实训教程[M]. 北京:机械工业出版社,2008.

[5] 杨志忠. 数字电子技术[M]. 2 版. 北京:高等教育出版社,2008.

[6] 康华光. 电子技术基础数字部分[M]. 4 版. 北京:高等教育出版社,2000.

[7] 阎石. 数字电子技术基础[M]. 5 版. 北京:高等教育出版社,2008.

[8] 庄俊华. Multisim10 入门及应用[M]. 北京:机械工业出版社,2008.

[9] 李传珊. 新编电子技术项目教程[M]. 北京:电子工业出版社,2005.

[10] 唐颖. 电子技术技能与实训[M]. 重庆:重庆大学出版社,2006.